网站开发案例课堂

HTML5 网页设计案例课堂

刘玉红　蒲　娟　编著

清华大学出版社

北　京

内 容 简 介

本书以零基础讲解为宗旨，用实例引导读者深入学习，采取"基础知识→核心技术→高级应用→项目案例实战"的讲解模式，深入浅出地讲解 HTML5 的各项技术及实战技能。

本书第 1 篇"基础知识"主要讲解初识 HTML5、HTML5 网页文档结构、HTML5 与 HTML4 的区别等；第 2 篇"核心技术"主要讲解设计网页文本内容、网页列表与段落设计、HTML5 网页中的图像、使用 HTML5 建立超链接、使用 HTML5 创建表单、使用 HTML5 创建表格、 HTML5 中的多媒体、使用 HTML5 绘制图形、HTML 5 中的文件与拖放等；第 3 篇"高级应用"主要讲解获取地理位置、Web 通信新技术、数据存储技术、使用 Web Worker 处理线程、HTML5 服务器发送事件、构建离线的 Web 应用等；第 4 篇"项目案例实战"主要讲解 HTML5、CSS3 和 JavaScript 的搭配应用案例，制作电子商务类网页，制作休闲娱乐类网页，制作企业门户类网页。

本书配套的 DVD 光盘中赠送了丰富的资源，诸如 HTML5 案例源码命令、教学幻灯片、本书精品教学视频、HTML5 标签速查手册、CSS 属性速查表、CSS+DIV 布局赏析案例、精彩网站配色方案赏析、网页样式与布局案例赏析、Web 前端工程师常见面试题等。

本书适合任何想学习 HTML5 的人员，无论您是否从事计算机相关行业或是否接触过 HTML5，通过学习均可快速地掌握 HTML5 的设计方法和技巧。

图书在版编目(CIP)数据

HTML5 网页设计案例课堂/刘玉红，蒲娟编著. —北京：清华大学出版社，2016(2021.2 重印)
(网站开发案例课堂)
ISBN 978-7-302-42078-1

Ⅰ. ①H… Ⅱ. ①刘… ②蒲… Ⅲ. ①超文本标记语言—程序设计 Ⅳ. ①TP312

中国版本图书馆 CIP 数据核字(2015)第 264094 号

责任编辑：张彦青 李玉萍
装帧设计：杨玉兰
责任校对：吴春华
责任印制：宋 林

出版发行：清华大学出版社

　　　网　　址：http://www.tup.com.cn, http://www.wqbook.com
　　　地　　址：北京清华大学学研大厦 A 座　　　邮　　编：100084
　　　社 总 机：010-62770175　　　邮　　购：010-62786544
　　　投稿与读者服务：010-62776969, c-service@tup.tsinghua.edu.cn
　　　质量反馈：010-62772015, zhiliang@tup.tsinghua.edu.cn

印 装 者：三河市科茂嘉荣印务有限公司
经　　销：全国新华书店
开　　本：190mm×260mm　　　印　张：28.25　　　字　数：685 千字
　　　　　(附 DVD 1 张)
版　　次：2016 年 1 月第 1 版　　　　　印　次：2021 年 2 月第 5 次印刷
定　　价：65.00 元

产品编号：066572-01

前　　言

"网站开发案例课堂"系列图书是专门为网站开发和数据库初学者量身定做的一套学习用书，由刘玉红策划，IT 应用实训中心的高级讲师编著。整套书涵盖网站开发、数据库设计等方面。整套书具有以下特点。

- 前沿科技

无论是网站建设、数据库设计还是 HTML5、CSS3，我们都精选较为前沿或者用户群最大的领域推进，帮助大家认识和了解最新动态。

- 权威的作者团队

组织国家重点实验室和资深应用专家联手编著该套图书，融合丰富的教学经验与优秀的管理理念。

- 学习型案例设计

以技术的实际应用过程为主线，全程采用图解和同步多媒体结合的教学方式，生动、直观、全面地剖析使用过程中的各种应用技能，降低难度，提高读者的学习效率。

为什么要写这样一本书

自从 HTML5 正式推出以来，它立刻受到世界各大浏览器的热烈欢迎和支持。根据世界各大 IT 界知名媒体的评论，新的 Web 时代，HTML5 马上就要到来。随着用户页面体验要求的提高，页面前端技术日趋重要，HTML5 的技术成熟，使其在前端技术中突显优势，随着各大厂商浏览器的支持，它会更加盛行。通过本书的实训，读者可以很快地上手设计网页，提高职业化能力，从而帮助读者解决公司需求问题。

本书特色

- 零基础、入门级的讲解

无论您是否从事计算机相关行业，无论您是否接触过 HTML5，都能从本书中找到最佳起点。

- 超多、实用、专业的范例和项目

本书内容在编排上紧密结合深入学习 HTML5 技术的先后过程，从 HTML5 的基本概念开始，带领大家逐步深入地学习各种应用技巧，侧重实战技能，使用简单易懂的实际案例进行分析和操作指导，让读者学习起来简明轻松，操作起来有章可循。

- 随时检测自己的学习成果

每章首页中，均提供了学习目标，以指导读者重点学习及学后检查。

每章最后的"跟我练练手"板块，均根据本章内容精选而成，读者可以随时检测自己的学习成果和实战能力，做到融会贯通。

- 细致入微、贴心提示

本书在讲解过程中，在各章中使用了"注意""提示""技巧"等小栏目，使读者在学习过程中更清楚地了解相关操作、理解相关概念，并轻松地掌握各种操作技巧。

- **专业创作团队和技术支持**

本书由 IT 应用实训中心编著和提供技术支持。

如果您在学习过程中遇到任何问题，可加入 QQ 群：221376441 进行提问，专家人员会在线答疑。

"HTML5 网页设计"学习最佳途径

本书以学习"HTML5 网页设计"的最佳制作流程来分配章节，从最初的 HTML5 基本概念开始，然后讲解了 HTML5 的核心技术、HTML5 的高级应用等。同时，在最后的项目实战环节特意补充了 4 个常见网站设计过程，以便更进一步提高大家的实战技能。

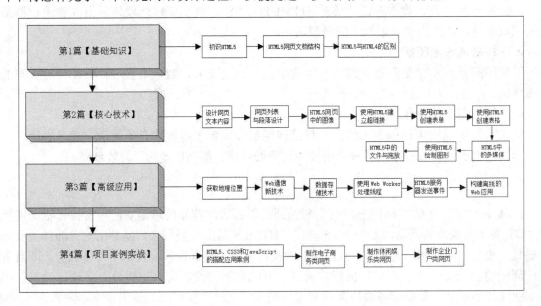

超值光盘

- **全程同步教学录像**

涵盖本书所有知识点，详细讲解每个实例及项目的过程及技术关键点，读者可以更轻松地掌握书中所有的 HTML5 网页设计知识，而且扩展的讲解部分能使您得到比书中更多的收获。

- **超多容量王牌资源大放送**

赠送大量王牌资源，包括 HTML5 案例源码命令、教学幻灯片、本书精品教学视频、HTML5 标签速查手册、CSS 属性速查表、CSS+DIV 布局赏析案例、精彩网站配色方案赏析、网页样式与布局案例赏析、Web 前端工程师常见面试题等。

读者对象

- 没有任何 HTML5 基础的初学者
- 有一定的 HTML5 基础，想精通 HTML5 的人员
- 有一定的 HTML5 基础，没有项目经验的人员
- 正在进行毕业设计的学生

● 大专院校及培训学校的教师和学生

创作团队

本书由刘玉红策划，IT 应用实训中心高级讲师编著，参加编写的人员有胡同夫、付红、郭广新、侯永岗、蒲娟、王月娇、包慧利、陈伟光、梁云梁和周浩浩。

在编写过程中，我们尽所能地将最好的讲解呈现给读者，但书中也难免有疏漏和不妥之处，敬请读者不吝指正。若您在学习中遇到困难或疑问，或有何建议，可写信至信箱357975357@qq.com。

编　　者

目　　录

第 1 篇　基础知识

第 3 篇　高级应用

第1篇

基础知识

第 1 章

初识 HTML5

目前，网络已成为人们生活、工作当中不可或缺的一部分，网页就是呈现给人们信息的平台。由此而来，怎么样把自己想要表达的信息很好地呈现在网页当中，就成为人们的一个研究课题——网页设计与制作。制作网页可采用可视化编辑软件，但是无论采用哪一种网页编辑软件，最后都是将所设计的网页转化为 HTML 语言，当前最新的版本是 HTML5。

本章要点(已掌握的在方框中打钩)

- ☐ 了解 HTML5 的基本概念。
- ☐ 掌握 HTML5 文件的基本结构。
- ☐ 掌握 HTML5 文件的编写方法。
- ☐ 掌握使用浏览器查看 HTML5 文件的方法。

1.1 HTML5 简介

HTML 语言是用来描述网页的一种语言，该语言是一种标记语言(即一套标记标签，HTML 使用标记标签来描述网页)，而不是编程语言，它是制作网页的基础语言，主要用于描述超文本中内容的显示方式。

1.1.1 HTML 5 简介

HTML5 是用于取代 1999 年所制定的 HTML 4.01 和 XHTML 1.0 标准的 HTML 标准版本，现在仍处于发展阶段，但大部分浏览器已经支持某些 HTML5 技术。当前 HTML5 对多媒体的支持功能更强，它新增了以下功能。

(1) 新增语义化标签，使文档结构明确。

(2) 新的文档对象模型(DOM)。

(3) 实现 2D 绘图的 Canvas 对象。

(4) 可控媒体播放。

(5) 离线存储。

(6) 文档编辑。

(7) 拖放。

(8) 跨文档消息。

(9) 浏览器历史管理。

(10) MIME 类型和协议注册。

注意　对于这些新功能，支持 HTML5 的浏览器在处理 HTML5 代码错误的时候必须更灵活，而那些不支持 HTML5 的浏览器将忽略 HTML5 代码。

HTML5 最大优势是语法结构非常简单。它具有以下几个特点。

(1) HTML5 编写简单。即使用户没有任何编程经验，也可以轻易使用 HTML 来设计网页，HTML5 的使用只需将文本加上一些标记(Tags)即可。

(2) HTML 标记数目有限。在 W3C 所建议使用的 HTML5 规范中，所有控制标记都是固定的且数目是有限的。固定是指控制标记的名称固定不变，且每个控制标记都已被定义过，其所提供的功能与相关属性的设置都是固定的。由于 HTML 中只能引用 Strict DTD、Transitional DTD 或 Frameset DTD 中的控制标记，且 HTML 并不允许网页设计者自行创建控制标记，所以控制标记的数目是有限的，设计者在充分了解每个控制标记的功能后，就可以设计 Web 页面了。

(3) HTML 语法较弱。在 W3C 制定的 HTML5 规范中，对于 HTML5 在语法结构上的规格限制是较松散的，如<HTML>、<Html>或<html>在浏览器中具有同样的功能，是不区分大小写的。另外，也没有严格要求每个控制标记都要有相对应的结束控制标记，如标记<tr>就不一定需要它的结束标记</tr>。

HTML5 最基本的语法是<标记符></标记符>。标记符通常都是成对使用，有一个开头标记和一个结束标记。结束标记只是在开头标记的前面加一个斜杠"/"。当浏览器收到 HTML 文件后，就会解释里面的标记符，然后把标记符相对应的功能表达出来。

1.1.2 HTML5 文件的基本结构

一个完整的 HTML5 文件包括标题、段落、列表、表格、绘制的图形及各种嵌入对象，这些对象统称为 HTML 元素。

一个 HTML5 文件的基本结构如下。

```
<!DOCTYPE html>
<html >文件开始的标记
<head>文档头部开始的标记
...文件头的内容
</head>文档头部结束的标记
<body>文件主体开始的标记
...文档主体内容
</body>文件主体结束的标记
</html>文件结束的标记
```

从上面的代码可以看出，在 HTML 文件中，所有的标记都是相对应的，开头标记为< >，结束标记为</>，在这两个标记中间可以添加内容。这些基本标记的使用方法及详细解释会在下面的章节呈现。

1.2　HTML5 文件的编写方法

HTML5 文本的编写方法有以下两种。

(1) 手工编写 HTML 文件。

(2) 使用 HTML 编辑器。

1.2.1　案例 1——手工编写 HTML5

由于 HTML5 是一种标记语言，主要是以文本形式存在，因此，所有记事本工具都可以作为它的开发环境。HTML 文件的扩展名为.html 或.htm，将 HTML 源代码输入记事本并保存之后，可以在浏览器中打开文档以查看其效果。

【例 1.1】使用记事本编写 HTML 文件。

具体操作步骤如下。

step 01 单击 Windows 桌面上的【开始】按钮，选择【所有程序】→【附件】→【记事本】命令，打开记事本程序，在记事本中输入 HTML5 代码，如图 1-1 所示。

step 02 编辑完 HTML5 文件后，选择【文件】→【保存】命令或按 Ctrl+S 快捷键，在弹出的【另存为】对话框中，设置【保存类型】为【所有文件(*.*)】，然后将文件扩展名设为.html 或.htm，如图 1-2 所示。

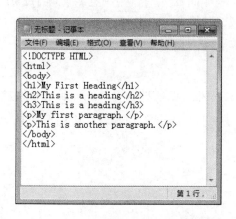

图 1-1 输入 HTML 代码

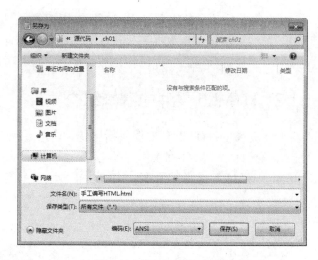

图 1-2 【另存为】对话框

step 03 单击【保存】按钮，保存文件。打开网页文档，在浏览器中预览效果，如图 1-3 所示。

图 1-3 网页的浏览效果

注意 使用记事本可以编写 HTML 文件，但是编写效率太低，对于语法错误及格式都没有提示。

1.2.2 案例 2——使用 HTML 编辑器

使用 HTML 编辑器可以弥补记事本编写 HTML 文件的缺陷。目前，有很多专门编辑 HTML 网页的编辑器，其中，Adobe 公司出品的 Dreamweaver CC 用户界面非常友好，是一个非常优秀的网页开发工具，并深受广大用户的喜爱。Dreamweaver CC 的主界面如图 1-4 所示。

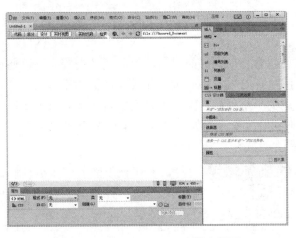

图 1-4　Dreamweaver CC 的主界面

1．文档窗口

文档窗口位于界面的中部，它是用来编排网页的区域，与在浏览器中的结果相似。在文档窗口中，可以将文档分为三种视图显示模式。

(1) 代码视图。使用代码视图，可以在文档窗口中显示当前文档的源代码，也可以在该窗口中直接输入 HTML 代码。

(2) 设计视图。在该视图下，无须编辑任何代码，直接使用可视化操作编辑网页。

(3) 拆分视图。在该视图下，左半部分显示代码视图，右半部分显示设计视图。在这种视图模式下，可以通过输入 HTML 代码，直接观看效果，还可以通过设计视图插入对象，直接查看源文件。

在各种视图间切换，只需要在文档工具栏中单击相应的视图按钮即可。文档工具栏如图 1-5 所示。

图 1-5　文档工具栏

2．【插入】面板

【插入】面板是在设计视图下使用频度很高的面板之一。【插入】面板默认打开的是【常用】页，它包括了最常用的一些对象。例如，在文档中的光标位置插入一段文本、图像或表格等。用户可以根据需要切换到其他页，如图 1-6 所示。

图 1-6　【插入】面板

3. 【属性】面板

【属性】面板中主要包含当前选择的对象的相关属性设置。可以通过选择【窗口】→【属性】菜单命令或按 Ctrl+F3 组合键，打开或关闭【属性】面板。

【属性】面板是常用的一个面板，因为无论要编辑哪个对象的属性，都要用到它。其内容也会随着选择对象的不同而改变。例如，当光标定位在文档体文字内容部分时，【属性】工具栏显示文字的相关属性，如图 1-7 所示。

图 1-7 文字对象的【属性】面板

Dreamweaver CC 中还有很多面板，在以后使用时再做详细讲解。打开的面板越多，编辑文档的区域会越小，为了编辑文档的方便，可以通过 F4 功能键快速隐藏或显示所有面板。

【例 1.2】使用 Dreamweaver CC 编写 HTML 文件

具体操作步骤如下。

step 01 启动 Dreamweaver CC，如图 1-8 所示，在欢迎屏幕的【新建】栏中选择 HTML 选项。或者选择【文件】→【新建】菜单命令(或按 Ctrl+N 组合键)。

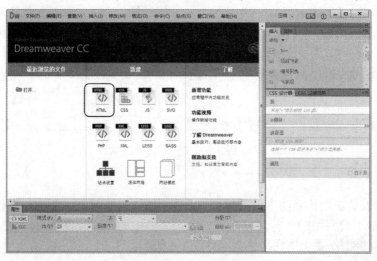

图 1-8 包含欢迎屏幕的主界面

step 02 弹出【新建文档】对话框，如图 1-9 所示，在【页面类型】列表框中选择 HTML 选项。

step 03 单击【创建】按钮，创建 HTML 文件，如图 1-10 所示。

step 04 在文档工具栏中，单击【代码】按钮，切换到代码视图，如图 1-11 所示。

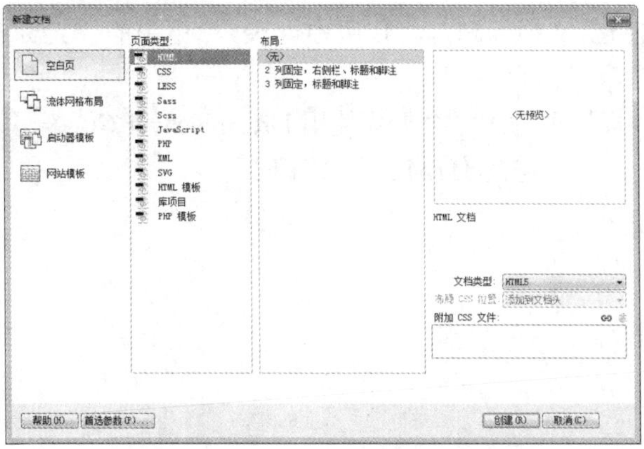

图 1-9　【新建文档】对话框

图 1-10　设计视图下显示创建的文档

图 1-11　代码视图下显示创建的文档

step 05 修改 HTML 文档标题，将代码中<title>标记中的"无标题文档"修改为"我的第一个网页"。

step 06 在<body>标记中输入"今天我使用 Dreamweaver CC 编写了第一个简单网页，感到非常高兴。"，完整的 HTML 代码如下。

```
<!doctype html>
<html>
<head>
<meta charset="utf-8">
<title>我的第一个网页</title>
</head>
<body>
今天我使用Dreamweaver CC 编写了第一个简单网页，感到非常高兴。
</body>
</html>
```

step 07 保存文件。选择【文件】→【保存】菜单命令或按 Ctrl+S 组合键，弹出【另存为】对话框。在该对话框中，选择保存位置，并输入文件名，然后单击【保存】按钮，如图 1-12 所示。

step 08 单击文档工具栏中的 图标，选择查看网页的浏览器，或按下功能键 F12 使用默认浏览器查看网页，预览效果如图 1-13 所示。

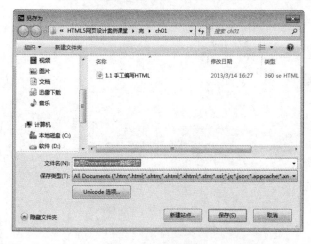

图 1-12 保存文件

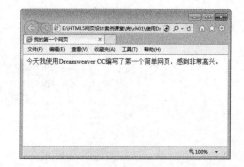

图 1-13 浏览器预览效果

1.3 使用浏览器查看 HTML5 文件

浏览器查看效果与 HTML5 源代码是开发者经常使用的。可以使用浏览器查看网页的显示效果，也可以在浏览器中直接查看 HTML5 源代码。

1.3.1　各大浏览器与 HTML5 的兼容

浏览器是网页的运行环境，因此，浏览器的类型也是在网页设计时会遇到的一个问题。由于各个软件厂商对 HTML 的标准支持有所不同，导致了同样的网页在不同的浏览器上会有不同的表现。

另外，HTML5 新增的功能，各个浏览器的支持程度也不一致，浏览器的因素变得比以往传统的网页设计更重要。为了保证设计出来的网页在不同的浏览器上的显示效果一致，本书中后面的章节中还会多次提及浏览器。

目前，市面上的浏览器种类繁多，Internet Explorer 是占绝对主流的浏览器。因此，本书主要使用 Internet Explorer 11 作为主要浏览器。不过，当遇到 IE 浏览器不能支持的效果，将使用 Firefox、Opera 或者其他能支持的浏览器，这点请读者注意。

1.3.2　案例 3——查看页面效果

双击前面编写的 HTML 文件，在 IE 9.0 浏览器窗口中可以看到编辑的 HTML 页面效果，请参阅图 1-3 或图 1-13。

为了测试网页的兼容性，可以在不同的浏览器中打开网页。

在非默认浏览器中打开网页的方法有很多种，在此为读者介绍两种常用方法。

(1) 选择浏览器中的【文件】→【打开】菜单命令(有些浏览的菜单项名为"打开文件")，选择要打开的网页即可。

(2) 在 HTML 文件上右击，在弹出的快捷菜单中选择【打开方式】命令，单击需要的浏览器，如图 1-14 所示。如果浏览器没有出现在菜单中，选择【选择程序】命令，在计算机中查找浏览器程序。

图 1-14　选择不同浏览器打开网页

1.3.3　案例 4——查看源文件

查看网页源代码的常见方法有以下两种。

(1) 在打开的页面空白处右击，在弹出的快捷菜单中选择【查看源】命令，如图 1-15 所示。

(2) 在浏览器中选择【查看】→【源】菜单命令，可以查看源文件，如图 1-16 所示。

图 1-15   选择【查看源】命令   图 1-16   选择【源】命令

　　　　由于浏览器的规定各不相同，有些浏览器将【源】命名为【查看源代码】，请读者注意，但是操作方法完全相同。

1.4　跟我练练手

1.4.1　练习目标

能够熟练掌握本章节所讲的内容。

1.4.2　上机练习

练习 1：手工编写 HTML5。
练习 2：使用 HTML 编辑器。
练习 3：查看页面效果。
练习 4：查看源文件。

1.5　高 手 甜 点

甜点 1：为何使用记事本编辑 HTML 文件无法在浏览器中预览，而是直接在记事本中打开？

答：很多初学者在保存文件时，没有将 HTML 文件的扩展名.html 或.htm 作为文件的后缀，导致文件还是以.txt 为扩展名，因此，无法在浏览器中查看。如果读者是通过单击鼠标右键创建记事本文件，在给文件重命名时，一定要以.html 或.htm 作为文件的后缀。特别要注意的是，当 Windows 系统的扩展名是隐藏时，更容易出现这样的错误。读者可以在【文件夹选项】对话框中查看是否显示扩展名。

甜点 2: 如何显示与隐藏 Dreamweaver CC 的欢迎屏幕?

答: Dreamweaver CC 欢迎屏幕可以帮助使用者快速打开文件、新建文件和查看相关帮助的操作。如果读者不希望显示该界面,可以按 Ctrl+U 组合键,在弹出的窗口中,选择左侧的【常规】选项,将右侧【文档选项】部分的【显示欢迎屏幕】勾选取消。

第 2 章

HTML5 网页文档结构

　　文档结构是指文章的内部结构，在网页中则表现为整个页面的内部结构。在 HTML5 之前，并没有对网页文档的结构进行明确的规范，当打开一个网页源代码时，可能无法分清哪些是头部，哪些是尾部，而在 HTML5 中则对这些进行了明确的规范。

本章要点(已掌握的在方框中打钩)

☐ 掌握 Web 标准规定的内容。

☐ 掌握 HTML5 文档的基本结构。

☐ 掌握制作符合 W3C 标准的 HTML5 网页。

2.1　Web　标　准

在学习 HTML5 网页文档结构之前，首先需要了解 Web 的标准，该标准主要是为了解决各种浏览器与网页的兼容性问题。

2.1.1　Web 标准概述

"没有规矩，不成方圆。"对于网页设计也是如此。为了 Web 更好地发展，对开发人员和最终用户而言，非常重要的事情就是在开发新的应用程序时，浏览器开发商和站点开发商需要共同遵守标准，这个标准就是 Web 标准。

Web 标准的最终目的就是可以确保每个人都有权利访问相同的信息。如果没有 Web 标准，那么未来的 Web 应用都是不可能实现的。同时，Web 标准也可以使站点开发更快捷，更令人愉快。

为了缩短开发和维护时间，未来的网站将不得不根据标准来进行编码。这样，开发人员就不必为了得到相同的结果，而挣扎于多版本的开发。一旦 Web 开发人员遵守了 Web 标准，那么开发人员可以更容易地理解彼此的编码，Web 开发的团队协作也将会得到简化。因此，Web 标准在开发中是很重要的。

使用 Web 标准有如下优点。

1.　对于访问者

(1) 文件下载与页面显示速度更快。

(2) 内容能被更多的用户所访问(包括失明、弱视、色盲等残障人士)。

(3) 内容能被更广泛的设备所访问(包括屏幕阅读机、手持设备、打印机等)。

(4) 用户能够通过样式选择定制自己的表现界面。

(5) 所有页面都能提供适于打印的版本。

2.　对于网站所有者

(1) 更少的代码和组件，容易维护。

(2) 带宽要求降低(代码更简洁)，成本降低。

(3) 更容易被搜寻引擎搜索到。

(4) 改版方便，不需要变动页面内容。

(5) 提供打印版本而不需要复制内容。

(6) 提高网站易用性。在美国，有严格的法律条款(Section 508)来约束政府网站必须达到一定的易用性，其他国家也有类似的要求。

2.1.2　Web 标准规定的内容

Web 标准不是某一个标准，而是一系列标准的集合。网页主要由三个部分组成：结构

(Structure)、表现(Presentation)和行为(Behavior)，那么，对应的标准也分三个方面，分别如下。

(1) 结构化标准语言主要包括 XHTML 和 XML。

(2) 表现标准语言主要包括 CSS。

(3) 行为标准主要包括对象模型，如 W3C DOM、ECMAScript 等。

这些标准大部分由 W3C 起草和发布，也有一些是其他标准组织制定的标准，比如 ECMA(European Computer Manufacturers Association)的 ECMAScript 标准。

1. 结构标准语言

1) XML

XML 是 The Extensible Markup Language(可扩展标识语言)的简写。和 HTML 一样，XML 同样来源于 SGML，但 XML 是一种能定义其他语言的语言。XML 最初设计的目的是为弥补 HTML 的不足，以强大的扩展性满足网络信息发布的需要，后来逐渐用于网络数据的转换和描述。

2) XHTML

XHTML 是 The Extensible HyperText Markup Language 可扩展超文本标识语言的缩写。XML 虽然数据转换能力强大，完全可以替代 HTML，但面对成千上万已有的站点，直接采用 XML 还为时过早。因此，我们在 HTML4.0 的基础上，用 XML 的规则对其进行扩展，得到了 XHTML。简单地说，建立 XHTML 的目的就是实现 HTML 向 XML 的过渡。

2. 表现标准语言

CSS 是 Cascading Style Sheets(层叠样式表)的缩写。W3C 创建 CSS 标准的目的是以 CSS 取代 HTML 表格式布局、帧和其他表现的语言。纯 CSS 布局与结构式 XHTML 相结合能帮助设计师分离外观与结构，使站点的访问及维护更加容易。

3. 行为标准

1) DOM

DOM 是 Document Object Model(文档对象模型)的缩写。根据 W3C DOM 规范，DOM 是一种与浏览器、平台、语言无关的接口，编程人员通过它可以访问页面中其他的标准组件。简单理解，DOM 解决了 Netscaped 的 Javascript 和 Microsoft 的 JavaScript 之间的冲突，给予 Web 设计师和开发者一个标准的方法，让他们来访问站点中的数据、脚本和表现层对象。

2) ECMAScript

ECMAScript 是 ECMA 制定的标准脚本语言(JavaScript)。目前推荐遵循的是 ECMAScript 262。

2.2 HTML5 文档的基本结构

HTML5 文档最基本的结构主要包括文档类型说明、开始标记、元信息、主体标记和页面注释标记等。

在一个 HTML 文档中，必须包含<HTML></HTML>标记，并且放在一个 HTML 文档的开始和结束位置。即每个文档以<HTML>开始，以</HTML>结束。

<HTML> </HTML>之间通常包含两个部分，分别是<HEAD> </HEAD>和<BODY></BODY>，HEAD 标记包含 HTML 头部信息，如文档标题、样式定义等。BODY 包含文档主体部分，即网页内容。需要注意的是，HTML 标记不区分大小写。

为了便于读者从整体把握 HTML 文档结构，下面通过一个 HTML 页面来介绍 HTML 页面的整体结构，示例代码如下。

```
<!DOCTYPE HTML>
<HTML>
<HEAD>
 <TITLE>网页标题</TITLE>
</HEAD>
<BODY>
 网页内容
</BODY>
</HTML>
```

从上面的代码可以看出，一个基本的 HTML 页由以下几个部分构成。

(1) <!DOCTYPE>声明必须位于 HTML5 文档中的第一行，也就是位于<HTML>标记之前。该标记告知浏览器文档所使用的 HTML 规范。<!DOCTYPE>声明不属于 HTML 标记；它是一条指令，告诉浏览器编写页面所用的标记的版本。由于 HTML5 版本还没有得到浏览器的完全认可，后面介绍时还采用以前通用的标准。

(2) <HTML></HTML>说明本页面使用 HTML 语言编写，使浏览器软件能够准确无误地解释、显示。

(3) <HEAD></HEAD>。HEAD 是 HTML 的头部标记，头部信息不显示在网页中，此标记内可以保护一下其他标记。用于说明文件标题和整个文件的一些公用属性。可以通过<STYLE>标记定义 CSS 样式表，通过<SCRIPT>标记定义 JavaScript 脚本文件。

(4) <TITLE></TITLE>是 HEAD 中的重要组成部分，它包含的内容显示在浏览器的窗口标题栏中。如果没有 TITLE，浏览器标题栏显示本页的文件名。

(5) <BODY></BODY>包含 HTML 页面的实际内容，显示在浏览器窗口的客户区中。例如，页面中文字、图像、动画、超链接及其他 HTML 相关的内容都是定义在该标记里面。

2.2.1 文档类型说明

Web 页面的文档类型说明(DOCTYPE)被极大地简化了。细心的读者会发现，在第 1 章中使用 Dreamweaver CC 创建 HTML 文档时，文档头部的类型说明代码如下。

```
<!DOCTYPE  html  PUBLIC  "-//W3C//DTD  XHTML  1.0  Transitional//EN"
"http://www.w3.org/TR/xhtml1/DTD/xhtml1-transitional.dtd">
```

上面为 XHTML 文档类型说明，读者可以看到这段代码既麻烦又难记，HTML5 对文档类型进行了简化，简单到 15 个字符就可以了，具体代码如下。

```
<!DOCTYPE html>
```

 DOCTYPE 的声明需要出现在 HTML5 文件的第一行。

2.2.2 HTML5 标记<HTML>

HTML5 标记代表文档的开始。由于 HTML5 语言语法的松散特性，该标记可以省略，但是为了使之符合 Web 标准和文档的完整性，养成良好的编写习惯，建议不要省略该标记。

HTML5 标记以<HTML>开头，以</HTML>结尾，文档的所有内容书写在开头和结尾的中间部分。语法格式如下。

```
<html>
...
</html>
```

2.2.3 头标记<HEAD>

头标记 HEAD 用于说明文档头部相关信息，一般包括标题信息、元信息、定义 CSS 样式和脚本代码等。HTML 的头部信息是以<HEAD>开始，以</HEAD>结束，语法格式如下。

```
<head>
…
</head>
```

<head>元素的作用范围是整篇文档，定义在 HTML 语言头部的内容往往不会在网页上直接显示。

1. 标题标记<TITLE>

HTML 页面的标题一般是用来说明页面的用途，它显示在浏览器的标题栏中。在 HTML 文档中，标题信息设置在<HEAD>与</HEAD>之间。标题标记以<TITLE>开始，以</TITLE>结束，语法格式如下。

```
<title>
…
</title>
```

在标记中间的"… "就是标题的内容，它可以帮助用户更好地识别页面。预览网页时，设置的标题在浏览器的左上方标题栏中显示。此外，在 Windows 任务栏中显示的也是这个标题，如图 2-1 所示。

图 2-1　标题栏在浏览器中的显示效果

> 注意
>
> 页面的标题只有一个，它们在 HTML 文档的头部，即<Head>和</HEAD>之间。

2. 元信息标记<META>

<META>元素可提供有关页面的元信息(meta-information)，比如针对搜索引擎和更新频度的描述和关键词。

<META>标签位于文档的头部，不包含任何内容。<META>标签的属性定义了与文档相关联的名称/值对，<META>标签提供的属性及取值如表 2-1 所示。

表 2-1　<META>标签提供的属性及取值

属　　性	值	描　　述
charset	character encoding	定义文档的字符编码
content	some_text	定义与 http-equiv 或 name 属性相关的元信息
http-equiv	content-type expires refresh set-cookie	把 content 属性关联到 HTTP 头部
name	author description keywords generator revised others	把 content 属性关联到一个名称

1) 字符集 charset 属性

在 HTML5 中，有一个新的 charset 属性，它使字符集的定义更加容易。例如，下列代码告诉浏览器：网页使用 ISO-8859-1 字符集显示，代码如下。

```
<meta charset="ISO-8859-1">
```

2) 搜索引擎的关键字

在早期，Meta Keywords 关键字对搜索引擎的排名算法起到一定的作用，也是很多人进行网页优化的基础。关键字在浏览时是看不到的，使用格式如下。

```
<meta name="keywords" content="关键字,keywords" />
```

说明：

● 不同的关键词之间，应用半角逗号隔开(英文输入状态下)，不要使用空格或"|"间隔。

● 是 keywords，不是 keyword。

● 关键字标签中的内容应该是一个个的短语，而不是一段话。

例如，定义针对搜索引擎的关键词，代码如下。

```
<meta name="keywords" content="HTML, CSS, XML, XHTML, JavaScript" />
```

关键字标签"keywords"，曾经是搜索引擎排名中很重要的因素，但现在已经被很多搜索引擎完全忽略。如果我们加上这个标签对网页的综合表现没有坏处，不过，如果使用不恰当，对网页非但没有好处，还有欺诈的嫌疑。在使用关键字标签"keywords"时，要注意以下几点。

● 关键字标签中的内容要与网页核心内容相关，确信使用的关键词出现在网页文本中。

● 使用用户易于通过搜索引擎检索的关键字，过于生僻的词汇不太适合做 META 标签中的关键词。

● 不要重复使用关键词，否则可能会被搜索引擎惩罚。

● 一个网页的关键词标签里最多包含 3～5 个最重要的关键词，不要超过 5 个。

● 每个网页的关键词应该不一样。

> 注意 由于设计者或 SEO 优化者以前对 Meta Keywords 关键字的滥用，导致目前它在搜索引擎排名中的作用很小。

3) 页面描述

Meta Description 元标签(描述元标签)是一种 HTML 元标签，用来简略描述网页的主要内容，通常被搜索引擎用在搜索结果页上展示给最终用户看的一段文字片段。页面描述在网页中是显示不出来的，页面描述的使用格式如下。

```
<meta name="description" content="网页的介绍" />
```

例如，定义对页面的描述，代码如下。

```
<meta name="description" content="免费的 web 技术教程。" />
```

4) 页面定时跳转

使用<META>标记可以使网页在经过一定时间后自动刷新，这可通过将 http-equiv 属性值设置为 refresh 来实现。Content 属性值可以设置为更新时间。

在浏览网页时经常会看到一些欢迎信息的页面，当经过一段时间后，这些页面会自动转到其他页面，这就是网页的跳转。页面定时刷新跳转的语法格式如下。

```
<meta http-equiv="refresh" content="秒;[url=网址]" />
```

说明：上面的[url=网址]部分是可选项，如果有这个部分，页面定时刷新并跳转；如果省略该部分，页面只定时刷新，不进行跳转。

例如，实现每 5 秒刷新一次页面。将下述代码放入 HEAD 标记部分即可。

```
<meta http-equiv="refresh" content="5" />
```

2.2.4 网页的主体标记<BODY>

网页所要显示的内容都放在网页的主体标记内，它是 HTML 文件的重点所在。主体标记是以<BODY> 开始，以</BODY>标记结束，语法格式如下。

```
<body>
…
</body>
```

注意，在构建 HTML 结构时，标记不允许交错出现，否则会造成错误。

例如，在下列代码中，<BODY>开始标记出现在<HEAD>标记内。

```
<html>
<head>
<title>标记测试</title>
<body>
</head>
</body>
</html>
```

代码中的第 4 行<BODY>开始标记和第 5 行的</HEAD>结束标记出现了交叉，这是错误的。HTML 中的所有代码都是不允许交错出现的。

2.2.5 页面注释标记<!-- -->

注释是在 HTML 代码中插入的描述性文本，用来解释该代码或提示其他信息。注释只出现在代码中，浏览器对注释代码不进行解释，并且在浏览器的页面中不显示。

在 HTML 源代码中适当地插入注释语句是一种良好的习惯，对于设计者日后的代码修改、维护工作很有好处。另外，如果将代码交给其他设计者，其他人也能很快读懂前者所撰写的内容。

其语法如下。

```
<!--注释的内容-->
```

注释语句元素由前后两半部分组成，前半部分由一个左尖括号、一个半角感叹号和两个连字符组成；后半部分由两个连字符和一个右尖括号组成。

```
<html>
<head>
<title>标记测试</title>
</head>
<body>
<!-- 这里是标题-->
<h1>HTML5 从入门到精通</h1>
</body>
</html>
```

页面注释不但可以对 HTML 中一行或多行代码进行解释说明，而且可能注释掉这些代码。如果希望某些 HTML 代码在浏览器中不显示，可以将这部分内容放在 "<!—" 和 "-->"之间。例如，修改上述代码如下。

```
<html>
<head>
<title>标记测试</title>
</head>
<body>
<!—
<h1>HTML5 从入门到精通</h1>
-->
</body>
</html>
```

修改后的代码，将<h1>标记作为注释内容处理，在浏览器中将不会显示这部分内容。

2.3　综合案例——符合 W3C 标准的 HTML5 网页制作

下面将制作一个简单的符合 W3C 标准的 HTML5 的网页，以巩固前面所学知识。具体操作步骤如下。

step 01　启动 Dreamweaver CC，新建 HTML 文档，单击文档工具栏中的【代码】视图按钮，切换至代码状态，如图 2-2 所示。

图 2-2　使用 Dreamweaver CC 新建 HTML 文档

step 02 图 2-2 中的代码是 XHTML1.0 格式，尽管与 HTML5 完全兼容，但是为了简化代码，将其修改成 HTML5 规范。修改文档说明部分、<HTML>标记部分和<META>元信息部分，修改后，HTML5 基本结构代码如下。

```
<!DOCTYPE html>
<html>
<head>
<meta charset="utf-8" />
<title>HTML5 网页设计</title>
</head>
<body>
</body>
</html>
```

step 03 在网页主体中添加内容。在 BODY 部分增加如下代码。

```
<!--白居易诗-->
<h1>续座右铭</h1>
<P>
千里始足下,<br>
高山起微尘。<br>
吾道亦如此,<br>
行之贵日新。<br>
</P>
```

step 04 保存网页，在 IE 中预览效果，如图 2-3 所示。

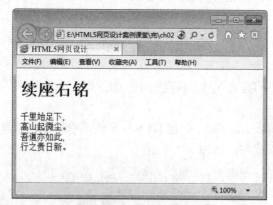

图 2-3 网页预览效果

2.4 跟我练练手

2.4.1 练习目标

能够熟练掌握本章节所讲内容。

2.4.2　上机练习

练习 1：制作符合 W3C 标准的 HTML5 网页。

练习 2：了解 HTML5 文档的基本结构。

2.5　高手甜点

甜点 1：在网页中，语言的编码方式有哪些？

在 HTML5 网页中，<META>标记的 charset 属性用于设置网页的内码语系，也就是字符集的类型。国内常用的是 GB 码，对于国内，经常要显示汉字，通常设置为 GB2312(简体中文)和 UTF-8 两种。英文是 ISO-8859-1 字符集。此外，还有其他字符集，这里不再介绍。

甜点 2：在网页中基本标签是否必须成对出现？

在 HTML5 网页中，大部分标签都是成对出现，不过也有部分标签可以单独出现，如换行标签<p/>、
、<img/>和<hr/>等。

第 3 章

HTML5 与 HTML4 的区别

HTML5 中新增了大量元素与属性，这些新增的元素和属性使 HTML5 的功能变得更加强大，使网页设计效果有了更多的实现可能。

本章要点(已掌握的在方框中打钩)

☐ 掌握 HTML5 新增的主体结构元素。
☐ 掌握 HTML5 新增的非主体结构元素。
☐ 掌握 HTML5 新增的其他常用元素。
☐ 掌握 HTML5 新增的全局属性。
☐ 掌握 HTML5 新增的其他属性。

3.1 新增的主体结构元素

在 HTML5 中，新增了几种新的与结构相关的元素，分别是 section 元素、article 元素、aside 元素、nav 元素和 time 元素。

3.1.1 案例 1——section 元素的使用

<section>标签定义文档中的节，比如章节、页眉、页脚或文档中的其他部分。它可以与 h1、h2、h3、h4、h5、h6 等元素结合起来使用，标示文档结构。

section 标签的代码结构如下。

```
<section>
<h1>…</h1>
<p>…</p>
</section>
```

【例 3.1】section 元素的使用(实例文件：ch03\3.1.html)。

```
<!DOCTYPE HTML>
<html>
<body>
<section>
    <h2>section 元素使用方法</h2>
    <p> section 元素用于对网站或应用程序中页面上的内容进行分块。</p>
</section>
</body>
</html>
```

在 IE 中预览效果，如图 3-1 所示，实现了内容的分块显示。

图 3-1 section 元素的使用

3.1.2 案例 2——article 元素的使用

<article>标签定义外部的内容。外部内容可以是来自一个外部的新闻提供者的一篇新的文章，或者来自 blog 的文本，或者是来自论坛的文本，或者是来自其他外部源内容。

article 标签的代码结构如下。

```
<article>
...
</article>
```

【例 3.2】article 元素的使用(实例文件：ch03\3.2.html)。

```
<!DOCTYPE HTML>
<html>
<body>
<article>
  <header>
   <h1> apple 教程</h1>
   <p>时间: <time pubdate="pubdate">2013-2-1</time></p>
  </header>
  <p>轻松学习 apple 教程，就来</p>
<a href="http://www.apple.com">www.apple.com</a><br />
  <footer>
   <p><small>底部版权信息：apple.com 公司所有</small></p>
  </footer>
  </article>
</body>
</html>
```

在 IE 中预览效果，如图 3-2 所示，实现了外部内容的定义。

图 3-2 article 元素的使用

该实例讲述 article 元素的使用方法，在 header 元素中嵌入了文章的标题部分；在标题下部的 p 元素中，嵌入了一大段正文内容；在结尾处的 footer 元素中，嵌入了文章的著作权，作为脚注。整个示例的内容相对比较独立、完整，因此，这部分内容使用了 article 元素。

1. article 元素与 section 元素的区别

下面我们来介绍一下 article 元素与 section 元素的区别。

【例 3.3】article 元素与 section 元素的区别(实例文件：ch03\3.3.html)。

```
<!DOCTYPE HTML>
<html>
<body>
<article>
    <h1>article 元素与 section 元素的使用方法</h1>
    <p>何时使用 article 元素？何时使用 section 元素…..</p>
    <section>
        <h2>article 元素使用方法</h2>
        <p>article 元素代表文档、页面或应用程序中独立的、完整的、可以独自被外部引用
的内容。</p>
    </section>
    <section>
        <h2>section 元素使用方法</h2>
        <p> section 元素用于对网站或应用程序中页面上的内容进行分块。</p>
    </section>
</article>
</body>
</html>
```

在 IE 中预览效果，如图 3-3 所示，可以清楚地看到这两个元素的使用区别。

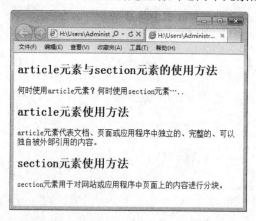

图 3-3　article 元素与 section 元素的区别

2. article 元素的嵌套

article 元素是可以嵌套使用的，内层的内容在原则上需要与外层的内容相关联。例如，一篇博客文章中，针对该文章的评论就可以使用嵌套 article 元素的方式，用来呈现评论的 article 元素被包含在表示整体内容的 article 元素里面。

【例 3.4】article 元素的嵌套(实例文件：ch03\3.4.html)。

```
<!DOCTYPE HTML>
```

```
<html>
<body>
<article>
    <header>
        <h1>article 元素的嵌套</h1>
        <p>发表日期: <time pubdate="pubdate">2012/10/10</time></p>
    </header>
    <p>article 元素是什么? 怎样使用 article 元素? ……</p>
    <section>
        <h2>评论</h2>
        <article>
            <header>
                <h3>发表者: 唯一 </h3>
                <p><time pubdate datetime="2011-12-23T:21-26:00">1 小时
                前</time></p>
            </header>
            <p>这篇文章很不错啊, 顶一下! </p>
        </article>
        <article>
            <header>
                <h3>发表者: 唯一</h3>
                <p><time pubdate datetime="2013-2-20 T:21-26:00">1 小时
                前</time></p>
            </header>
            <p>这篇文章很不错啊</p>
        </article>
    </section>
</article>
</body>
</html>
```

在 IE 中预览效果，如图 3-4 所示。

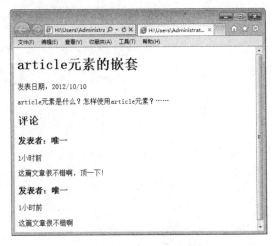

图 3-4 article 元素的嵌套

这个实例中的代码比较完整，它添加了文章读者的评论内容，实例内容分为几个部分。

文章标题放在了 header 元素中，文章正文放在了 header 元素后面的 p 元素中，然后 section 元素把正文与评论进行了区分(是一个分块元素，用来把页面中的内容进行区分)。在 section 元素中嵌入了评论的内容，评论中每一个人的评论相对来说又是比较独立的、完整的。因此，对它们都使用一个 article 元素，在评论的 article 元素中，又可以分为标题与评论内容部分，分别放在 header 元素与 p 元素中。

3.1.3　案例 3——aside 元素的使用

aside 元素一般用来表示网站当前页面或文章的附属信息部分，它可以包含与当前页面或主要内容相关的广告、导航条、引用、侧边栏评论部分，以及其他区别于主要内容的部分。

aside 元素主要有以下两种使用方法。

第 1 种：被包含在 article 元素中作为主要内容的附属信息部分，其中的内容可以是与当前文章有关的相关资料、名称解释等。

aside 标签的代码结构如下。

```
<article>
  <h1>…</h1>
  <p>…</p>
  <aside>…</aside>
</article>
```

第 2 种：在 article 元素之外使用作为页面或站点全局的附属信息部分。最典型的是侧边栏，其中的内容可以是友情链接，博客中的其他文章列表、广告单元等。

aside 标签的代码结构如下。

```
<aside>
  <h2>…</h2>
  <ul>
    <li>…</li>
    <li>…</li>
  </ul>
  <h2>…</h2>
  <ul>
    <li>…</li>
    <li>…</li>
  </ul>
</aside>
```

【例 3.5】aside 元素的使用(实例文件：ch03\3.5.html)。

```
<!DOCTYPE html>
<html>
<head>
  <title>标题文件</title>
  <link rel="stylesheet" href="mystyles.css">
</head>
<body>
```

```
<header>
  <h1>站点主标题</h1>
</header>
<nav>
  <ul>
    <li>主页</li>
    <li>图片</li>
    <li>音频</li>
  </ul>
</nav>
<section>
</section>
<aside>
  <blockquote>文章 1</blockquote>
  <blockquote>文章 2</blockquote>
</aside>
</body>
</html>
```

在 IE 中预览效果，如图 3-5 所示。

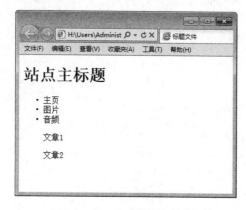

图 3-5 aside 元素的使用

                        <aside>元素可以位于示例页面的左边或右边，这个标签并没有预定义的位置。<aside>元素仅仅描述所包含的信息，而不反映结构。<aside>元素可位于布局的任意部分，用于表示任何非文档主要内容的部分。例如，可以在<section>元素中加入一个<aside>元素，甚至可以把该元素加入一些重要信息中，如文字引用。

3.1.4 案例 4——nav 元素的使用

<nav>用来将具有导航性质的链接划分在一起，使代码结构在语义化方面更加准确，同时对于屏幕阅读器等设备的支持也更好。

具体来说，nav 元素可以用于以下这些场合。

● 传统导航条：现在主流网站上都有不同层级的导航条，其作用是将当前画面跳转到网站的其他主要页面上去。

- 侧边栏导航：现在主流博客网站及商品网站上都有侧边栏导航，其作用是将页面从当前文章或当前商品跳转到其他文章或其他商品页面上去。
- 页内导航：页内导航的作用是在本页面几个主要的组成部分之间进行跳转。
- 翻页操作：翻页操作是指在多个页面的前后页或博客网站的前后篇文章滚动。
- 其他：除此之外，nav 元素也可以用于其他所有用户觉得是重要的、基本的导航链接组中。

具体实现代码如下。

```
<nav>
<a href="……">Home</a>
<a href="……">Previous</a>
<a href="……">Next</a>
</nav>
```

 如果文档中有【前后】按钮，则应该把它放到<nav>元素中。

一个页面中可以拥有多个<nav>元素，作为页面整体或不同部分的导航；下面给出一个代码实例。

【例 3.6】nav 元素的使用(实例文件：ch03\3.6.html)。

```
<!DOCTYPE html>
<html>
<body>
<h1>技术资料</h1>
<nav>
   <ul>
     <li><a href="/">主页</a></li>
     <li><a href="/events">开发文档</a></li>
   </ul>
</nav>
<article>
  <header>
     <h1>HTML 5 与 CSS 3 的历史</h1>
     <nav>
        <ul>
          <li><a href="#HTML 5">HTML 5 的历史</a></li>
          <li><a href="#CSS 3">CSS 3 的历史</a></li>
        </ul>
     </nav>
  </header>
  <section id="HTML 5">
     <h1>HTML 5 的历史</h1>
     <p>讲述 HTML 5 的历史的正文</p>
     <footer>
        <p>
```

```
                <a href="?edit">以往版本</a> |
                <a href="?delete">当前现状</a> |
                <a href="?rename">未来前景</a>
        </p>
    </footer>
</section>
<section id="CSS 3">
    <h1>CSS 3 的历史</h1>
    <p>讲述 CSS 3 的历史的正文</p>
</section>
<footer>
    <p>
            <a href="?edit">以往版本</a> |
            <a href="?delete">当前现状</a> |
            <a href="?rename">未来前景</a>
    </p>
</footer>
</article>
<footer>
    <p><small>版权所有：青花瓷</small></p>
</footer>
</body>
</html>
```

在 IE 中预览，效果如图 3-6 所示。

图 3-6　nav 元素的使用

　　在这个实例中，可以看到<nav>不仅可以用来作为页面全局导航，也可以放在<article>标签内，作为单篇文章内容的相关导航链接到当前页面的其他位置。

　　在 HTML5 中不要用 menu 元素代替 nav 元素，menu 元素是用在一系列发出命令的菜单上的，是一种交互性元素，或者更确切地说是使用在 Web 应用程序中的。

3.1.5 案例 5——time 元素的使用

<time>是 HTML5 新增加的一个标记，用于定义时间或日期。该元素可以代表 24 小时中的某一时刻，在表示时刻时，允许有时间差。在设置时间或日期时，只需将该元素的属性 datetime 设为相应的时间或日期即可。

具体实现代码如下。

```
<p>
   <time>
   …
   </time>
</p>
<p>
   <time datetime=
   …
   </time>
</p>
```

【例 3.7】time 元素的使用(实例文件：ch03\3.7.html)。

```
<!DOCTYPE html>
<html>
<body>
<h1>Time 元素</h1>
<p id="p1">
  <time datetime="2013-3-17">
今天是 2013 年 3 月 17 日
  </time>
 <p>
 <p id="p2">
  <time datetime="2013-3-17T17:00">
现在时间是 2013 年 3 月 17 日晚上 5 点
  </time>
 <p>
 <p id="p3">
   <time datetime="2013-12-31">
    新款冬装将于今年年底上市
   </time>
 </p>
 <p id="p4">
    <time datetime="2013-3-15" pubdate="true">
    本消息发布于 2013 年 3 月 15 日
    </time>
 </p>
</body>
</html>
```

在 IE 中预览，效果如图 3-7 所示。

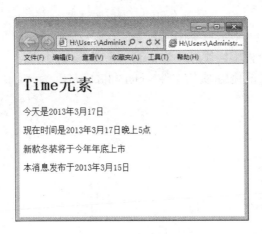

图 3-7 time 元素的使用

说明：

- <p>元素 id 号为 p1 中的<time>元素表示的是日期。页面在解析时，获取的是属性 datetime 中的值，而标记之间的内容只是用于显示在页面中。
- <p>元素 id 号为 p2 中的<time>元素表示的是日期和时间，它们之间使用字母 T 进行分隔。如果在整个日期与时间的后面加上一个字母 Z，则表示获取的是 UTC(世界统一时间)格式。
- <p>元素 id 号为 p3 中的<time>元素表示的是将来时间。
- <p>元素 id 号为 p4 中的<time>元素表示的是发布日期。

　为了在文档中将这两个日期进行区分，在最后一个<time>元素中增加了 pubdate 属性，表示此日期为发布日期。

　<time>元素中的可选属性 pubdate 表示时间是否为发布日期，它是一个布尔值，该属性不仅可以用于<time>元素，还可用于<article>元素。

3.2 新增的非主体结构元素

在 HTML5 中还新增了一些非主体的结构元素，如 header、hgroup、footer 等。

3.2.1 案例 6——header 元素的使用

header 元素是一种具有引导和导航作用的结构元素，通常用来放置整个页面或页面内的一个内容区块的标题，但也可以包含其他内容，例如数据表格、搜索表单或相关的 logo 图片。

header 标签的代码结构如下。

```
<header>
<h1>…</h1>
<p>…</p>
</header>
```

在整个页面中的标题一般放在页面的开头，一个网页中没有限制 header 元素的个数，可以拥有多个，可以为每个内容区块加一个 header 元素。

【例 3.8】header 元素的使用(实例文件：ch03\3.8.html)。

```
<!DOCTYPE html>
<html>
<body>
<header>
  <h1>网页标题</h1>
</header>
<article>
  <header>
    <h1>文章标题</h1>
  </header>
  <p>文章正文</p>
</article>
</body>
</html>
```

在 IE 中预览，效果如图 3-8 所示。

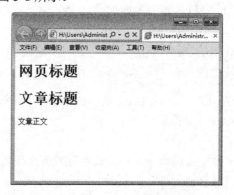

图 3-8　header 元素的使用

 在 HTML5 中，一个 header 元素通常包括至少一个 headering 元素(h1～h6)，也可以包括 hgroup 元素、nav 元素，还可以包括其他元素。

3.2.2　案例 7——hgroup 元素的使用

<hgroup>标签用于对网页或区段(section)的标题进行组合。hgroup 元素通常会将 h1～h6 元素进行分组，譬如一个内容区块的标题及其子标题算一组。

hgroup 标签的使用代码如下。

```
<hgroup>
  <h1>...</h1>
  <h2>...t</h2>
</hgroup>
```

通常，如果文章只有一个主标题，是不需要 hgroup 元素的。如下这个实例就不需要 hgroup 元素。

【例 3.9】hgroup 元素的使用(实例文件：ch03\3.9.html)。

```html
<!DOCTYPE html>
<html>
<body>
<article>
    <header>
        <h1>文章标题</h1>
        <p><time datetime="2010-03-20">2010 年 10 月 29 日</time></p>
    </header>
    <p>文章正文</p>
</article>
</body>
</html>
```

在 IE 中预览，效果如图 3-9 所示。

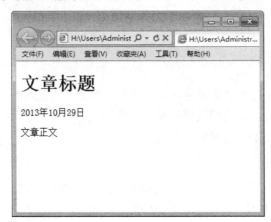

图 3-9　只有一个主标题

但是，如果文章有主标题，主标题下有子标题，就需要使用 hgroup 元素了。如下这个实例就需要 hgroup 元素。

【例 3.10】hgroup 元素的使用(实例文件：ch03\3.10.html)。

```html
<!DOCTYPE html>
<html>
<body>
<article>
    <header>
        <hgroup>
            <h1>文章主标题</h1>
            <h2>文章子标题</h2>
        </hgroup>
        <p><time datetime="2013-03-20">2013 年 10 月 29 日</time></p>
    </header>
    <p>文章正文</p>
```

```
</article>
</body>
</html>
```

在 IE 中预览，效果如图 3-10 所示。

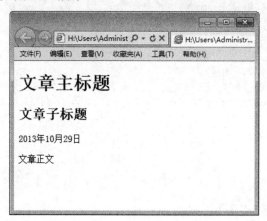

图 3-10　主标题下有子标题

3.2.3　案例 8——footer 元素的使用

footer 元素可以作为其上层父级内容区块或是一个根区块的脚注。footer 通常包括其相关区块的脚注信息，如作者、相关阅读链接及版权信息等。

使用 footer 标签设置文档页脚的代码如下。

```
<footer>…</footer>
```

在 HTML 5 出现之前，网页设计人员使用下面的方式编写页脚。

【例 3.11】ul 元素的使用(实例文件：ch03\3.11.html)。

```
<!DOCTYPE html>
<html>
<body>
<div id="footer">
    <ul>
        <li>版权信息</li>
        <li>站点地图</li>
        <li>联系方式</li>
    </ul>
<div>
</body>
</html>
```

在 IE 中预览，效果如图 3-11 所示。

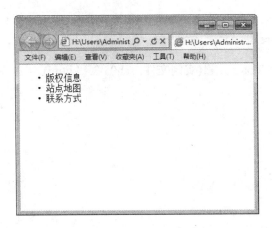

图 3-11　ul 元素的使用

但是到了 HTML5 之后，这种方式将不再使用，而是使用更加语义化的 footer 元素来替代。

【例 3.12】footer 元素的使用(实例文件：ch03\3.12.html)。

```
<!DOCTYPE html>
<html>
<body>
<footer>
    <ul>
        <li>版权信息</li>
        <li>站点地图</li>
        <li>联系方式</li>
    </ul>
</footer>
</body>
</html>
```

在 IE 中预览，效果如图 3-12 所示。

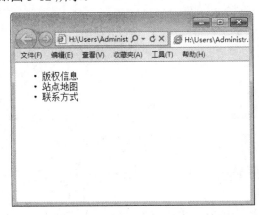

图 3-12　footer 元素的使用

> 提示　与 header 元素一样，一个页面中并不限制 footer 元素的个数。同时，可以为 article 元素或 section 元素添加 footer 元素。

【例 3.13】添加多个 footer 元素(实例文件：ch03\3.13.html)。

```
<!DOCTYPE html>
<html>
<body>
<article>
    文章内容
    <footer>
        文章的脚注
    </footer>
</article>
<section>
    分段内容
    <footer>
        分段内容的脚注
    </footer>
 </section>
</body>
</html>
```

在 IE 中预览，效果如图 3-13 所示。

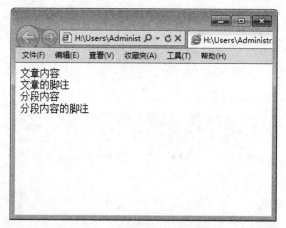

图 3-13　添加多个 footer 元素

3.2.4　案例 9——figure 元素的使用

figure 元素是一种元素的组合，可带有标题(可选)。figure 标签用来表示网页上一块独立的内容，将其从网页上移除后不会对网页上的其他内容产生影响。figure 所表示的内容可以是图片、统计图或代码示例。

figure 标签的实现代码如下。

```
<figure>
   <h1>…</h1>
   <p>…</p>
</figure>
```

 使用 figure 元素时，需要 figcaption 元素为 figure 元素组添加标题。不过，一个 figure 元素内最多只允许放置一个 figcaption 元素，其他元素可无限放置。

1. 不带有标题的 figure 元素的使用

【例 3.14】不带有标题的 figure 元素的使用(实例文件：ch03\3.14.html)。

```
<!DOCTYPE HTML>
<html>
<head>
<title>不带有标题的 figure 元素</title>
</head>
<body>
   <figure>
      <img alt="images/logo.jpg"/>
   </figure>
</body>
</html>
```

在 IE 中预览，效果如图 3-14 所示。

图 3-14　不带有标题的 figure 元素的使用

2. 带有标题的 figure 元素的使用

【例 3.15】带有标题的 figure 元素的使用(实例文件：ch03\3.15.html)。

```
<!DOCTYPE HTML>
<html>
```

```
<head>
<title>带有标题的 figure 元素</title>
</head>
<body>
   <figure>
     <img alt="images/logo.jpg"/>
   </figure>
   <figcaption>标题提示</figcaption>
</body>
</html>
```

在 IE 中预览，效果如图 3-15 所示。

图 3-15　带有标题的 figure 元素的使用

3. 多张图片，同一标题的 figure 元素的使用

【例 3.16】多张图片，同一标题的 figure 元素的使用(实例文件：ch03\3.16.html)。

```
<!DOCTYPE HTML>
<html>
<head>
<title>多张图片，同一标题的 figure 元素</title>
</head>
<body>
   <figure>
     <img alt="images/logo.jpg"/>
     <img alt="images/logo1.jpg"/>
     <img alt="images/logo2.jpg"/>
   </figure>
   <figcaption>标题提示</figcaption>
</body>
</html>
```

在 IE 中预览，效果如图 3-16 所示。

图 3-16　多张图片，同一标题的 figure 元素的使用

3.2.5　案例 10——address 元素的使用

address 元素用来在文档中呈现联系信息，包括文档作者或文档维护者的名字，以及他们的网站链接、电子邮箱、真实地址、电话号码等。

address 标签的实现代码如下。

```
<address>
    <a href=…>…</a>
    …
</address>
```

【例 3.17】address 元素的使用(实例文件：ch03\3.17.html)。

```
<!DOCTYPE html>
<html>
<body>
<address>
    <a href=http://blog.sina.com.cn/zhangsan>张三</a>
    <a href=http://blog.sina.com.cn/lisi>李四</a>
    <a href=http://blog.sina.com.cn/wanger>王二</a>
</address>
</body>
</html>
```

在 IE 中预览，效果如图 3-17 所示。

图 3-17　address 元素的使用

另外，address 元素不仅可以单独使用，还可以与 footer 元素、time 元素结合起来使用。

【例 3.18】address 元素与其他元素结合使用(实例文件：ch03\3.18.html)。

```html
<!DOCTYPE html>
<html>
<body>
<footer>
    <div>
        <address>
            <a title="文章作者：张三" href="http://blog.sina.com.cn/zhangsan">
            张三</a>
        </address>
            发表于<time datetime="2013-3-17">2013 年 3 月 17 日</time>
    </div>
</footer>
</body>
</html>
```

在 IE 中预览，效果如图 3-18 所示。

图 3-18 address 元素与其他元素结合使用

3.3 新增其他常用元素

除了结构元素外，在 HTML5 中，还新增了其他元素，如 mark 元素、rp 元素、rt 元素 ruby 元素、progress 元素、command 元素、embed 元素、details 元素、summary 元素、datalist 元素等。

3.3.1 案例 11——mark 元素的使用

mark 元素主要用来在视觉上向用户呈现那些需要突出显示或高亮显示的文字。mark 元素的一个比较典型的应用就是在搜索结果中向用户高亮显示搜索关键词。其使用方法与<em>和

<strong>有相似之处，但相比而言，HTML5 中新增的 mark 元素在突出显示时更加随意与灵活。

HTML5 中代码示例如下。

```
<p>… <mark>……</mark> …</p>
```

【例 3.19】mark 元素的使用(实例文件：ch03\3.19.html)。

在页面中，首先使用<h5>元素创建一个标题"优秀开发人员的素质"，然后通过<p>元素对标题进行阐述。在阐述的文字中，为了引起用户的注意，使用<mark>元素高亮处理字符"素质""过硬"和"务实"。

具体的代码如下。

```
<!DOCTYPE html>
<html>
<head>
<meta charset="utf-8" />
<title>mark 元素的使用</title>
<link href="Css/css3.css" rel="stylesheet" type="text/css">
</head>
<body>
 <h5>优秀开发人员的<mark>素质</mark></h5>
 <p class="p3_5">
    一个优秀的 Web 页面开发人员，必须具有
   <mark>过硬</mark>的技术与
   <mark>务实</mark>的专业精神
</p>
</body>
</html>
```

该页面在 IE 浏览器下执行的页面，效果如图 3-19 所示。

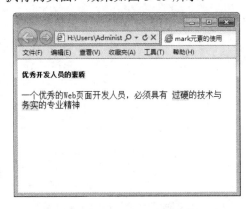

图 3-19　mark 元素的使用

 　　mark 元素的这种高亮显示的特征，除用于文档中突出显示外，还常用于查看搜索结果页面中关键字的高亮显示，其目的主要是引起用户的注意。

虽然 mark 元素在使用效果上与 em 或 strong 元素有相似之处，但三者的出发点是不一样的。strong 元素是作者对文档中某段文字的重要性进行的强调；em 元素是作者为了突出文章的重点而进行的设置；mark 元素是数据展示时，以高亮形式显示某些字符，与原作者本意无关。

3.3.2 案例 12——rp 元素、rt 元素与 ruby 元素的使用

ruby 元素由一个或多个字符(需要一个解释/发音)和一个提供该信息的 rt 元素组成，还包括可选的 rp 元素，定义当浏览器不支持 ruby 元素时显示的内容。

rp 元素、rt 元素与 ruby 元素结合使用的代码如下。

```
<ruby>
  <rt><rp>(</rp>  <rp>)</rp></rt>
</ruby>
```

【例 3.20】使用 ruby 注释繁体字"漢"(实例文件：ch03\3.20.html)。

```
<!DOCTYPE html>
<html>
<body>
 <ruby>
   漢<rt><rp>(</rp> 汉 <rp>)</rp></rt>
</ruby>
</body>
</html>
```

在 IE 中预览，效果如图 3-20 所示。

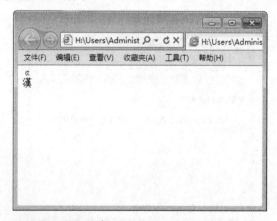

图 3-20 使用 ruby 注释繁体字"漢"

支持 ruby 元素的浏览器不会显示 rp 元素的内容。

3.3.3　案例 13——progress 元素的使用

progress 元素表示运行中的进程。可以使用 progress 元素来显示 JavaScript 中耗费时间的函数进程。例如下载文件时，文件下载到本地的进度值可以通过该元素动态展示在页面中，展示的方式既可以使用整数(如 1～100)，也可以使用百分比(如 10%～100%)。

<progress>元素的属性及描述如表 3-1 所示。

表 3-1　<progress>元素的属性及描述

属　　性	值	描　　述
max	整数或浮点数	设置完成时的值，表示总体工作量
value	整数或浮点数	设置正在进行时的值，表示已完成的工作量

注意　<progress>元素中设置的 value 值必须小于或等于 max 属性值，且两者都必须大于 0。

【例 3.21】使用 progress 元素表示下载进度(实例文件：ch03\3.21.html)。

```
<!DOCTYPE HTML>
<html>
<body>
    对象的下载进度：
    <progress>
     <span id="objprogress">76</span>%
    </progress>
</body>
</html>
```

在 IE 中预览，效果如图 3-21 所示。

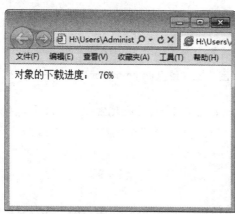

图 3-21　使用 progress 元素表示下载进度

3.3.4 案例 14——command 元素的使用

command 元素表示用户能够调用的命令,可以定义命令按钮,如单选按钮、复选框或按钮。

HTML5 中使用 command 元素的代码如下。

```
<command type="command">…</command>
```

【例 3.22】使用 command 元素标记一个按钮(实例文件:ch03\3.22.html)。

```
<!DOCTYPE HTML>
<html>
<body>
  <menu>
    <command onclick="alert('Hello World')">Click Me!</command>
  </menu>
</body>
</html>
```

在 IE 中预览,效果如图 3-22 所示。单击网页中的【Click Me】区域,将弹出提示信息框。

图 3-22　使用 command 元素标记一个按钮

　　只有当 command 元素位于 menu 元素内时,该元素才是可见的;否则,不会显示这个元素,但是可以用它规定键盘快捷键。

3.3.5 案例 15——embed 元素的使用

embed 元素用来插入各种多媒体,格式可以是 MIDI、WAV、AIFF、AU、MP3 等。
HTML5 中代码示例如下。

```
<embed src="……"/>
```

【例 3.23】使用 embed 元素插入动画(实例文件：ch03\3.23.html)。

```
<!DOCTYPE HTML>
<html>
<body>
<embed src="images/飞翔的海鸟.swf"/>
</body>
</html>
```

在 IE 中预览，效果如图 3-23 所示。

图 3-23　使用 embed 元素插入动画

3.3.6　案例 16——details 元素与 summary 元素的使用

details 元素表示用户要求得到并且可以得到的细节信息，与 summary 元素配合使用。summary 元素提供标题或图例。标题是可见的，用户点击标题时会显示出细节信息。summary 元素应该是 details 元素的第一个子元素。

HTML 5 中代码示例如下。

```
<details>
   <summary>…</summary>
   …
</details>
```

【例 3.24】使用 details 元素制作简单页面(实例文件：ch03\3.24.html)。

```
<!DOCTYPE HTML>
<html>
<body>
<details>
  <summary>苹果冰激凌</summary>
  <img src="images/冰激凌.jpg" alt="苹果冰激凌"/>
  <div>
     <h3> 材料：苹果 500g，白糖 150g，新鲜牛奶两瓶。</h3>
     <p>制作方法：将苹果洗净，去皮挖核，切成薄片，搅成浆状，放入白糖及 1000 克开水，加入
煮沸的牛奶，搅拌均匀，倒入盛器内冷却后置于冰箱冻结即成。
```

```
        </p>
    </div>
</details>
</body>
</html>
```

在 IE 中预览，效果如图 3-24 所示。

图 3-24　使用 details 元素制作简单页面

默认情况下，浏览器支持 details 元素，除了 summary 标签外的内容将会被隐藏。

3.3.7　案例 17——datalist 元素的使用

datalist 是用来辅助文本框的输入功能，它本身是隐藏的，与表单文本框中的 list 属性绑定，即将 list 属性值设置为 datalist 的 ID 号。它类似于 suggest 组件。目前只支持 Opera 浏览器。

HTML5 中代码示例如下。

```
<datalist></datalist>
```

【例 3.25】 使用 datalist 元素制作下拉列表框(实例文件：ch03\3.25.html)。

```
<!DOCTYPE HTML>
<html>
<head>
    <title>datalist 测试</title>
</head>
<body>
<form action="#">
    <fieldset>
        <legend>请输入职业</legend>
        <input type="text" list="worklist">
```

```
        <datalist id="worklist">
            <option value="程序开发员"></option>
            <option value="系统架构师"></option>
            <option value="数据维护员"></option>
        </datalist>
    </fieldset>
</form>
</body>
</html>
```

在 Opera 中预览，效果如图 3-25 所示。

图 3-25 使用 datalist 元素制作下拉列表框

3.4 新增全局属性

在 HTML5 中新增了许多全局属性，下面来详细介绍常用的新增属性。

3.4.1 案例 18——contentEditable 属性的使用

contentEditable 属性是 HTML5 中新增的标准属性，其主要功能是指定是否允许用户编辑内容。该属性有两个值：true 和 false。

contentEditable 属性为 true 表示可以编辑，false 表示不可编辑。如果没有指定值则会采用隐藏的 inherit(继承)状态，即如果元素的父元素是可编辑的，则该元素就是可编辑的。

【例 3.26】使用 contentEditable 属性的实例(实例文件：ch03\3.26.html)。

```
<!DOCTYPE html>
<head>
<title>contentEditable 属性示例</title>
</head>
<body>
<h3>对以下内容进行编辑内容</h3>
<ol contentEditable="true">
<li>列表一</li>
<li>列表二</li>
```

```
<li>列表三</li>
</ol>
</body>
</html>
```

使用 IE 浏览器查看网页内容，打开后可以在网页中输入相关内容，效果如图 3-26 所示。

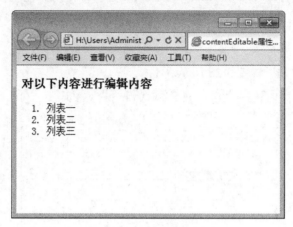

图 3-26   使用 contentEditable 属性的实例

注意   对内容进行编辑后，如果关闭网页，编辑的内容将不会被保存。如果想要保存其中内容，只能把该元素的 innerHTML 发送到服务器端进行保存。

3.4.2 案例 19——spellcheck 属性的使用

spellcheck 属性是 HTML5 中的新属性，规定是否对元素内容进行拼写检查。可对以下文本进行拼写检查：类型为 text 的 input 元素中的值(非密码)、textarea 元素中的值、可编辑元素中的值。

【例 3.27】使用 spellcheck 属性的实例(实例文件：ch03\3.27.html)。

```
<!DOCTYPE html>
<html>
<head>
<title>hello, word</title>
</head>
<body>
<p contenteditable="true" spellcheck="true">使用 spellcheck 属性，使段落内容可被
编辑。</p>
</body>
</html>
```

使用 IE 9.0 浏览器查看网页内容，打开后可以在网页中输入相关内容，效果如图 3-27 所示。

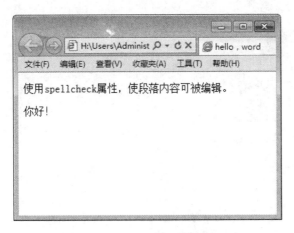

图 3-27　使用 spellcheck 属性的实例

3.4.3　案例 20——tabIndex 属性的使用

　　tabIndex 属性可设置或返回按钮的 Tab 键控制次序。打开页面，连续按 Tab 键，会在按钮之间进行切换，tabIndex 属性则可以记录显示切换的顺序。

　　【例 3.28】使用 tabIndex 属性的实例(实例文件：ch03\3.28.html)。

```
<html>
<head>
<script type="text/javascript">
function showTabIndex()
{
var bt1=document.getElementById('bt1').tabIndex;
var bt2=document.getElementById('bt2').tabIndex;
var bt3=document.getElementById('bt3').tabIndex;
document.write("Tab 切换按钮 1 的顺序：" + bt1);
document.write("<br />");
document.write("Tab 切换按钮 2 的顺序：" + bt2);
document.write("<br />");
document.write("Tab 切换按钮 3 的顺序：" + bt3);
}</script>
</head>
<body>
<button id="bt1" tabIndex="1">按钮 1</button><br />
<button id="bt2" tabIndex="2">按钮 2</button><br />
<button id="bt3" tabIndex="3">按钮 3</button><br />
<br />
<input type="button" onclick="showTabIndex()" value="显示切换顺序" />
</body>
</html>
```

　　使用 IE 浏览器查看网页内容，打开后多次按 Tab 键，使控制中心在几个按钮对象间切换，如图 3-28 所示。

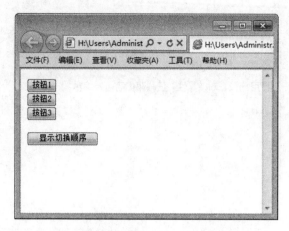

图 3-28　使用 tabIndex 属性的实例

单击【显示切换顺序】按钮，显示出依次切换的顺序，如图 3-29 所示。

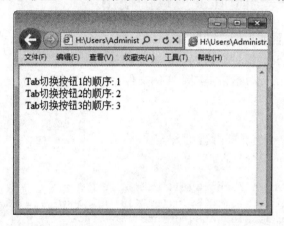

图 3-29　显示切换顺序

3.5　新增的其他属性

新增属性主要分为三大类：表单相关属性、链接相关属性和其他新增属性。具体内容介绍如下。

3.5.1　案例 21——表单相关属性的使用

新增的表单属性有很多，下面来分别进行介绍。

1．autocomplete

autocomplete 属性规定 form 或 input 域应该拥有自动完成功能。autocomplete 适用于 <form>标签，以及以下类型的<input>标签：text、search、url、telephone、email、password、datepickers、range、color。

【例 3.29】使用 autocomplete 属性的实例(实例文件：ch03\3.29.html)。

```
<!DOCTYPE HTML>
<html>
<body>
<form action="demo_form.asp" method="get" autocomplete="on">
    姓名:<input type="text" name="姓名" /><br />
    性别: <input type="text" sex="性别" /><br />
    邮箱: <input type="email" name="email" autocomplete="off" /><br />
    <input type="submit" />
</form>
</body>
</html>
```

使用 IE 浏览器查看网页内容，效果如图 3-30 所示。

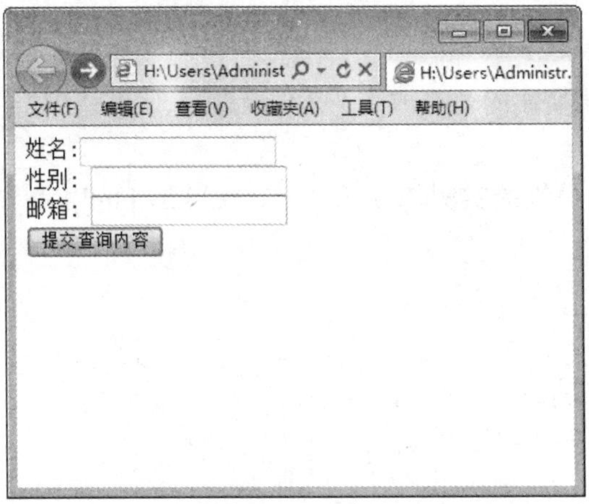

图 3-30　使用 autocomplete 属性的实例

2. autofocus

autofocus 属性规定在页面加载时，域自动地获得焦点。autofocus 属性适用于所有<input>标签的类型。

【例 3.30】使用 autofocus 属性的实例(实例文件：ch03\3.30.html)。

```
<!DOCTYPE HTML>
<html>
<body>
<form action="demo_form.asp" method="get">
    用户名: <input type="text" name="user_name" autofocus="autofocus" />
    <input type="submit" />
</form>
</body>
</html>
```

使用 IE 浏览器查看网页内容，效果如图 3-31 所示。

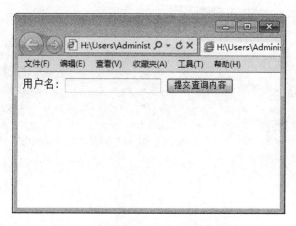

图 3-31　使用 autofocus 属性的实例

3.　form

form 属性规定输入域所属的一个或多个表单。form 属性适用于所有<input>标签的类型，必须引用所属表单的 id。

【例 3.31】使用 form 属性的实例(实例文件：ch03\3.31.html)

```
<!DOCTYPE HTML>
<html>
<body>
<form action="demo_form.asp" method="get" id="user_form">
    姓名:<input type="text" name="姓名" />
    <input type="submit" />
</form>
    性别: <input type="text" sex="性别" form="user_form" />
</body>
</html>
```

使用 IE 浏览器查看网页内容，效果如图 3-32 所示。

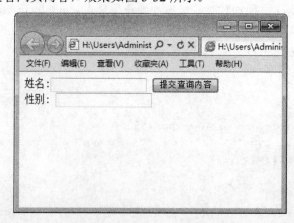

图 3-32　使用 form 属性的实例

4．form overrides

表单重写属性(form override attributes)允许重新设定 form 元素的某些属性。

表单重写属性如下。

(1) formaction：重写表单的 action 属性。

(2) formenctype：重写表单的 enctype 属性。

(3) formmethod：重写表单的 method 属性。

(4) formnovalidate：重写表单的 novalidate 属性。

(5) formtarget：重写表单的 target 属性。

表单重写属性适用于以下类型的\<input\>标签：submit 和 image。

【例 3.32】使用 form overrides 属性的实例(实例文件：ch03\3.32.html)。

```
<!DOCTYPE HTML>
<html>
<body>
<form action="demo_form.asp" method="get" id="user_form">
    邮箱: <input type="email" name="userid" /><br />
    <input type="submit" value="提交" /><br />
    <input type="submit" formaction="demo_admin.asp" value="以管理员身份提交"
    /><br />
    <input type="submit" formnovalidate="true" value="提交未经验证" /><br />
</form>
</body>
</html>
```

使用 IE 浏览器查看网页内容，效果如图 3-33 所示。

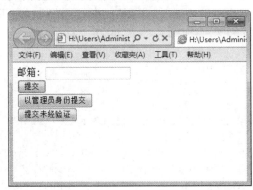

图 3-33　使用 form overrides 属性的实例

5．height 和 width

height 和 width 属性规定用于 image 类型的 input 标签的图像高度和宽度。height 和 width 属性只适用于 image 类型的\<input\>标签。

【例 3.33】使用 height 和 width 属性的实例(实例文件：ch03\3.33.html)。

```
<!DOCTYPE HTML>
```

```
<html>
<body>
<form action="demo_form.asp" method="get">
    用户名：<input type="text" name="user_name" /><br />
    <input type="image" src="/images/按钮.jpg" width="99" height="99" />
</form>
</body>
</html>
```

使用 IE 浏览器查看网页内容，效果如图 3-34 所示。

图 3-34　使用 height 和 width 属性的实例

6. list

list 属性规定输入域的 datalist。datalist 是输入域的选项列表。list 属性适用于以下类型的
<input>标签：text、search、url、telephone、email、date pickers、number、range 及 color。

【例 3.34】使用 list 属性的实例(实例文件：ch03\3.34.html)。

```
<!DOCTYPE HTML>
<html>
<body>
<form action="demo_form.asp" method="get">
  主页：<input type="url" list="url_list" name="link" />
  <datalist id="url_list">
   <option label="baidu" value="http://www.baidu.com" />
   <option label="qq" value="http://www.qq.com" />
   <option label="Microsoft" value="http://www.microsoft.com" />
  </datalist>
<input type="submit" />
</form>
</body>
</html>
```

使用 IE 浏览器查看网页内容，效果如图 3-35 所示。

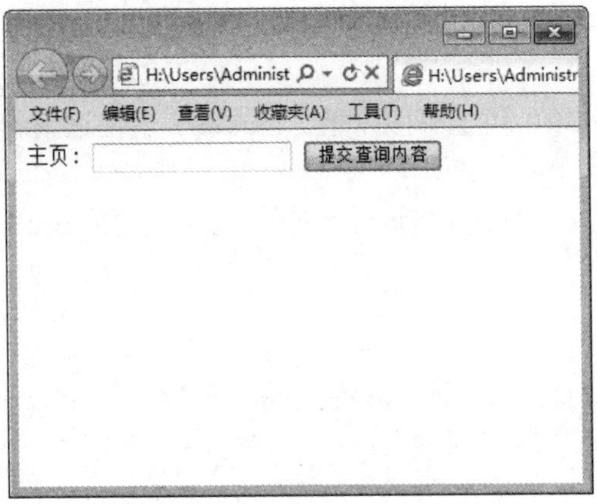

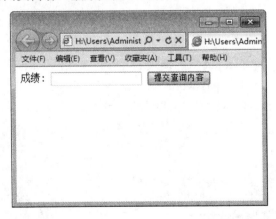

图 3-35　使用 list 属性的实例

7. min、max 和 step

min、max 和 step 属性用于为包含数字或日期的 input 类型规定限定(约束)。max 属性规定输入域所允许的最大值；min 属性规定输入域所允许的最小值；step 属性为输入域规定合法的数字间隔(如果 step="3"，则合法的数是-3、0、3、6 等)。

min、max 和 step 属性适用于以下类型的<input>标签：date pickers、number 及 range。

【例 3.35】使用 min、max 和 step 属性的实例(实例文件：ch03\3.35.html)。

```
<!DOCTYPE HTML>
<html>
<body>
<form action="demo_form.asp" method="get">
    成绩: <input type="number" name="points" min="0" max="10" step="3"/>
<input type="submit" />
</form>
</body>
</html>
```

使用 IE 浏览器查看网页内容，效果如图 3-36 所示。

图 3-36　使用 min、max 和 step 属性的实例

8. multiple

multiple 属性规定输入域中可选择多个值。multiple 属性适用于以下类型的<input>标签：email 和 file。

【例 3.36】使用 multiple 属性的实例(实例文件：ch03\3.36.html)。

```
<!DOCTYPE HTML>
<html>
<body>
<form action="demo_form.asp" method="get">
    选择图片: <input type="file" name="img" multiple="multiple" />
<input type="submit" />
</form>
</body>
</html>
```

使用 IE 浏览器查看网页内容，效果如图 3-37 所示。

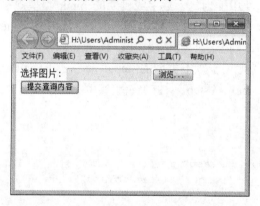

图 3-37 使用 multiple 属性的实例

单击【浏览】按钮，可以打开【选择要加载的文件】对话框，在其中选择要添加的图片信息。

9. pattern (regexp)

pattern 属性规定用于验证 input 域的模式(pattern)，适用于以下类型的<input>标签：text、search、url、telephone、email 及 password。

【例 3.37】使用 pattern 属性的实例(实例文件：ch03\3.37.html)。

```
<!DOCTYPE HTML>
<html>
<body>
<form action="demo_form.asp" method="get">
    电话区号: <input type="text" name="country_code" pattern="[A-z]{3}"
    title="Three letter country code" />
    <input type="submit" />
```

```
</form>
</body>
</html>
```

使用 IE 浏览器查看网页内容，效果如图 3-38 所示。

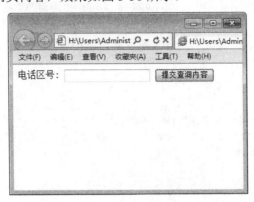

图 3-38　使用 pattern 属性的实例

10．placeholder

placeholder 属性提供一种提示(hint)，描述输入域所期待的值。placeholder 属性适用于以下类型的<input>标签：text、search、url、telephone、email 及 password。

【例 3.38】使用 placeholder 属性的实例(实例文件：ch03\3.38.html)。

```
<!DOCTYPE HTML>
<html>
<body>
<form action="demo_form.asp" method="get">
    <input type="search" name="user_search" placeholder="baidu" />
    <input type="submit" />
</form>
</body>
</html>
```

使用 IE 浏览器查看网页内容，效果如图 3-39 所示。

图 3-39　使用 placeholder 属性的实例

11. required

required 属性规定必须在提交之前填写输入域(不能为空)。required 属性适用于以下类型的<input>标签：text、search、url、telephone、email、password、date pickers、number、checkbox、radio 及 file。

【例 3.39】使用 required 属性的实例(实例文件：ch03\3.39.html)。

```
<!DOCTYPE HTML>
<html>
<body>
<form action="demo_form.asp" method="get">
    姓名: <input type="text" name="usr_name" required="required" />
    <input type="submit" />
</form>
</body>
</html>
```

使用 IE 9.0 浏览器查看网页内容，效果如图 3-40 所示。

图 3-40   使用 required 属性的实例

3.5.2 案例 22——链接相关属性的使用

新增的与链接相关的属性如下。

1. media

media 属性规定目标 URL 是为什么类型的媒介/设备进行优化的。该属性用于规定目标 URL 是为特殊设备(比如 iPhone)、语音或打印媒介设计的。只能在 href 属性存在时使用。

【例 3.40】使用 media 属性的实例(实例文件：ch03\3.40.html)。

```
<!DOCTYPE HTML>
<html>
<body>
  <a href="www.baidu.com" media="print and (resolution:300dpi)">
    链接查询.
```

```
    </a>
</body>
</html>
```

使用 IE 9.0 浏览器查看网页内容，效果如图 3-41 所示。

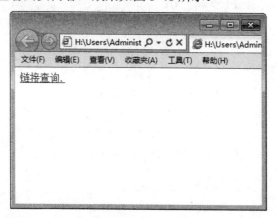

图 3-41　使用 media 属性的实例

2. type

在 HTML5 中，为 area 元素增加了 type 属性，规定目标 URL 的 MIME 类型。仅在 href 属性存在时使用。

语法结构如下。

```
<input type="value">
```

3. sizes

为 link 元素增加了新属性 sizes。该属性可以与 icon 元素结合使用(通过 rel 属性)，该属性指定关联图标(icon 元素)的大小。

4. target

为 base 元素增加了 target 属性，主要目的是保持与 a 元素的一致性。

【例 3.41】使用 sizes 与 target 属性的实例(实例文件：ch03\3.41.html)。

```
<!DOCTYPE html>
<html>
<head>
    <link rel="icon" href="demo_icon.ico" type="image/gif" sizes="16x16" />
</head>
<body>
    <h2>Hello world!</h2>
    <p>打开<a href="2.40.html" target="_blank">新链接</a>窗口。</p>
</body>
</html>
```

使用 IE 浏览器查看网页内容，效果如图 3-42 所示。

图 3-42　使用 sizes 与 target 属性的实例

3.5.3　案例 23——其他属性的使用

除了以上介绍的与表单和链接相关的属性外，HTML5 还增加了其他属性，如表 3-2 所示。

表 3-2　HTML 5 增加的其他属性

属性	隶属于	意义
reversed	ol 元素	指定列表倒序显示
charset	meta 元素	为文档字符编码的指定提供了一种良好的方式
type	menu 元素	让菜单可以以上下文菜单、工具条与列表菜单三种形式出现
label	menu 元素	为菜单定义一个可见的标注
scoped	style 元素	用来规定样式的作用范围，譬如只对页面上某个数起作用
async	script 元素	定义脚本是否异步执行
manifest	html 元素	开发离线 Web 应用程序时它与 API 结合使用，定义一个 URL，在这个 URL 上描述文档的缓存信息
sandbox、srcdoc 与 seamless	iframe 元素	用来提高页面安全性，防止不信任的 Web 页面执行某些操作

3.6　HTML5 废除的属性

在 HTML5 中废除了很多不需要再使用的属性，这些属性将采用其他属性或方案进行替代，具体内容如表 3-3 所示。

表 3-3　HTML5 中废除的属性

废除的属性	使用该属性的元素	在 HTML5 中代替的方案
rev	Link，a	rel
charset	Link，a	在被链接的资源中使用 HTTP content-type 头元素
shape，coords	a	使用 area 元素代替 a 元素
longdesc	img，iframe	使用 a 元素链接到较长描述
target	link	多余属性，被省略
nohref	area	多余属性，被省略
profile	head	多余属性，被省略
version	html	多余属性，被省略
name	img	id
scheme	meta	只为某个表单域使用 scheme
Archive，classid，codebase，codetype，declare，standby	object	使用 data 与 type 属性类调用插件。需要使用这些属性来设置参数时，使用 param 属性
valuetype，type	param	使用 name 与 value 属性，不声明值的 MIME 类型
axis，abbr	td，th	使用以明确简洁的文字开头，后跟详述文字的形式。可以对更详细内容使用 title 属性，来使单元格的内容变得简短
scope	td	在被链接的资源中使用 HTTP Content-type 头元素
align	caption，input，legend，div，h1，h2，h3，h4，h5，h6，p	使用 CSS 样式表进行替代
Alink，link，text，vlink，background，bgcolor	body	使用 CSS 样式表进行替代
Align，bgcolor，border，cellpadding，cellspacing，Frame，rules，width	table	使用 CSS 样式表进行替代
Align，char，charoff，height，nowrap，valign	tbody,thead,tfoot	使用 CSS 样式表进行替代
align,bgcolor,char,charoff,height,nowrap,valign,width	td,th	使用 CSS 样式表进行替代
Align，bgcolor，char，charoff，valign	tr	使用 CSS 样式表进行替代

续表

废除的属性	使用该属性的元素	在 HTML5 中代替的方案
Align，char，charoff，valign，width	Col，colgroup	使用 CSS 样式表进行替代
Align，border，hspace，vspace	object	使用 CSS 样式表进行替代
clear	br	使用 CSS 样式表进行替代
Compact，type	ol，ul，li	使用 CSS 样式表进行替代
compact	dl	使用 CSS 样式表进行替代
compact	menu	使用 CSS 样式表进行替代
width	pre	使用 CSS 样式表进行替代
Align，hspace，vspace	img	使用 CSS 样式表进行替代
Align，noshade，size，width	hr	使用 CSS 样式表进行替代
Align，frameborder，scrollingmarginheight，marginwidth	iframe	使用 CSS 样式表进行替代
autosubmit	menu	

3.7　跟我练练手

3.7.1　练习目标

能够熟练掌握本章节所讲内容。

3.7.2　上机练习

练习 1：练习新增主体结构元素的使用。
练习 2：练习新增非主体结构元素的使用。
练习 3：练习新增全局属性的使用。
练习 4：练习新增其他属性的使用。

3.8　高手甜点

甜点 1：HTML5 中的单标记和双标记书写方法有哪些？

答：HTML5 中的标记分为单标记和双标记。单标记是指没有结束标记的标签；双标记既有开始标签又包含结束标签。

对于单标记是不允许写结束标记的元素，只允许使用"<元素 />"的形式进行书写。例如"
…</br>"的书写方式是错误的，正确的书写方式为
。当然，在 HTML5 之前版本中
的这种书写方法可以被沿用。HTML5 中不允许写结束标记的元素有 area、base、br、col、command、embed、hr、img、input、keygen、link、meta、param、source、track、wbr。

　　对于部分双标记可以省略结束标记。HTML5 中允许省略结束标记的元素有 li、dt、dd、p、rt、rp、optgroup、option、colgroup、thead、tbody、tfoot、tr、td、th。

　　HTML5 中有些元素还可以完全被省略。即使这些标记被省略了，该元素还是以隐式的方式存在的。HTML5 中允许省略全部标记的元素有 html、head、body、colgroup、tbody。

　　甜点 2：新增属性 Target 在 HTML4.01 与 HTML5 之间的差异有哪些？

　　答：在 HTML5 中，不再允许把框架名称设定为目标，因为不再支持 frame 和 frameset。self、parent 及 top 这三个值大多数时候与 iframe 一起使用。

第 2 篇

核 心 技 术

第 4 章

设计网页文本内容

网页文本是网页中最主要也是最常用的元素。网页文本的内容包括标题文字、普通文字、段落文字、水平线等。本章就来介绍如何使用 HTML5 设计网页文本内容。

本章要点(已掌握的在方框中打钩)

☐ 掌握标题文字的建立方法。
☐ 掌握设置文字格式的方法。
☐ 掌握设置段落格式的方法。
☐ 掌握设置网页水平线的方法。
☐ 掌握成才教育网页设计的方法。

4.1 标题文字的建立

在 HTML 文档中，文本的结构除了以行和段出现之外，还可以作为标题存在。通常一篇文档最基本的结构就是由若干不同级别的标题和正文组成的。

4.1.1 案例 1——标题文字标记

HTML 文档中包含有各种级别的标题，各种级别的标题由<h1>到<h6>元素来定义，<h1>至<h6>标题标记中的字母 h 是英文 headline(标题行)的简称。其中<h1>代表 1 级标题，级别最高，文字也最大，其他标题元素依次递减，<h6>级别最低。

【例 4.1】标题标记的使用(实例文件：ch04\4.1.html)。

```
<!DOCTYPE html>
<html>
<head>
<title>标题文字</title>
</head>
<body>
<h1>这里是 1 级标题</h1>
<h2>这里是 2 级标题</h2>
<h3>这里是 3 级标题</h3>
<h4>这里是 4 级标题</h4>
<h5>这里是 5 级标题</h5>
<h6>这里是 6 级标题</h6>
</body>
</html>
```

在 IE 中预览，效果如图 4-1 所示。

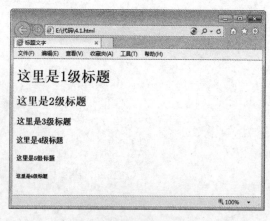

图 4-1 标题标记的使用

作为标题，它们的重要性是有区别的，其中<h1>标题的重要性最高，<h6>的最低。

4.1.2 案例 2——标题文字的对齐方式

标题文字的对齐方式主要有居左、居中、居右和两端对齐，其中两端对齐方式不经常使用。

【例 4.2】标题文字的对齐方式(实例文件：ch04\4.2.html)。

```
<!DOCTYPE html>
<html>
<body>
<h1 align="center">这里是 1 级标题 居中对齐</h1>
<h2 align="left">这里是 2 级标题 居左对齐</h2>
<h3 align="right">这里是 3 级标题 居右对齐</h3>
<p>上面的标题在页面中进行了各种对齐方式的排列。上面的标题在页面中进行了各种对齐方式的排列。上面的标题在页面中进行了各种对齐方式的排列。</p>
</body>
</html>
```

在 IE 中预览，效果如图 4-2 所示。

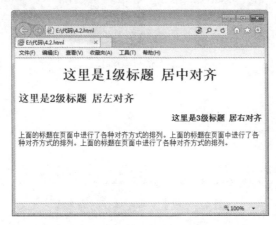

图 4-2 标题文字的对齐方式

4.2 设置文字格式

一个杂乱无序、堆砌而成的网页，会使人感觉枯燥无味，而一个美观大方的网页，会让人有美轮美奂、流连忘返的感觉。本节将介绍如何设置网页文字的格式。

4.2.1 案例 3——设置文字字体

font-family 属性用于指定文字字体类型，如宋体、黑体、隶书、Times New Roman 等，即在网页中，展示字体不同的形状。具体的语法如下。

```
style="font-family:黑体"
```

```
style="font-family:华文彩云,黑体,宋体"
```

从语法格式上可以看出，font-family 有两种声明方式。第一种方式，使用 name 字体名称，按优先顺序排列，以逗号隔开，如果字体名称包含空格，则应使用引号括起，比较常用的是第一种声明方式。第二种声明方式使用所列出的字体序列名称。如果使用 fantasy 序列，将提供默认字体序列。

【例 4.3】设置文字字体及对齐方式(实例文件：ch04\4.3.html)。

```html
<!DOCTYPE html>
<html>
<head><title>字体</title>
</head>
<body>
<p style="font-family:黑体" align=center>北国风光，千里冰封。</p>
</body>
</html>
```

在 IE 中浏览，效果如图 4-3 所示，可以看到文字为黑体并居中显示。

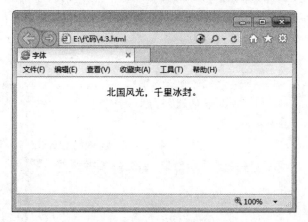

图 4-3 设置文字字体及对齐方式

在字体显示时，如果指定一种特殊字体类型，而在浏览器或者操作系统中该类型不能正确获取，可以通过 font-family 预设多种字体类型。font-family 属性可以预置多个供页面使用的字体类型，即字体类型序列，其中每种字体类型之间使用逗号隔开。如果前面的字体类型不能够正确显示，则系统将自动选择后一种字体类型，依次类推。所以，在设计页面时，一定要考虑字体的显示问题，为了保证页面达到预期效果，最好提供多种字体类型，而且最好以最基本的字体类型作为最后一个。

其样式设置如下。

```
font-family:华文彩云,黑体,宋体
```

当 font-family 属性值中的字体类型由多个字符串和空格组成，如 Times New Roman，那么，该值就需要使用双引号引起来。

```
font-family: "Times New Roman"
```

4.2.2 案例 4——设置字号

一个网页中，标题通常使用较大字体显示，用于吸引人注意，小字体用来显示正常内容，大小字体结合形成网页，既吸引了人的眼球，又提高了人的阅读速度。

在 HTML5 新规定中，通常使用 font-size 设置文字大小。其语法格式如下。

```
Style="font-size : 数值| inherit | xx-small | x-small | small | medium | large | x-large | xx-large | larger | smaller | length"
```

其中，通过数值来定义字体大小，例如用 font-size:10px 的方式定义字体大小为 12 像素。此外，还可以通过 medium 之类的参数定义字体的大小，其参数含义如表 4-1 所示。

表 4-1 设置字体大小的参数

参 数	说 明
xx-small	绝对字体尺寸。根据对象字体进行调整。最小
x-small	绝对字体尺寸。根据对象字体进行调整。较小
small	绝对字体尺寸。根据对象字体进行调整。小
medium	默认值。绝对字体尺寸。根据对象字体进行调整。正常
large	绝对字体尺寸。根据对象字体进行调整。大
x-large	绝对字体尺寸。根据对象字体进行调整。较大
xx-large	绝对字体尺寸。根据对象字体进行调整。最大
larger	相对字体尺寸。相对于父对像中字体尺寸进行相对增大。使用成比例的 em 单位计算
smaller	相对字体尺寸。相对于父对像中字体尺寸进行相对减小。使用成比例的 em 单位计算
length	百分数或由浮点数字和单位标识符组成的长度值，不可为负值。其百分比取值是基于父对象中字体的尺寸

【例 4.4】设置文字字号(实例文件：ch04\4.4.html)。

```
<!DOCTYPE html>
<html>
<head><title>字号</title></head>
<body>
<p style="font-size:20pt">上级标记大小</p>
<p style="font-size:small">小</p>
<p style="font-size:larger">大</p>
<p style="font-size:x-small">小</p>
<p style="font-size:x-larger">大</p>
<p style="font-size:50%">子标记</p>
<p style="font-size:25pt">子标记</p>
</body>
</html>
```

在 IE 中浏览，效果如图 4-4 所示，可以看到网页中文字被设置成不同的大小，其设置方式采用了绝对数值、关键字和百分比等形式。

图 4-4　设置文字字号

在上面例子中，font-size 字体大小为 50%时，其比较对象是上一级标签中的 10pt。同样，我们还可以使用 inherit 值，直接继承上级标记的字体大小。例如：

```
<p style="font-size:50pt">上级标记</p>
<p style="font-size: inherit ">继承</p>
```

4.2.3　案例 5——设置文字颜色

没有色彩的网页是枯燥而没有生机的，这就意味着一个优秀的网页设计者不仅要能够合理安排页面布局，而且还要具有一定的色彩视觉和色彩搭配能力，这样才能够使网页更加精美也更具表现力，并给浏览者以亲切感。

通常使用 color 属性来设置颜色。其属性值通常使用下面方式设定，如表 4-2 所示。

表 4-2　颜色设定方式

属 性 值	说　　明
color_name	规定颜色值为颜色名称的颜色(例如 red)
hex_number	规定颜色值为十六进制值的颜色(例如#ff0000)
rgb_number	规定颜色值为 rgb 代码的颜色(例如 rgb(255,0,0))
inherit	规定应该从父元素继承颜色
hsl_number	规定颜色值为 HSL 代码的颜色(例如 hsl(0,75%,50%))，此为新增加的颜色表现方式
hsla_number	规定颜色值为 HSLA 代码的颜色(例如 hsla(120,50%,50%,1))，此为新增加的颜色表现方式
rgba_number	规定颜色值为 RGBA 代码的颜色(例如 rgba(125,10,45,0.5))，此为新增加的颜色表现方式

【例 4.5】设置文字颜色(实例文件：ch04\4.5.html)。

```
<!DOCTYPE html>
```

```
<html>
<head><title>字体颜色</title>
</head>
<body>
<h1 style="color:#033">页面标题</h1>
<p style="color:red">本段内容用于显示红色。
</p>
<p style="color:rgb(0,0,0)">此处使用 rgb 方式表示了一个黑色文本。</p>
<p style="color:hsl(0,60%,30%)">此处使用新增的 HSL 函数，构建颜色。</p>
<p style="color:hsla(100,50%,50%,1)">此处使用新增加的 HSLA 函数，构建颜色。</p>
<p style="color:rgba(125,20,45,0.5)">此处使用新增加的 RGBA 函数，构建颜色。</p>
</body>
</html>
```

在 IE 浏览器中预览，效果如图 4-5 所示，可以看到文字以不同颜色显示，并采用了不同的颜色取值方式。

图 4-5　设置文字颜色

4.2.4　案例 6——设置粗体、斜体、下划线

1. 粗体文本

重要文本通常以粗体、强调方式或加强调方式显示。HTML 中的<b>标记、<em>标记和<strong>标记分别实现了这三种显示方式。

【例 4.6】重要文本的显示(实例文件：ch04\4.6.html)。

```
<!DOCTYPE html>
<html>
<head>
<title>无标题文档</title>
</head>
<body>
<p><b>我是粗体文字</b> </p>
```

```
<p><em>我是强调文字</em> </p>
<p><strong>我是加强调文字</strong></p>
</body>
</html>
```

在 IE 中预览，效果如图 4-6 所示，实现了文本的三种显示方式。

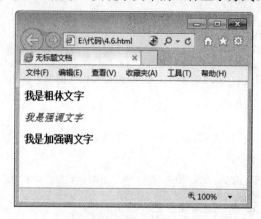

图 4-6　重要文本预览效果

2.　倾斜文本

HTML5 中的<i>标记实现了文本的倾斜显示。放在<i></i>之间的文本将以斜体显示。

【例 4.7】设置倾斜文本(实例文件：ch04\4.7.html)。

```
<!DOCTYPE html>
<html>
<head>
<title>无标题文档</title>
</head>
<body>
<i>我将会以斜体字显示</i>
</body>
</html>
```

在 IE 中预览，效果如图 4-7 所示，其中文字以斜体显示。

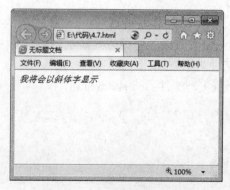

图 4-7　斜体文本预览效果

HTML 中的重要文本和倾斜文本标记已经过时，这些标记都应该使用 CSS 样式来实现。随着后面学习的深入，读者会逐渐发现，即使 HTML 和 CSS 实现相同的效果，但是 CSS 所能实现的控制远远比 HTML 要细致、精确。

3. 为文本添加下划线

　　HTML5 中的<u>标记可以为文本添加下划线，放在< u ></ u >之间的文本以添加下划线方式显示。

　　【例 4.8】为文本添加下划线(实例文件：ch04\4.8.html)。

```
<!DOCTYPE html>
<html>
<body>
<p>如果文本不是超链接，请尽量不要<u>对其使用下划线</u>。</p>
</body>
</html>
```

　　在 IE 中预览，效果如图 4-8 所示，其中文字以添加了下划线方式显示。

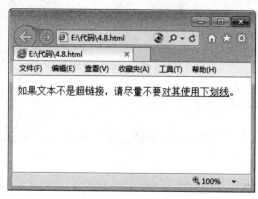

图 4-8　为文本添加下划线

　　　　请尽量避免为文本加下划线，因为用户会把它混淆为一个超链接。

4.2.5　案例 7——设置上标与下标

　　在 HTML 中用<sup>标记实现上标文字，用<sub>标记实现下标文字。<sup>和</sub>都是双标记，放在开始标记和结束标记之间的文本会分别以上标或下标形式出现。

　　【例 4.9】设置上标与下标(实例文件：ch04\4.9.html)。

```
<!DOCTYPE html>
<html>
<head>
<title>无标题文档</title>
```

```
</head>
<body>
 <!--上标显示-->
 <p>c=a<sup>2</sup>+b<sup>2</sup></p>
 <!--下标显示-->
 <p>H<sub>2</sub>+O→H<sub>2</sub>O</p>
</body>
</html>
```

在 IE 中预览，效果如图 4-9 所示，分别实现了上标和下标文本显示。

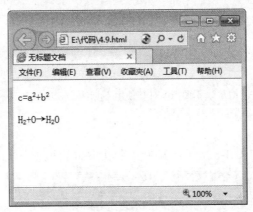

图 4-9　上标和下标预览效果

4.2.6　案例 8——设置字体风格

font-style 通常用来定义字体风格，即字体的显示样式。在 HTML5 新规定中，语法格式如下。

```
font-style : normal | italic | oblique |inherit
```

其属性值有四个，具体含义如表 4-3 所示。

表 4-3　font-style 的属性值

属 性 值	含 义
normal	默认值。浏览器显示一个标准的字体样式
italic	浏览器会显示一个斜体的字体样式
oblique	将没有斜体变量的特殊字体，浏览器会显示一个倾斜的字体样式
inherit	规定应该从父元素继承字体样式

【例 4.10】使用 font-style 定义字体风格(实例文件：ch04\4.10.html)。

```
<!DOCTYPE html>
<html>
<head><title>字体风格</title></head>
<body>
```

```
    <p style="font-style:italic">锄禾日当午，汗滴禾下土</p>
    <p style="font-style:normal">锄禾日当午，汗滴禾下土</p>
    <p style="font-style:oblique">锄禾日当午，汗滴禾下土</p>
</body>
</html>
```

在 IE 中预览，效果如图 4-10 所示，可以看到文字分别显示不同的样式，如斜体。

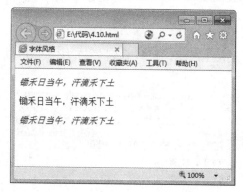

图 4-10 使用 font-style 定义字体风格

4.2.7 案例 9——设置加粗字体

通过设置字体粗细，可以让文字显示不同的外观。通过 font-weight 属性可以定义字体的粗细程度。其语法格式如下。

```
font-weight:100-900|bold|bolder|lighter|normal;
```

font-weight 属性有 13 个有效值，分别是 bold、bolder、lighter、normal、100~900。如果没有设置该属性，则使用其默认值 normal。属性值设置为 100~900，值越大，加粗的程度就越高。其具体含义如表 4-4 所示。

表 4-4 font-weight 的属性值

值	描 述
bold	定义粗体字体
bolder	定义更粗的字体，相对值
lighter	定义更细的字体，相对值
normal	默认，标准字体

浏览器默认的字体粗细是 400，另外也可以通过参数 lighter 和 bolder 使得字体在原有基础上显得更细或更粗。

【例 4.11】加粗字体显示(实例文件：ch04\4.11.html)。

```
<!DOCTYPE html>
<html>
<head><title>加粗字体</title></head>
<body>
```

```
<p style="font-weight:bold">万水千山总是情(bold)</p>
<p style="font-weight:bolder">万水千山总是情(bolder)</p>
<p style="font-weight:lighter">万水千山总是情(lighter)</p>
<p style="font-weight:normal">万水千山总是情(normal)</p>
<p style="font-weight:100">万水千山总是情(100)</p>
<p style="font-weight:400">万水千山总是情(400)</p>
<p style="font-weight:900">万水千山总是情(900)</p>
</body>
</html>
```

在 IE 中浏览，效果如图 4-11 所示，可以看到文字以不同方式加粗，其中使用了关键字加粗和数值加粗。

图 4-11　加粗字体显示

4.2.8　案例 10——设置字体复合属性

在设计网页时，为了使网页布局合理且文本规范，对字体设计需要使用多种属性，例如定义字体粗细，并定义字体大小。但是，多个属性分别书写相对比较麻烦，在 HTML5 中提供了 font 属性就解决了这一问题。

font 属性可以一次性地使用多个属性的属性值定义文本字体。其语法格式如下。

```
font:font-style font-variant font-weight font-szie font-family
```

font 属性中的属性排列顺序是 font-style、font-variant、font-weight、font-size 和 font-family，各属性的属性值之间使用空格隔开，但是，如果 font-family 属性要定义多个属性值，则需使用逗号(,)隔开。

属性排列中，font-style、font-variant 和 font-weight 这三个属性值是可以自由调换的。而 font-size 和 font-family 则必须按照固定的顺序出现，而且还必须都出现在 font 属性中。如果这两者的顺序不对，或缺少一个，那么整条样式规则可能就会被忽略。

【例 4.12】设置字体复合属性(实例文件：ch04\4.12.html)。

```
<!DOCTYPE html>
<html>
```

```
<head><title>字体复合属性</title>
<style type=text/css>
p{
    font:normal small-caps bolder 25pt "Cambria","Times New Roman",黑体
}
</style>
</head>
<body>
<p>
学习 HTML 5 标记语言，开发完美绚丽网站。
</p>
</body>
</html>
```

在 IE 中浏览，效果如图 4-12 所示，可以看到文字被设置成宋体并加粗。

图 4-12 字体复合属性

4.2.9 案例 11——设置阴影文本

在显示字体时，有时根据需求，需要给出文字的阴影效果，以增强网页整体的吸引力，并且为文字阴影添加颜色。这时就需要用到 text-shadow 属性，其语法格式如下。

```
text-shadow : none | <length> none | [<shadow>, ] * <opacity> 或 none |
<color> [, <color> ]*
```

其属性值如表 4-5 所示。

表 4-5 text-shadow 的属性值

属性值	说　明
<color>	指定颜色
<length>	由浮点数字和单位标识符组成的长度值。可为负值。指定阴影的水平延伸距离
<opacity>	由浮点数字和单位标识符组成的长度值。不可为负值。 指定模糊效果的作用距离。如果你仅仅需要模糊效果，将前两个 length 全部设定为 0

text-shadow 属性有四个值，最后两个值是可选的，第一个属性值表示阴影的水平偏移，可取正负值；第二值表示阴影垂直偏移，可取正负值；第三个值表示阴影模糊半径，该值可选；第四个值表示阴影颜色值，该值可选，如下所示。

```
text-shadow:阴影水平偏移值(可取正负值);  阴影垂直偏移值(可取正负值);阴影模糊值;阴影颜色
```

【例 4.13】设置阴影文本(实例文件：ch04\4.13.html)。

```
<!DOCTYPE html>
<html>
<head><title>阴影文本</title>
</head>
<body>
<p align=center style="text-shadow:0.1em 3px 6px blue;font-size:80px;"> 春蚕
到死丝方尽</br>
蜡炬成灰泪始干</p>
</body>
</html>
```

在 IE 中浏览，效果如图 4-13 所示，可以看到文字居中并带有阴影显示。

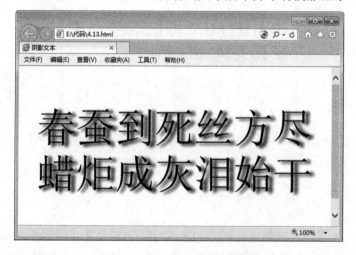

图 4-13　文字居中并阴影显示

通过上面的实例，可以看出阴影偏移由两个 length 值指定到文本的距离。第一个长度值指定到文本右边的水平距离，负值会把阴影放置在文本左边。第二个长度值指定到文本下边的垂直距离，负值会把阴影放置在文本上方。在阴影偏移之后，可以指定一个模糊半径。

模糊半径是一个长度值，它指定了模糊效果的范围，但如何计算效果的具体算法，并没有指定。在阴影效果的长度值之前或之后，还可以知道一个颜色值。颜色值会被用作阴影效果的基础。如果没有指定颜色，那么将使用 color 属性值来替代。

4.2.10　案例 12——控制换行

当在一个指定区域显示一整行文字时，如果文字在一行显示不完时，需要进行换行。如果不进行换行，则会超出指定区域范围，此时我们可以采用新增加的 word-wrap 文本样式，来控制文本换行。

word-wrap 语法格式如下。

```
word-wrap : normal | break-word
```

其属性值含义比较简单，如表 4-6 所示。

表 4-6 word-wrap 的属性值

属 性 值	说　明
normal	控制连续文本换行
break-word	内容将在边界内换行。如果需要，词内换行(word-break)也会发生

【例 4.14】控制文本换行(实例文件：ch04\4.14.html)。

```
<!DOCTYPE html>
<html>
<head><title>控制换行</title></head>
<body>
<style type="text/css">
 div{ width:300px;word-wrap:break-word;border:1px solid #999999;}
</style>
    <div>本文测试控制换行功能，可以使文本在指定框架中换行显示内容。</div><br>

<div>wordwrapbreakwordwordwrapbreakwordwordwrapbreakwordwordwrapbreakword</
div><br>
    <div>This is all English,This is all English,This is all English,This
is all English,</div>
</body>
</html>
```

在 IE 中浏览，效果如图 4-14 所示，可以看到文字在指定位置被控制换行。

图 4-14 控制换行显示

可以看出，word-wrap 属性可以控制换行，当属性取值 break-word 时，将强制换行，中文文本没有任何问题，英文语句也没有任何问题。但是对于长串的英文就不起作用，也就是说，break-word 属性是控制是否断词，而不是断字符。

4.3 设置段落格式

在网页中如果要把文字合理地显示出来，离不开段落标记的使用。对网页中文字段落进行排版，并不像文本编辑软件 word 那样可以定义许多模式来安排文字的位置。在网页中要让某一段文字放在特定的地方是通过 HTML 标记来完成的。

4.3.1 案例 13——设置段落标记

段落标记是双标记，即\<p>\</p>，在\<p>开始标记和\</p>结束标记之间的内容形成一个段落。如果省略结束标记，从\<p>标记开始，直到遇见下一个段落标记之前的文本，都在一段段落内。段落标记中的 p 是英文单词 paragraph 即"段落"的首字母，用来定义网页中的一段文本，文本在一个段落中会自动换行。

【例 4.15】设置段落标记(实例文件：ch04\4.15.html)。

```
<!DOCTYPE html>
<html>
<head>
<title>段落标记的使用</title>
</head>
<body>
 <p>HTML5、CSS3 应用教程之 跟 DIV 说 Bye!Bye!</p>
<p>Web 设计师可以使用 HTML4 和 CSS2.1 完成一些很酷的东西。我们可以在不使用陈旧的基于
table 布局的基础上完成文档逻辑结构并创建内容丰富的网站。我们可以在不使用内联<font>和
<br>标签的基础上对网站添加漂亮而细腻的风格样式。事实上，我们目前的设计能力已经让我们远离
了那个可怕的浏览器战争时代、专有协议和那些充满闪动、滚动和闪烁的丑陋网页。
<p>
<p>
虽然我们现在已经普遍使用了 HTML4 和 CSS2.1，但是我们还可以做得更好！我们可以重组我们代码
的结构并能让我们的页面代码更富有语义化特性。我们可以缩减带给页面美丽外观样式代码量并让它们
有更高的可扩展性。现在，HTML5 和 CSS3 正跃跃欲试地等待大家，下面让我们来看看它们是否真的能
让我们的设计提升到下一个高度吧……
</p>
<p>
曾经，设计师们经常会更频繁使用基于 table 的没有任何语义的布局。不过最终还是要感谢像
Jeffrey Zeldman 和 Eric Meyer 这样的思想革新者，聪明的设计师们慢慢地接受了相对更语义化
的<div>布局替代了 table 布局，并且开始调用外部样式表。但不幸的是，复杂的网页设计需要大量
不同的标签结构代码，我们把它叫作"<div>-soup"综合征。
</p>
```

```
</body>
</html>
```

在 IE 中预览，效果如图 4-15 所示，<P>标记将文本分成 4 个段落。

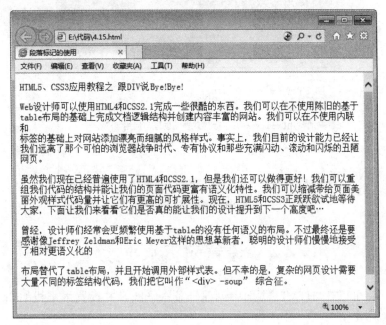

图 4-15 段落标记的使用

4.3.2 案例 14——设置换行标记

换行标记
是一个单标记，它没有结束标记，是英文单词 break 的缩写，作用是将文字在一个段内强制换行。一个
标记代表一个换行，连续的多个标记可以实现多次换行。使用换行标记时，在需要换行的位置添加
标记即可。例如，下面的代码，实现了对文本的强制换行。

【例 4.16】设置换行标记(实例文件：ch04\4.16.html)。

```
<!DOCTYPE html>
<html>
<head>
<title>文本段换行</title>
</head>
<body>
本节目标<br />
网页中的文字是如何设置的<br/>
如何在 Dreamweaver 中处理文字<br/>
如何对文本进行格式化(CSS)<br />
熟悉使用 Dreamweaver 进行样式表的创建与应用
</body>
</html>
```

虽然在 HTML 源代码中，主体部分的内容在排版上没有换行，但是增加
标记后，在 IE 中预览，效果如图 4-16 所示，实现了换行效果。

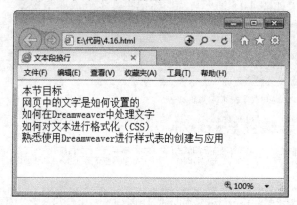

图 4-16　换行标记的使用

4.4　设置网页水平线

使用<hr>标签可以在 HTML 页面中创建一条水平线，并设置水平线的高度、宽度、颜色、对齐方式等样式。

4.4.1　案例 15——添加水平线

在 HTML 中，<hr>标签没有结束标签。

【例 4.17】添加水平线(实例文件：ch04\4.17.html)。

```
<!DOCTYPE html>
<html>
<body>
<p>hr 标签定义水平线</p>
<hr />
<p>这是一个段落。</p>
<hr />
<p>这是一个段落。</p>
<hr />
<p>这是一个段落。</p>
</body>
</html>
```

在 IE 中预览，效果如图 4-17 所示，在其中可以看到添加了两条水平线。

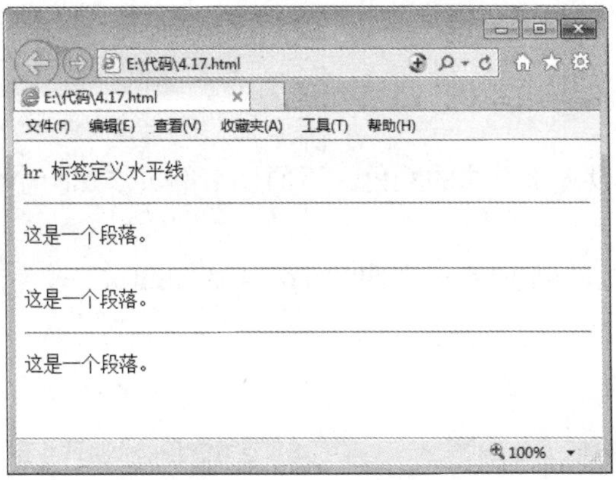

图 4-17 添加水平线

4.4.2 案例 16——设置水平线的宽度与高度

使用 size 与 width 属性可以设置水平线的宽度与高度。其中,width 属性规定水平线的宽度,以像素计或百分比计;size 属性规定水平线的高度,以像素计。

【例 4.18】设置水平线的宽度与高度(实例文件:ch04\4.18.html)。

```
<!DOCTYPE html>
<html>
<body>
<p>普通的水平线</p>
<hr />
<p>高度为 50 像素的水平线</p>
<hr size="50" />
<p>宽度为 50%的水平线</p>
<hr width="30%" />
</body>
</html>
```

在 IE 中预览,效果如图 4-18 所示,其中一个水平线的高度为 50 像素,一个水平线的宽度为 50%。

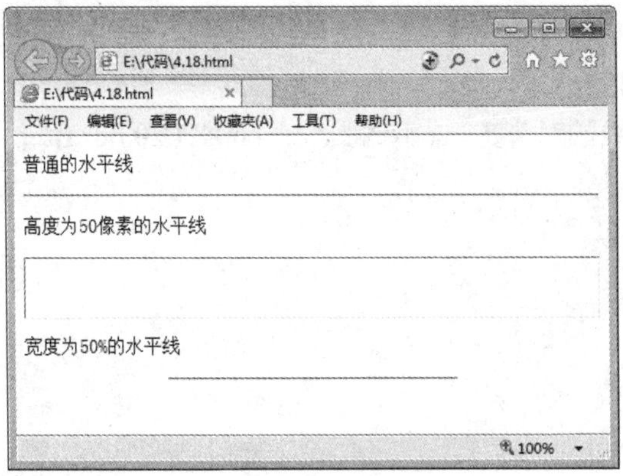

图 4-18 设置水平线的宽度与高度

4.4.3 案例 17——设置水平线的颜色

使用 color 属性可以设置水平线的颜色。下面以给网页添加一个红色水平线为例，来介绍设置水平线颜色的方法。

【例 4.19】设置水平线的颜色(实例文件：ch04\4.19.html)。

```
<!DOCTYPE html>
<html>
<body>
<p>下面是一个红色水平线</p>
<hr color="red" />
</body>
</html>
```

在 IE 中预览，效果如图 4-19 所示，可以看出网页中显示的水平线是红色。

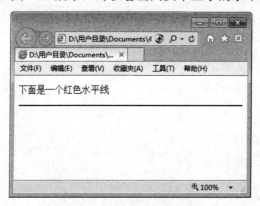

图 4-19 设置水平线的颜色

4.4.4 案例 18——设置水平线的对齐方式

align 属性规定水平线的水平对齐方式，包括三个对齐方式，分别是：left(左对齐)、right(右对齐)、center(居中对齐)。需要提示用户的是除非 width 属性设置为小于 100%，否则 align 属性不会有任何效果。

【例 4.20】设置水平线的对齐方式(实例文件：ch04\4.20.html)。

```
<!DOCTYPE html>
<html>
<body>
<p>设置水平线的对齐方式</p>
<hr align="center" width="50%" />
<hr align="left" width="50%" />
<hr align="right" width="50%" />
</body>
</html>
```

在 IE 中预览，效果如图 4-20 所示，可以看出网页中水平线的对齐方式。

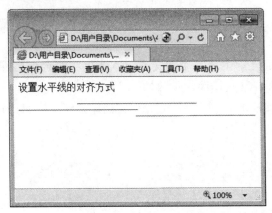

图 4-20　设置水平线的对齐方式

4.4.5　案例 19——去掉水平线阴影

noshade 属性规定水平线的颜色呈现为纯色，而不是有阴影的颜色。下面就来介绍去掉水平线阴影的方法。

【例 4.21】去掉水平线阴影(实例文件：ch04\4.21.html)。

```
<!DOCTYPE html>
<html>
<body>
<p>带阴影的水平线(默认)</p>
<hr />
<p>不带阴影的水平线</p>
<hr noshade="noshade" />
</body>
</html>
```

在 IE 中预览，效果如图 4-21 所示，可以看到两种水平线的区别。

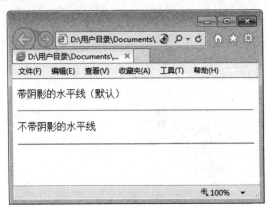

图 4-21　去掉水平线的阴影

4.5 综合案例——成才教育网文本设计

本章讲述了网页组成元素中最常用的文本。本实例将综合运用网页文本的设计方法，制作成才教育网的文本页面。其具体操作步骤如下。

step 01 在 Dreamweaver CC 中新建 HTML 文档，并修改成 HTML5 标准，代码如下。

```
<!DOCTYPE html>
<html>
<head>
<meta charset="utf-8" />
<title>成才教育网</title>
</head>
<body>
</body>
</html>
```

step 02 在 body 部分增加如下 HTML 代码。保存页面。

```
<p><h2>成才教育</h2></p>
<p>成才教育成立于 2003 年，是一家专业致力于学生学习能力开发和培养、学习社区建设、课外辅导服务、家庭教育研究的新型综合教育服务机构。自成立起，一直专业致力于初高中学生的课外辅导和学习能力的培养。</p>
<h3>教学模式</h3>
<p>为学生量身定制最佳的学习方案，改善学习方法，充分挖掘学生们的智力潜能，激发学习兴趣，培养学生的自学能力，辅导老师(以一线重点在校教师为主)对学生设计适合学生的辅导教案与作业习题。</p>
<h3>教学特色</h3>
    分析学科不足制订辅导计划；<br />
    特级名师高考难点点睛；<br />
    专人陪读随时解除疑难；<br />
    专业学科导师一对一面授学科知识、解题技巧、学习方式。
```

step 03 使用 IE 打开文件预览，效果如图 4-22 所示。

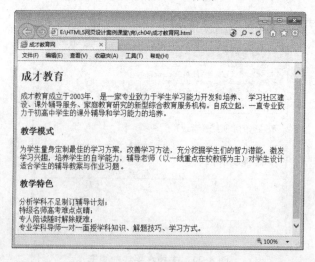

图 4-22 成才教育网

4.6　跟我练练手

4.6.1　练习目标

能够熟练掌握本章节所讲内容。

4.6.2　上机练习

练习 1：标题文字的建立。
练习 2：设置文字格式。
练习 3：设置段落格式。
练习 4：设置网页水平线。

4.7　高手甜点

甜点 1：换行标记和段落标记的区别？

答：换行标记是单标记，必须不能写结束标记。段落标记是双标记，可以省略结束标记也可以不省略。在默认情况下，段落之间的距离和段落内部的行间距是不同的，段落间距比较大，行间距比较小。HTML 无法调整段落间距和行间距，如果希望调整它们，就必须使用 CSS。在 Dreamweaver CC 的设计视图下，按 Enter 键可以快速换段，按 Shift+Enter 组合键可以快速换行。

甜点 2：HTML 文档页面上边总是留出一段空白？

body 默认有个上边距，设置这个值的属性 topmargin=0 就可以了。有时还需要设置 leftmargin、rightmargin 和 bottommargin 属性值。

第 5 章

网页列表与段落设计

　　网页列表与段落是网页中最主要也是最常用的元素。其中，网页列表可以有序地编排一些信息资源，使其结构化和条理化，并以列表的样式显示出来，以便浏览者能更加快捷地获得相应信息。网页中用来表达同一个意思的多个文字组合，可以称为段落，段落是文章的基本单位，同样也是网页的基本单位。

本章要点(已掌握的在方框中打钩)

☐ 掌握 HTML5 新增的主体结构元素。
☐ 掌握 HTML5 新增的非主体结构元素。
☐ 掌握 HTML5 新增的其他常用元素。
☐ 掌握 HTML5 新增的全局属性。
☐ 掌握 HTML5 新增的其他属性。

5.1 网页文字列表设计

HTML 网页中的文字列表如同文字编辑软件 Word 中的项目符号和自动编号。本节就来介绍如何在网页中设计文字列表。

5.1.1 案例 1——建立无序列表<ul>

无序列表相当于 Word 中的项目符号，无序列表的项目排列没有顺序，只以符号作为分项标识。无序列表使用一对标记<ul></ul>，其中每一个列表项使用<li></li>，其结构如下。

```
<ul>
  <li>无序列表项</li>
  <li>无序列表项</li>
  <li>无序列表项</li>
  <li>无序列表项</li>
</ul>
```

在无序列表结构中，使用<ul></ul>标记表示这一个无序列表的开始和结束，<li>则表示一个列表项的开始。在一个无序列表中可以包含多个列表项，并且<li>可以省略结束标记。下面实例使用无序列表实现文本的排列显示。

【例 5.1】建立无序列表(实例文件：ch05\5.1.html)。

```
<!DOCTYPE html>
<html>
<head>
<title>嵌套无序列表的使用</title>
</head>
<body>
<h1>网站建设流程</h1>
<ul>
    <li>项目需求</li>
    <li> 系统分析
      <ul>
        <li>网站的定位</li>
        <li>内容收集</li>
        <li>栏目规划</li>
        <li>网站目录结构设计</li>
        <li>网站标志设计</li>
        <li> 网站风格设计</li>
        <li> 网站导航系统设计</li>
      </ul>
    </li>
    <li> 伪网页草图
      <ul>
        <li> 制作网页草图</li>
        <li>将草图转换为网页</li>
```

```
      </ul>
  </li>
  <li> 站点建设</li>
  <li>网页布局</li>
  <li> 网站测试</li>
  <li> 站点的发布与站点管理 </li>
</ul>
</body>
</html>
```

在 IE 中预览，效果如图 5-1 所示。读者会发现，无序列表项中，可以嵌套一个列表。如代码中的"系统分析"列表项和"伪网页草图"列表项中都有下级列表，因此在这对<li></li>标记间又增加了一对<ul></ul>标记。

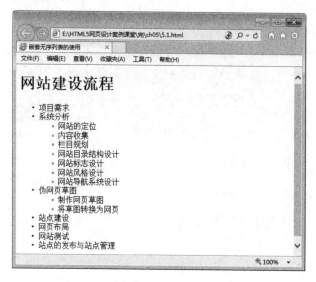

图 5-1　无序列表

5.1.2　案例2——建立有序列表<ol>

有序列表类似于 Word 中的自动编号功能，有序列表的使用方法和无序列表的使用方法基本相同，它使用标记<ol></ol>，每一个列表项前使用<li></li>。每个项目都有前后顺序之分，多数用数字表示，其结构如下。

```
<ol>
  <li>第 1 项</li>
  <li>第 2 项</li>
  <li>第 3 项</li>
</ol>
```

下面实例使用有序列表实现文本的排列显示。

【例 5.2】建立有序列表(实例文件：ch05\5.2.html)。

```
<!DOCTYPE html>
<html>
```

```
<head>
<title>有序列表的使用</title>
</head>
<body>
<h1>本讲目标</h1>
<ol>
  <li>网页的相关概念 </li>
  <li> 网页与 HTML</li>
  <li> Web 标准(结构、表现、行为)</li>
  <li> 网页设计与开发的过程   </li>
  <li>与设计相关的技术因素</li>
  <li> HTML 简介 </li>
</ol>
</body>
</html>
```

在 IE 中预览，效果如图 5-2 所示。用户可以看到新添加的有序列表。

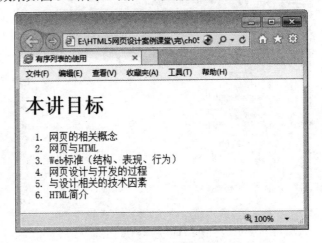

图 5-2　有序列表

5.1.3　案例 3——建立不同类型的无序列表

通过使用多个<ul>标签，可以建立不同类型的无序列表。

【例 5.3】建立不同类型的无序列表(实例文件：ch05\5.3.html)。

```
<!DOCTYPE html>
<html>
<body>
<h4>Disc 项目符号列表：</h4>
<ul type="disc">
 <li>苹果</li>
 <li>香蕉</li>
 <li>柠檬</li>
 <li>桔子</li>
</ul>
<h4>Circle 项目符号列表：</h4>
```

```
<ul type="circle">
 <li>苹果</li>
 <li>香蕉</li>
 <li>柠檬</li>
 <li>桔子</li>
</ul>
<h4>Square 项目符号列表：</h4>
<ul type="square">
 <li>苹果</li>
 <li>香蕉</li>
 <li>柠檬</li>
 <li>桔子</li>
</ul>
</body>
</html>
```

在 IE 中预览效果如图 5-3 所示。在其中可以看到网页中插入了 3 种不同类型的无序列表。

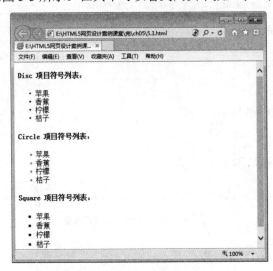

图 5-3　不同类型的无序列表

5.1.4　案例 4——建立不同类型的有序列表

通过使用多个<ol>标签，可以建立不同类型的有序列表。

【例 5.4】建立不同类型的有序列表(实例文件：ch05\5.4.html)。

```
<!DOCTYPE html>
<html>
<body>
<h4>数字列表：</h4>
<ol>
 <li>苹果</li>
 <li>香蕉</li>
 <li>柠檬</li>
 <li>桔子</li>
```

```
</ol>
<h4>字母列表：</h4>
<ol type="A">
 <li>苹果</li>
 <li>香蕉</li>
 <li>柠檬</li>
 <li>桔子</li>
</ol>
</body>
</html>
```

在 IE 中预览效果如图 5-4 所示。在网页中可以看到建立了两种不同类型的有序列表。

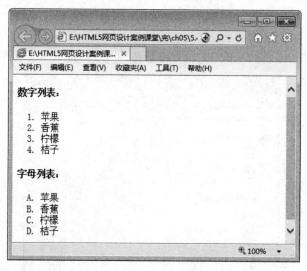

图 5-4   不同类型的有序列表

5.1.5　案例 5——嵌套列表

嵌套列表是网页中常用的元素，使用<ul>标签可以制作网页中的嵌套列表。

【例 5.5】建立网页嵌套列表(实例文件：ch05\5.5.html)。

```
<!DOCTYPE html>
<html>
<body>
<h4>一个嵌套列表：</h4>
<ul>
 <li>咖啡</li>
 <li>茶
  <ul>
  <li>红茶</li>
  <li>绿茶
    <ul>
    <li>中国茶</li>
```

```
        <li>非洲茶</li>
        </ul>
     </li>
     </ul>
  </li>
  <li>牛奶</li>
</ul>
</body>
</html>
```

在 IE 中预览效果如图 5-5 所示。在其中可以看到网页中插入了一个嵌套列表。

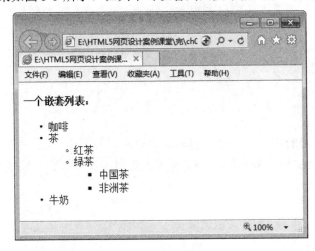

图 5-5　网页嵌套列表

5.1.6　案例 6——自定义列表<dl>

在 HTML5 中还可以自定义列表，自定义列表的标签是<dl>。

【例 5.6】设计自定义网页列表(实例文件：ch05\5.6.html)。

```
<!DOCTYPE html>
<html>
<body>
<h2>一个定义列表：</h2>
<dl>
   <dt>电脑</dt>
   <dd>是一种能够按照程序运行的电子设备.......</dd>
   <dt>显示器</dt>
   <dd>以视觉方式显示信息的装置 ... ...</dd>
</dl>
</body>
</html>
```

在 IE 中预览效果如图 5-6 所示。在其中可以看到建立一个自定义列表。

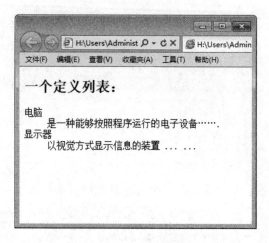

图 5-6　自定义网页列表

5.2　网页段落格式的设计

段落的放置与效果的显示会直接影响到页面的布局及风格。在 HTML5 中有关文本段落的格式设置需要靠 CSS 样式来实现，CSS 样式表提供了文本属性来实现对页面中段落文本的控制。

5.2.1　案例 7——设计单词间隔 word-spacing

单词之间的间隔如果设置合理，一是会给整个网页布局节省空间，二者可以给人赏心悦目的感觉，提高人的阅读效果。在 CSS 中，可以使用 word-spacing 直接定义指定区域或者段落中字符之间的间隔。

word-spacing 属性用于设定词与词之间的间距，即增加或者减少词与词之间的间隔。其语法格式如下。

```
word-spacing : normal | length
```

其中属性值 normal 和 length 含义如表 5-1 所示。

表 5-1　word-spacing 的属性值

属 性 值	说　　明
normal	默认，定义单词之间的标准间隔
length	定义单词之间的固定宽带，可以接受正值或负值

【例 5.7】定义段落中单词的间隔(实例文件：ch05\5.7.html)。

```
<!DOCTYPE html>
<html>
<head>
<title>单词间隔</title>
```

```
</head>
<body>
<p style="word-spacing:normal">Welcome to Beijing!</p>
<p style="word-spacing:10px">Welcome to Beijing!</p>
<p style="word-spacing:10px">北京欢迎您!</p>
</body>
</html>
```

使用 IE 打开文件预览，效果如图 5-7 所示。可以看到段落中单词以不同间隔显示。

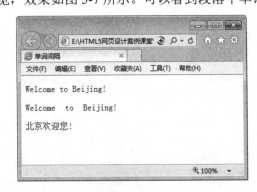

图 5-7　定义单词的间隔

从上面显示结果可以看出，word-spacing 属性不能用于设定文字之间的间隔。

5.2.2　案例 8——设计字符间隔 letter-spacing

在一个网页中，还可能涉及多个字符文本，将字符文本之间的间距，设置得和词间隔保持一致，进而保持页面的整体性，是网页设计者必须完成的。词与词之间可以通过 word-spacing 进行设置，那么字符之间使用什么设置呢？

通过 letter-spacing 样式可以设置字符文本之间的距离。即在文本字符之间插入多少空间，这里允许使用负值，这会让字母之间更加紧凑。其语法格式如下。

```
letter-spacing : normal | length
```

letter-spacing 的属性值含义如表 5-2 所示。

表 5-2　letter-spacing 的属性值

属 性 值	说　明
normal	默认间隔，即以字符之间的标准间隔显示
length	由浮点数字和单位标识符组成的长度值，允许为负值

【例 5.8】定义段落中字符的间隔(实例文件：ch05\5.8.html)。

```
<!DOCTYPE html>
<html>
<head>
<title>字符间隔</title>
```

105

```
</head>
<body>
<p style="letter-spacing:normal">Welcome to Beijing!</p>
<p style="letter-spacing:10px">Welcome to Beijing!</p>
<p style="letter-spacing:2ex">设置字符间距为2ex</p>
<p style="letter-spacing:-0.5ex">设置字符间距为-0.5ex</p>
<p style="letter-spacing:2em">设置字符间距为2em</p>
</body>
</html>
```

使用 IE 打开文件预览,效果如图 5-8 所示,可以看到文字间距以不同大小显示。

图 5-8 定义字符的间隔

 从上述代码中可以看出,通过 letter-spacing 定义了多个字间距的效果,特别注意,当设置的字间距是-0.5ex,文字就会拥挤到一块。

5.2.3 案例 9——设计文字修饰 text-decoration

在网页文本编辑中有的文字需要突出重点,即告诉读者这段文本的重要作用,这时往往会给增加下划线,或者增加顶划线和删除线效果,从而吸引读者的眼球。可以使用 text-decoration 文本修饰属性为页面提供多种文本的修饰效果,如下划线、删除线、闪烁等。

属性语法格式如下所示。

```
text-decoration:none||underline||blink||overline||line-through
```

text-decoration 的属性值含义如表 5-3 所示。

表 5-3 text-decoration 的属性值

属 性 值	描 述
none	默认值,对文本不进行任何修饰
underline	下划线
overline	上划线
line-through	删除线
blink	闪烁

【例 5.9】设计段落中文字的修饰效果(实例文件：ch05\5.9.html)。

```
<!DOCTYPE html>
<html>
<head>
<title>文字修饰</title>
</head>
<body>
<p style="text-decoration:none">悠悠中华五千年!</p>
<p style="text-decoration:underline">悠悠中华五千年!</p>
<p style="text-decoration:overline">悠悠中华五千年!</p>
<p style="text-decoration:line-through">悠悠中华五千年!</p>
<p style="text-decoration:blink">悠悠中华五千年!</p>
</body>
</html>
```

使用 IE 打开文件预览，效果如图 5-9 所示，可以看到段落中出现了下划线、上划线和删除线等。

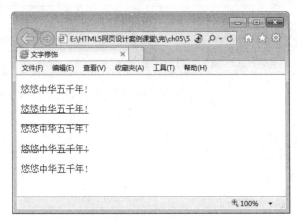

图 5-9   设计文字的修饰效果

　　　　这里需要注意的是：blink 闪烁效果只有 Mozilla 和 Netscape 浏览器支持，而 IE 和其他浏览器(如 Opera)暂不支持该效果。

5.2.4   案例 10——设计垂直对齐方式 vertical-align

在网页文本编辑中，对齐有很多方式，字行排在一行的中央位置叫"居中"，文章的标题和表格中数据一般都居中排。有时还要求文字垂直对齐，即文字顶部对齐，或者底部对齐。

在 CSS 中，可以直接使用 vertical-align 属性来定义，该属性用来设定垂直对齐方式。该属性定义行内元素的基线相对于该元素所在行的基线的垂直对齐。允许指定负长度值和百分比值。这会使元素降低而不是升高。在表单元格中，这个属性会设置单元格框中的单元格内容的对齐方式。

vertical-align 属性语法格式如下。

```
{vertical-align:属性值}
```

vertical-align 属性值有 8 个预设值可使用，也可以使用百分比。这 8 个预设值如表 5-4 所示。

表 5-4　vertical-align 的属性值

属 性 值	说　　明
baseline	默认。元素放置在父元素的基线上
sub	垂直对齐文本的下标
super	垂直对齐文本的上标
top	把元素的顶端与行中最高元素的顶端对齐
text-top	把元素的顶端与父元素字体的顶端对齐
middle	把此元素放置在父元素的中部
bottom	把元素的顶端与行中最低的元素的顶端对齐
text-bottom	把元素的底端与父元素字体的底端对齐
length	设置元素的堆叠顺序
%	使用 "line-height" 属性的百分比值来排列此元素。允许使用负值

【例 5.10】设计段落中文字的垂直对齐方式(实例文件：ch05\5.10.html)。

```
<!DOCTYPE html>
<html>
<head>
<title>文字修饰</title>
</head>
<body>
<p>
    中国 <b style=" font-size:8pt;vertical-align:super">2012</b> 神农架 <b
style="font-size: 8pt;vertical-align: sub">[注]</b>是一个充满神奇色彩的美丽的地
方！！
    <img src="images/1.gif" style="vertical-align: baseline">
</p>
<p>
    中国 <b style=" font-size:8pt;vertical-align:100%">2012</b> 万里长城 <b
style="font-size: 8pt;vertical-align: -100%">[注]</b>是雄伟壮观的历史遗迹！！
    <img src="images/2.gif" style="vertical-align:middle"/>
    <img src="images/2.gif" style="vertical-align:text-top">
    <img src="images/2.gif" style="vertical-align:bottom">
    <img src="images/2.gif" style="vertical-align:text-bottom">
</p>
</body>
</html>
```

使用 IE 打开文件预览，效果如图 5-10 所示，可以看到文字在垂直方向以不同的对齐方式
显示。

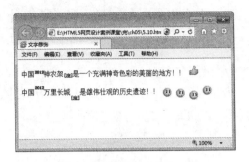

图 5-10 设计文字的垂直对齐方式

从上面实例中，可以看出在页面中的数学运算或注释标号使用上下标比较多。顶端对齐有两种参照方式：一种是参照整个文本块；另一种是参照文本。底部对齐同顶端对齐方式相同，分别参照文本块和文本块中包含的文本。

> vertical-align 属性值还能使用百分比来设定垂直高度，该高度具有相对性，它是基于行高的值来计算的。而且百分比还能使用正负号，正百分比使文本上升，负百分比使文本下降。

5.2.5 案例 11——设计文本转换 text-transform

根据需要，将小写字母转换为大写字母，或者将大写字母转换为小写字母，在文本编辑中都是很常见的。使用 text-transform 属性可用于设定文本字体的大小写转换。

属性语法格式如下。

```
text-transform : none | capitalize | uppercase | lowercase
```

text-transform 的属性值含义如表 5-5 所示。

表 5-5 text-transform 的属性值

属 性 值	说 明
none	无转换发生
capitalize	将每个单词的第一个字母转换成大写，其余无转换发生
uppercase	转换成大写
lowercase	转换成小写

因为文本转换属性仅作用于字母型文本，相对来说比较简单。

【例 5.11】 设计段落中文本的转换效果(实例文件：ch05\5.11.html)。

```
<!DOCTYPE html>
<html>
<head>
<title>文字转换</title>
</head>
<body>
<body>
  <p style="text-transform:none">we are good friends</p>
```

```
    <p style="text-transform:capitalize">we are good friends</p>
    <p style="text-transform:uppercase">we are good friends</p>
    <p style="text-transform:lowercase">WE ARE GOOD FRIENDS</p>
</body>
</html>
```

使用 IE 打开文件预览，效果如图 5-11 所示，可以看到字母依照设置显示大小写。

图 5-11　文本的转换效果

5.2.6　案例 12——设计水平对齐方式 text-align

一般情况下，居中对齐适用于标题类文本，其他对齐方式可以根据页面布局来选择使用。根据需要，可以设置多种对齐，如水平方向上的居中、左对齐、右对齐或者两端对齐等。可以通过 text-align 属性完成水平对齐设置。

text-align 属性用于定义对象文本的对齐方式，其语法格式如下。

```
{text-align: sTextAlign }
```

text-align 的属性值含义如表 5-6 所示。

表 5-6　text-align 的属性值

属 性 值	说 明
start	文本向行的开始边缘对齐
end	文本向行的结束边缘对齐
left	文本向行的左边缘对齐。在垂直方向的文本中，文本在 left-to-right 模式下向开始边缘对齐
right	文本向行的右边缘对齐。在垂直方向的文本中，文本在 left-to-right 模式下向结束边缘对齐
center	文本在行内居中对齐
justify	文本根据 text-justify 的属性设置方法分散对齐。即两端对齐，均匀分布
match-parent	继承父元素的对齐方式，但有个例外：继承的 start 或者 end 值是根据父元素的 direction 值进行计算的，因此计算的结果可能是 left 或者 right
<string>	string 是一个单个的字符；否则，就忽略此设置。按指定的字符进行对齐。此属性可以跟其他关键字同时使用，如果没有设置字符，则默认值是 end 方式
inherit	继承父元素的对齐方式

在新增加的属性值中，start 和 end 属性值主要是针对行内元素的，即在包含元素的头部或尾部显示；而<string>属性值主要用于表格单元格中，将根据某个指定的字符对齐。

【例 5.12】设计段落中文本的水平对齐方式(实例文件：ch05\5.12.html)。

```
<!DOCTYPE html>
<html>
<head>
<title>水平对齐方式</title>
</head>
<body>
<body>
<h1 style="text-align:center">关山月</h1>
<h3 style="text-align:left">选自：唐诗三百首</h3>
<h3 style="text-align:right">作者：李白</h3>
<p style="text-align:justify">
明月出天山，苍茫云海间。<br>
长风几万里，吹度玉门关。<br>
汉下白登道，胡窥青海湾。<br>
由来征战地，不见有人还。
</p>
<p style="text-align:strat">戍客望边色，思归多苦颜。</p>
<p style="text-align:end">高楼当此夜，叹息未应闲。</p>
</body>
</html>
```

使用 IE 打开文件预览，效果如图 5-12 所示，可以看到文字在水平方向上以不同的对齐方式显示。

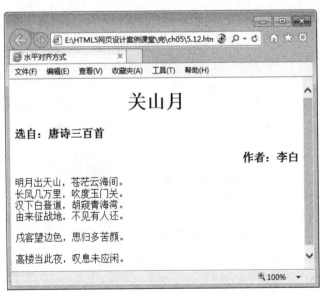

图 5-12　文本的水平对齐方式

text-align 属性只能用于文本块，而不能直接应用于图像标记<img>。如果要使图像同文本一样应用对齐方式，那么就必须将图像包含在文本块中。如上例，由于向右对齐方式作用于

<h3>标记定义的文本块，图像包含在文本块中，所以图像能够同文本一样向右对齐。

> **提示** 默认只能定义两端对齐方式，并按要求显示，但对于具体的两端对齐文本如何分配字体空间以实现文本左右两边均对齐，并不规定。这就需要设计者自行定义了。

5.2.7 案例 13——设计文本缩进 text-indent

在普通段落中，通常首行缩进两个字符，用来表示这是一个段落的开始。同样在网页的文本编辑中可以通过指定属性，来控制文本缩进。使用 text-indent 属性可以设定文本块中首行的缩进。

tex-indent 属性语法格式如下。

```
text-indent : length
```

其中，length 属性值表示由百分比数字或由浮点数字和单位标识符组成的长度值，允许为负值。可以这样认为，text-indent 属性可以定义两种缩进方式，一种是直接定义缩进的长度；另一种是定义缩进百分比。使用该属性，HTML 任何标记都可以让首行以给定的长度或百分比缩进。

【例 5.13】 设计段落中文本的缩进方式(实例文件：ch05\5.13.html)。

```
<!DOCTYPE html>
<html>
<head>
<title>文本缩进</title>
</head>
<body>
这是一行默认文本。
<p style="text-indent:10mm">指定首行缩进10mm。  </p>
<p style="text-indent:10%">首行缩进到当前行的百分之十。</p>
</body>
</html>
```

使用 IE 打开文件预览，效果如图 5-13 所示，可以看到文字以不同的首行缩进方式显示。

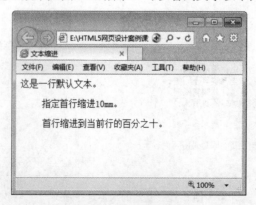

图 5-13　文本的缩进方式

如果上级标记定义了 text-indent 属性，那么子标记可以继承其上级标记的缩进长度。

5.2.8 案例 14——设计文本行高 line-height

在 CSS 中，line-height 属性用来设置行间距，即行高。其语法格式如下。

```
: normal | length
```

line-height 的属性值的具体含义如表 5-7 所示。

表 5-7 line-height 的属性值

属 性 值	说 明
normal	默认行高，即网页文本的标准行高
length	百分比数字或由浮点数字和单位标识符组成的长度值，允许为负值。其百分比取值是基于字体的高度尺寸

【例 5.14】设计段落中文本的行高(实例文件：ch05\5.14.html)。

```
<!DOCTYPE html>
<html>
<head>
<title>文本行高</title>
</head>
<body>
<p style="line-height:50px">
文字列表可以有序地编排一些信息资源，使其结构化和条理化，并以列表的样式显示出来，以便浏览者能
更加快快捷地获得相应信息。HTML 中的文字列表如同文字编辑软件 Word 中的项目符号和自动编号。
</p>
<p style="line-height:70%">
文字列表可以有序地编排一些信息资源，使其结构化和条理化，并以列表的样式显示出来，以便浏览者能
更加快捷地获得相应信息。HTML 中的文字列表如同文字编辑软件 Word 中的项目符号和自动编号。
</p>
</body>
</html>
```

使用 IE 打开文件预览，效果如图 5-14 所示。可以看到有段文字重叠在一起，即行高设置较小。

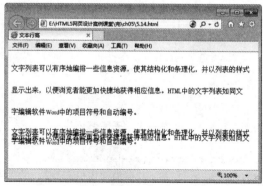

图 5-14 设定文本行高

5.2.9　案例 15——处理空白 white-space

在文本编辑中，网页中有时需要包含一些不必要的制表符、换行符或者额外的空白符(多于单词之间的一个标准的空格)这些符号统称为空白字符。通常情况下希望忽略这些额外的空白字符。浏览器可以自动完成此操作并按照一种适合窗口的方式布置文本。它会丢弃段落开头和结尾处任何额外的空白，并将单词之间的所有制表符、换行和额外的空白压缩(合并)成单一的空白字符。此外，当用户调整窗口大小时浏览器会根据需要重新格式化文本以便匹配新的窗口尺寸。对于某些元素，可能会以某种方式特意格式化文本以便包含额外的空白字符，而不希望抛弃或压缩这些字符。

使用 white-space 属性可以设置对象内空格字符的处理方式。white-space 该属性对文本的显示有着重要的影响。在标记上应用 white-space 属性可以影响浏览器对字符串或文本间空白的处理方式。

white-space 属性语法格式如下。

```
white-space :normal | pre | nowrap | pre-wrap | pre-line
```

white-space 的属性值含义如表 5-8 所示。

表 5-8　white-space 的属性值

属 性 值	说 明
normal	默认。空白会被浏览器忽略
pre	空白会被浏览器保留。其行为方式类似 HTML 中的 <pre> 标签
nowrap	文本不会换行，文本会在同一行上继续，直到遇到 标签为止
pre-wrap	保留空白符序列，但是正常地进行换行
pre-line	合并空白符序列，但是保留换行符
inherit	规定应该从父元素继承 white-space 属性的值

【例 5.15】设计段落中文本的留白样式(实例文件：ch05\5.15.html)。

```
<!DOCTYPE html>
<html>
<head>
<title>处理空白</title>
</head>
<body>
    <h1 style="color:red; text-align:center;white-space:pre">网 页 文 字 列 表
设 计</h1>
    <p style="white-space:nowrap;text-indent:10mm">
    文字列表可以有序地编排一些信息资源，使其结构化和条理化，并以列表的样式显示出来，以便浏
览者能更加快捷地获得相应信息。<br>
    HTML 中的文字列表如同文字编辑软件 Word 中的项目符号和自动编号。
```

```
    </p>
    <p style="white-space:pre-wrap;text-indent:10mm">
    文字列表可以有序地编排一些信息资源，使其结构化和条理化，
            并以列表的样式显示出来，以便浏览者能更加快捷地获得相应
信息。<br/>
    HTML 中的文字列表如同文字编辑软件 Word 中的项目符号和自动编号。
    </p>
    <p style="white-space:pre-line;text-indent:10mm">
    文字列表可以有序地编排一些信息资源，使其结构化和条理化，并以列表的样式显示出来，以便浏
览者能更加快捷地获得相应信息。<br>
    HTML 中的文字列表如同文字编辑软件 Word 中的项目符号和自动编号。
    </p>
</body>
</html>
```

使用 IE 打开文件，预览效果如图 5-15 所示。可以看到文字处理空白的不同方式。

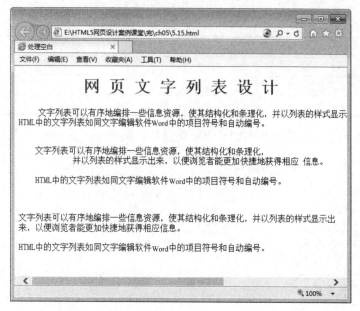

图 5-15　设定文本的留白效果

5.2.10　案例 16——文本反排 unicode-bidi

在网页文本编辑中，通常英语文档的基本方向是从左至右。如果文档中某一段的多个部分包含从右至左阅读的语言，则该语言的方向将正确地显示为从右至左。使用 unicode-bidi 和 direction 两个属性可以解决文本反排的问题。

unicode-bidi 属性语法格式如下。

```
unicode-bidi : normal | bidi-override | embed
```

unicode-bidi 的属性值含义如表 5-9 所示。

表 5-9　unicode-bidi 的属性值

属 性 值	说 明
normal	默认值。元素不会打开一个额外的嵌入级别。对于内联元素，隐式的重新排序将跨元素边界起作用
bidi-override	与 embed 值相同，但除了这一点外：在元素内，重新排序依照 direction 属性严格按顺序进行。此值替代隐式双向算法
embed	元素将打开一个额外的嵌入级别。direction 属性的值指定嵌入级别。重新排序在元素内是隐式进行的

direction 属性用于设定文本流的方向，其语法格式如下。

```
direction : ltr | rtl | inherit
```

direction 的属性值含义如表 5-10 所示。

表 5-10　direction 的属性值

属 性 值	说 明
ltr	文本流从左到右
rtl	文本流从右到左
inherit	文本流的值不可继承

【例 5.16】设计段落中文本的反排样式(实例文件：ch05\5.16.html)。

```
<!DOCTYPE html>
<html>
<head>
<title>文本反排</title>
</head>
<body>
<h2>文本反向排序显示</h2>
<p style=" direction:rtl; unicode-bidi:bidi-override; text-align:left">静坐
常思己过，闲谈莫论人非。
</p>
</body>
</html>
```

使用 IE 打开文件预览，效果如图 5-16 所示，可以看到文字以反向显示。

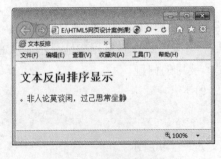

图 5-16　设定文本的反排

5.3　综合案例——制作图文混排型旅游网页

在一个网页新闻中，出现最多的就是文字和图片，二者放在一起，图文并茂，能够生动地表达新闻主题。本实例将会利用前面介绍的文本和段落属性，创建一个图片的简单混排。复杂的图片混排，会在后面介绍。具体步骤如下。

第一步：分析需求

本综合实例的要求如下，要求在网页的最上方显示出标题，标题下方是正文，在正文显示部分显示图片。在设计这个网页标题时，其方法与上面实例相同。其实例效果图如图 5-17 所示。

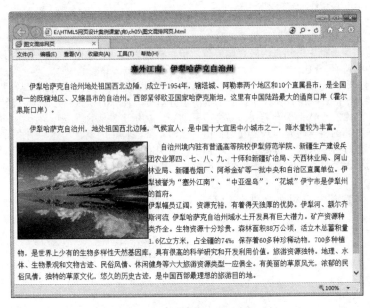

图 5-17　图文混排旅游网页

第二步：实现代码

step 01　打开记事本，编写 HTML 代码基本框架，具体代码如下。

```
<!DOCTYPE html>
<html>
<head>
<title>图文混排网页</title>
</head>
<body>
</body>
</html>
```

step 02　在<body>标签中插入网页标题设计代码，具体代码如下。

```
<h1    style="text-align:center;text-shadow:0.1em    2px    6px    blue;font-
size:18px">塞外江南：伊犁哈萨克自治州</h1>
```

step 03 在\<body>标签中插入图片设计代码，具体代码如下。

```
<img src="images/3.jpg" style="text-align:center;width:300px; float:left;
border:#000000 solid 2px">
```

step 04 在\<body>标签中完善文字段落内容设计代码，具体代码如下。

```
<p style="text-indent:8mm;line-height:7mm">伊犁哈萨克自治州地处祖国西北边陲，成立
于 1954 年，辖塔城、阿勒泰两个地区和 10 个直属县市，是全国唯一的既辖地区、又辖县市的自治
州。西部紧邻欧亚国家哈萨克斯坦，这里有中国陆路最大的通商口岸(霍尔果斯口岸)。
</p>
<p style="text-indent:8mm;line-height:7mm">伊犁哈萨克自治州，地处祖国西北边陲，气
候宜人，是中国十大宜居中小城市之一，降水量较为丰富。</p>
<img src="images/3.jpg" style="text-align:center;width:300px; float:left;
border:#000000 solid 2px">
<p style="text-indent:8mm;line-height:7mm">自治州境内驻有普通高等院校伊犁师范学
院、新疆生产建设兵团农业第四、七、八、九、十师和新疆矿冶局、天西林业局、阿山林业局、新疆卷
烟厂、阿希金矿等一批中央和自治区直属单位。伊犁被誉为"塞外江南"、"中亚湿岛"，"花城"伊
宁市是伊犁州的首府。<br>
伊犁幅员辽阔，资源充裕，有着得天独厚的优势。伊犁河、额尔齐斯河流  伊犁哈萨克自治州域水土开
发具有巨大潜力。矿产资源种类齐全。生物资源十分珍贵。森林面积 88 万公顷，活立木总蓄积量 1.6
亿立方米，占全疆的 74%；保存着 60 多种珍稀动物，700 多种植物，是世界上少有的生物多样性天然
基因库，具有很高的科学研究和开发利用价值。旅游资源独特。地理、水体、生物景观和文物古迹、民
俗风情、休闲健身等六大旅游资源类型一应俱全。有美丽的草原风光，浓郁的民俗风情，独特的草原文
化，悠久的历史古迹，是中国西部最理想的旅游目的地。
</p>
```

step 05 保存编辑好的网页文件，保存名称为"图文混排网页.html"。

5.4 跟我练练手

5.4.1 练习目标

能够熟练掌握本章节所讲内容。

5.4.2 上机练习

练习 1：设计网页文字列表。
练习 2：设计网页段落格式。

5.5 高手甜点

甜点 1：无序列表\<ul>元素的作用？

答：无序列表元素主要用于条理化和结构化文本信息。在实际开发中，无序列表在制作
导航菜单时使用广泛。导航菜单的结构一般都使用无序列表实现。

甜点 2：文字和图片导航速度谁更快？

答：使用文字做导航栏。文字导航不仅速度快，而且更稳定。例如，有些用户上网时会关闭图片。在处理文本时，不要在普通文本上添加下划线或者颜色。除非特别需要，否则不要为普通文字添加下划线。就像用户需要识别哪些能点击一样，读者不应当将本不能点击的文字误认为能够点击。

第 6 章

HTML5 网页中的图像

图像是网页中最主要也是最常用的元素。图像在网页中具有画龙点睛的作用，它能装饰网页，表达个人的情调和风格。但在网页上加入的图片越多，浏览的速度就会受到影响，导致用户失去耐心而离开页面。本章就来介绍如何使用 HTML5 为网页插入图像。

本章要点(已掌握的在方框中打钩)

☐ 了解网页中图像的格式。

☐ 掌握图像中路径的使用方法。

☐ 掌握在网页中如何插入图像。

☐ 掌握编辑网页中图像的方法。

☐ 掌握制作图文并茂的网页的方法。

6.1 网页中的图像<img>

俗话说"一图胜千言"，图片是网页中不可缺少的元素，巧妙地在网页中使用图片可以为网页增色不少。网页支持多种图片格式，并且可以对插入的图片设置宽度和高度。

6.1.1 网页中支持的图片格式

网页中可以使用 GIF、JPEG、BMP、TIFF、PNG 等格式的图像文件，其中使用最广泛的主要是 GIF 和 JPEG 两种格式。

1. GIF 格式

GIF 格式是由 Compuserve 公司提出的与设备无关的图像存储标准，也是 Web 上使用最早、应用最广泛的图像格式。GIF 是通过减少组成图像的每个像素的储存位数和 LZH 压缩存储技术来减少图像文件的大小，GIF 格式最多只能是 256 色的图像。

GIF 具有图像文件短小、下载速度快、低颜色数下 GIF 比 JPEG 载入得更快、可用许多具有同样大小的图像文件组成动画，在 GIF 图像中可指定透明区域，使图像具有非同一般的显示效果。

2. JPEG 格式

JPEG 格式是目前 Internet 中最受欢迎的图像格式，它可支持多达 16M 的颜色，能展现十分丰富生动的图像，还能压缩。但其压缩方式是以损失图像质量为代价，压缩比越高，图像质量损失越大，图像文件也就越小。

流行的 Windows 支持的位图 BMP 格式的图像，一般情况下，同一图像的 BMP 格式的大小是 JPEG 格式的 5～10 倍。而 GIF 格式最多只能是 256 色，因此载入 256 色以上图像的 JPEG 格式成了 Internet 中最受欢迎的图像格式。

当网页中需要载入一个较大的 GIF 或 JPEG 图像文件时，载入速度会很慢。为改善网页的视觉效果，可在载入时设置为隔行扫描。隔行扫描在显示图像开始时看起来非常模糊，接着细节逐渐添加上去，直到图像完全显示出来。

GIF 是支持透明、动画的图片格式，但色彩只有 256 色。JPEG 是一种不支持透明和动画的图片格式，但是色彩模式比较丰富，保留大约 1670 万种颜色。

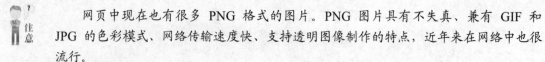

网页中现在也有很多 PNG 格式的图片。PNG 图片具有不失真、兼有 GIF 和 JPG 的色彩模式、网络传输速度快、支持透明图像制作的特点，近年来在网络中也很流行。

6.1.2 图像中的路径

HTML 文档支持文字、图片、声音、视频等媒体格式，但是在这些格式中，除了文本是写在 HTML 中的，其他都是嵌入式的，HTML 文档只记录了这些文件的路径。这些媒体信息能否正确显示，路径至关重要。

路径的作用是定位一个文件的位置。文件的路径可以有两种表述方法，以当前文档为参照物表示文件的位置，即相对路径。以根目录为参照物表示文件的位置，即绝对路径。

为了方便讲述绝对路径和相对路径，先看如图 6-1 所示的目录结构。

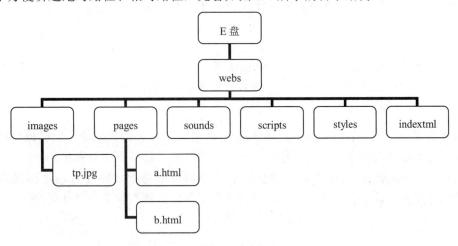

图 6-1　目录结构

1. 绝对路径

例如，在 E 盘的 webs 目录下的 images 下有一个 tp.jpg 图像，那么它的路径就是 E:\webs\imags\tp.jpg，像这种完整地描述文件位置的路径就是绝对路径。如果将图片文件 tp.jpg 插入到网页 index.html，绝对路径表示方式如下。

```
E:\webs\imags\tp.jpg
```

如果使用了绝对路径 E:\webs\imags\tp.jpg 进行图片链接，那么在本地电脑中将一切正常，因为在 E:\webs\imags 下的确存在 tp.jpg 这个图片。如果将文档上传到网站服务器上后，那就会不正常了，因为服务器给你划分的存放空间可能在 E 盘其他目录中，也可能在 D 盘其他目录中。为了保证图片正常显示，必须从 webs 文件夹开始，放到服务器或其他电脑的 E 盘根目录下。

通过上述讲解，读者会发现，如果链接的资源是本站点内的使用绝对路径对位置要求非常严格。因此，链接本站内的资源不建议采用绝对路径。如果链接其他站点的资源，必须使用绝对路径。

2. 相对路径

如何使用相对路径设置上述图片呢？所谓相对路径，顾名思义就是以当前位置为参考点，自己相对于目标的位置。例如，在 index.html 中链接 tp.jpg 就可以使用相对路径。index.html 和 tp.jpg 图片的路径根据上述目录结构图可以这样来定位：从 index.html 位置出发，它和 images 属于同级，路径是通的，因此可以定位到 images，images 的下级就是 tp.jpg。使用相对路径表示图片如下。

```
images/tp.jpg
```

使用相对路径，不论将这些文件放到哪里，只要 tp.jpg 和 index.html 文件的相对关系没有变，就不会出错。

在相对路径中，".."表示上一级目录，"../.."表示上级的上级目录，以此类推。例如，将 tp.jpg 图片插入到 a.html 文件中，使用相对路径表示如下。

```
../images/tp.jpg
```

> 细心的读者会发现，路径分隔符使用了 "\" 和 "/" 两种，其中 "\" 表示本地分隔符，"/" 表示网络分隔符。因为网站制作好后肯定是在网络上运行的，因此要求使用 "/" 作为路径分隔符。

有的读者可能会有这样的疑惑：一个网站有许多链接，怎么能保证它们的链接都正确，如果修改了图片或网页的存储路径，那不是全乱了吗？如何提高工作效率呢？

技巧：Dreamweaver 工具的站点管理功能，不但可以将绝对路径自动地转化为相对路径，并且当在站点中改动文件路径时，与这些文件关联的链接路径都会自动更改。

6.2   在网页中插入图像

图像可以美化网页，插入图像使用单标记<img>。img 标记的属性及描述如表 6-1 所示。

表 6-1   img 标记的属性及描述

属　　性	值	描　　述
alt	text	定义有关图形的简短的描述
src	URL	要显示的图像的 URL
height	pixels %	定义图像的高度
ismap	URL	把图像定义为服务器端的图像映射
usemap	URL	定义作为客户端图像映射的一幅图像。请参阅 <map> 和 <area> 标签，了解其工作原理
vspace	pixels	定义图像顶部和底部的空白。不支持。请使用 CSS 代替
width	pixels %	设置图像的宽度

6.2.1   案例 1——插入图像

src 属性用于指定图片源文件的路径，它是 img 标记必不可少的属性。语法格式如下。

```
<img src="图片路径">
```

图片的路径可以是绝对路径，也可以是相对路径。下面的实例是在网页中插入图片。

【例 6.1】在网页中插入图像(实例文件：ch06\6.1.html)。

```
<!DOCTYPE html>
<html>
<head>
<title>插入图片</title>
</head>
<body>
<img src="images/01.jpg">
</body>
</html>
```

在 IE 中预览，效果如图 6-2 所示。

图 6-2　插入图像

6.2.2　案例 2——从不同位置插入图像

在插入图片时，用户可以将其他文件夹或服务器的图片显示到网页中。

【例 6.2】从不同位置插入图像(实例文件：ch06\6.2.html)。

```
<!DOCTYPE html>
<html>
<body>
<p>
来自一个文件夹的图像:
<img src="images/meishi.jpg" />
</p>
<p>
来自baidu的图像:
<img
src="http://www.baidu.com/img/shouye_b5486898c692066bd2cbaeda86d74448.gif"
/>
```

```
</p>
</body>
</html>
```

在 IE 中预览，效果如图 6-3 所示。

图 6-3　从不同位置插入图像

6.3　编辑网页中的图像

在插入图片时，用户还可以编辑网页中的图像。

6.3.1　案例 3——设置图像的宽度和高度

在 HTML 文档中，还可以设置插入图片的显示大小，一般是按原始尺寸显示，但也可以任意设置显示尺寸。设置图像尺寸分别用属性 width(宽度)和 height(高度)。

【例 6.3】设置图像的宽度和高度(实例文件：ch06\6.3.html)。

```
<!DOCTYPE html>
<html>
<head>
<title>设置图像的宽度和高度</title>
</head>
<body>
<img src="images/meishi.jpg">
<img src="images/meishi.jpg" width="200">
<img src="images/meishi.jpg" width="200" height="300">
</body>
</html
```

在 IE 中预览，效果如图 6-4 所示。

图 6-4　设置图像的宽度和高度

由图 6-4 可以看到，图片的显示尺寸是由 width(宽度)和 height(高度)控制。当只为图片设置一个尺寸属性时，另外一个尺寸就以图片原始的长宽比例来显示。图片的尺寸单位可以选择百分比或数值。百分比为相对尺寸，数值是绝对尺寸。

　对于网页中插入的图像都是位图，放大尺寸，图像会出现马赛克，变得模糊。

　在 Windows 中查看图片的尺寸，只需要找到图像文件，把鼠标指针移动到图像上，停留几秒后，就会出现一个提示框，说明图像文件的尺寸。尺寸后显示的数字，代表图像的宽度和高度，如 256×256。

6.3.2　案例 4——设置图像的提示文字

图像提示文字的作用有两个。其一，当浏览网页时，如果图像下载完成，将鼠标指针放在该图像上，鼠标指针旁边会出现提示文字，为图像添加说明性文字。其二，如果图像没有成功下载，在图像的位置上就会显示提示文字。

随着互联网技术的发展，网速已经不是制约因素，因此一般都能成功下载图像。现在，alt 还有另外一个作用，在百度、Google 等大搜索引擎中，搜索图片没有文字方便，如果给图片添加适当提示，可以方便搜索引擎的检索。

下面实例将为图片添加提示文字效果。

【例 6.4】设置图像的提示文字(实例文件：ch06\6.4.html)。

```
<!DOCTYPE html>
<html>
<head>
```

```
<title>图片文字提示</title>
</head>
<body>
<img src="images/meishi.jpg" alt="草莓甜橙沙拉">
</body>
</html>
```

在 IE 中预览，效果如图 6-5 所示。用户将鼠标放在图片上，即可看到提示文字。

图 6-5　图片文字提示

在火狐浏览器中不支持该功能。

6.3.3　案例 5——将图片设置为网页背景

在插入图片时，用户可以根据需要将某些图片设置为网页的背景。gif 和 jpg 文件均可用作 HTML 背景。如果图像小于页面，图像会进行重复。

【例 6.5】将图片设置为网页背景(实例文件：ch06\6.5.html)。

```
<!DOCTYPE html>
<html>
<body background="images/background.jpg">
<h3>图像背景</h3>
</body>
</html>
```

在 IE 中预览，效果如图 6-6 所示。

图 6-6　图像背景

6.3.4　案例 6——排列图像

在网页的文字当中，如果插入图片，这时可以对图像进行排序。常用的排序方式有居中、底部对齐、顶部对齐三种。

【例 6.6】 排列图像(实例文件：ch06\6.6.html)。

```
<!DOCTYPE html>
<html>
<body>
<h2>未设置对齐方式的图像: </h2>
<p>图像<img src ="images/logo.gif"> 在文本中</p>
<h2>已设置对齐方式的图像: </h2>
<p>图像 <img src=" images/logo.gif " align="bottom"> 在文本中</p>
<p>图像 <img src =" images/logo.gif " align="middle"> 在文本中</p>
<p>图像 <img src =" images/logo.gif " align="top"> 在文本中</p>
</body>
</html>
```

在 IE 中预览，效果如图 6-7 所示。

图 6-7　图片对齐方式

bottom 对齐方式是默认的对齐方式。

6.4　实战演练——图文并茂房屋装饰装修网页

本章讲述了网页组成元素中最常用的文本和图片。本综合实例将创建一个由文本和图片构成的房屋装饰效果网页，如图 6-8 所示。

图 6-8　房屋装饰效果网页

具体操作步骤如下。

step 01 在 Dreamweaver CS 5.5 中新建 HTML 文档，并修改成 HTML5 标准，代码如下。

```
<!DOCTYPE html>
<html >
<head>
<title>房屋装饰装修效果图</title>
</head>
<body>
</body>
</html>
```

step 02 在 body 部分增加如下 HTML 代码，保存页面。

```
<p>    <img    src="images/xiyatu.jpg"    width="300"    height="200"/>    <img
src="images/stadshem.jpg" width="300" height="200"/><br />
西雅图原生态公寓室内设计 与 Stadshem 小户型公寓设计(带阁楼)</p>
<hr/>
<p>    <img    src="images/qingxinhuoli.jpg"    width="300"    height="200"/>    <img
src="images/renwen.jpg" width="300" height="200"/><br />
```

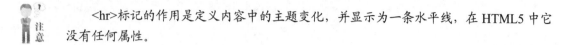

```
清新活力家居与人文简约悠然家居</p>
<hr />
```

注意 <hr>标记的作用是定义内容中的主题变化，并显示为一条水平线，在 HTML5 中它没有任何属性。

另外，快速插入图片及设置相关属性，可以借助 Dreamweaver CC 的插入功能，或按 Ctrl+Alt+I 组合键。

6.5 跟我练练手

6.5.1 练习目标

能够熟练掌握本章节所讲内容。

6.5.2 上机练习

练习 1：在网页中插入图像。
练习 2：编辑网页中的图像。

6.6 高 手 甜 点

甜点 1：在浏览器中，图片无法正常显示，为什么？

答：图片在网页中属于嵌入对象，并不是图片保存在网页中，网页只是保存了指向图片的路径。浏览器在解释 HTML 文件时，会按指定的路径去寻找图片，如果在指定的位置不存在图片，就无法正常显示。为了保证图片的正常显示，制作网页时需要注意以下几处。

(1) 图片格式一定是网页支持的。

(2) 图片的路径一定要正常，并且图片文件扩展名不能省略。

(3) HTML 文件位置发生改变时，图片一定要跟随着改变，即图片位置和 HTML 文件位置始终保持相对一致。

甜点 2：在网页中，有时使用图像的绝对路径，有时使用相对路径，为什么？

答：如果在同一个文件中需要反复使用一个相同的图像文件时，最好在<img>标签中使用相对路径名，不要使用绝对路径名或 URL，因为，使用相对路径名，浏览器只需将图像文件下载一次，再次使用这个图像时，只要重新显示一遍即可。如果使用绝对路径名，每次显示图像时，都要下载一次图像，这将大大降低图像的显示速度。

第 7 章

使用 HTML5 建立超链接

HTML 文件中最重要的应用之一就是超链接，超链接是一个网站的灵魂，Web 上的网页是互相链接的，单击被称为超链接的文本或图形就可以链接到其他页面。只有将网站中的各个页面链接在一起之后，这个网站才能称之为真正的网站。

本章要点(已掌握的在方框中打钩)

☐ 了解网页超链接的概念。

☐ 掌握建立网页超链接的方法。

☑ 掌握浮动框架的使用。

☐ 掌握精确定位热点区域的方法。

☐ 掌握制作电子书阅读网页的方法。

7.1 网页超链接的概念

所谓超链接，是指从一个网页指向一个目标的链接关系，这个目标可以是另一个网页，也可以是相同网页上的不同位置，还可以是一个图片、一个电子邮件地址、一个文件，甚至是一个应用程序。

7.1.1 什么是网页超链接

超链接是一种对象，它以特殊编码的文本或图形的形式来实现链接。如果单击该链接，则相当于指示浏览器移至同一网页内的某个位置，或打开一个新的网页，或打开某一个新的 WWW 网站中的网页。

网页中的链接按照链接路径的不同，可以分为 3 种类型，分别是内部链接、锚点链接和外部链接。按照使用对象的不同，网页中的链接又可以分为文本超链接、图像超链接、E-mail 链接、锚点链接、多媒体文件链接、空链接等。

在网页中，一般文字上的超链接都是蓝色，文字下面有一条下划线。当移动鼠标指针到该超链接上时，鼠标指针就会变成一只手的形状，这时候用鼠标左键单击，就可以直接跳到与这个超链接相连接的网页或 WWW 网站上去。如果用户已经浏览过某个超链接，这个超链接的文本颜色就会发生改变(默认为紫色)。只有图像的超链接访问后颜色不会发生变化。

7.1.2 超链接中的 URL

URL 为 Uniform Resource Locator 的缩写，通常翻译为"统一资源定位器"，也就是人们通常说的"网址"，它用于指定 Internet 上的资源位置。

网络中的计算机之间是通过 IP 地址区分的，如果希望访问网络中某台计算机中的资源，首先要定位到这台计算机。IP 地址是由 32 位二进制数(即 32 个 0/1 代码)组成的，数字之间没有意义，不容易记忆。为了方便记忆，现在计算机一般采用域名的方式来寻址，即在网络上使用一组有意义字符组成的地址代替 IP 地址来访问网络资源。

URL 由 4 个部分组成，即"协议""主机名""文件夹名""文件名"，如图 7-1 所示。

图 7-1 URL 组成

互联网中有各种各样的应用，如 Web 服务、FTP 服务等。每种服务应用都对应的有协议，通常通过浏览器浏览网页的协议都是 HTTP 协议，即"超文本传输协议"，因此网页的地址都以 http://开头。

www.baidu.com 为主机名，表示文件存在于哪台服务器，主机名可以通过 IP 地址或者域名来表示。

确定主机后，还需要说明文件存在于这台服务器的哪个文件夹中，这里文件夹可以分为多个层级。

确定文件夹后，就要定位到文件，即要显示哪个文件，网页文件通常是以.html 或.htm 为扩展名。

7.1.3 超链接的 URL 类型

网页上的超链接一般分为三种，分别如下。

(1) 绝对 URL 超链接：URL 就是统一资源定位符，简单地讲就是网络上的一个站点、网页的完整路径。

(2) 相对 URL 超链接：如将自己网页上的某一段文字或某标题链接到同一网站的其他网页上面去。

(3) 书签超链接：同一网页的超链接，这种超链接又叫作书签。

7.2 建立网页超级链接

超级链接就是当鼠标单击一些文字、图片或其他网页元素时，浏览器就会根据其指示载入一个新的页面或跳转到页面的其他位置。超级链接除了可链接文本外，也可链接各种媒体，如声音、图像、动画，通过它们可享受丰富多彩的多媒体世界。

建立超级链接所使用的 HTML 标记为<a></a>。超级链接最重要的有两个要素，设置为超级链接的网页元素和超级链接指向的目标地址。基本的超级链接的结构如下。

```
<a href=URL>网页元素</a>
```

7.2.1 案例 1——创建超文本链接

文本是网页制作中使用最频繁也是最主要的元素。为了实现跳转到与文本相关内容的页面，往往需要为文本添加链接。

1. 什么是文本链接

浏览网页时，会看到一些带下划线的文字，将鼠标移到文字上时，鼠标指针将变成手形，单击会打开一个网页，这样的链接就是文本链接，如图 7-2 所示。

2. 创建链接的方法

使用<a>标签可以实现网页超链接，在<a>标签处需要定义锚来指定链接目标。锚(anchor)有两种用法，介绍如下。

(1) 通过使用 href 属性，创建指向另外一个文档的链接(或超链接)。使用 href 属性的代码格式如下。

```
<a href="链接地址">创建链接的文本</a>
```

图 7-2　存在文本链接的网页

(2) 通过使用 name 或 id 属性，创建一个文档内部的书签(也就是说，可以创建指向文档片段的链接)。使用 name 属性的代码格式如下。

```
<a name="value">创建链接的文本</a>
```

name 属性用于指定锚的名称。name 属性可以创建(大型)文档内的书签。
使用 id 属性的代码格式如下。

```
<a id="value">创建链接的文本</a>
```

3. 创建网站内的文本链接

创建网页内的文本链接主要使用 href 属性来实现。比如，在网页中做一些知名网站的友情链接。

【例 7.1】使用记事本创建网页超文本链接(案例文件：ch07\7.1.html)。

```
<!DOCTYPE html>
<html>
<head>
<title>文本链接</title>
</head>
<body>
友情链接————
<a href="http://www.baidu.com">百度</a>
<a href="http://www.sina.com.cn">新浪</a>
<a href="http://www.163.com">网易</a></body>
</html>
```

使用 IE 打开文件预览，效果如图 7-3 所示，带有超链接的文本呈现浅紫色。

> **注意**　链接地址前的 http://不可省略，否则链接会出现错误提示。

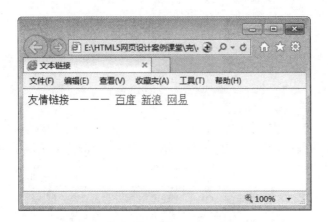

图 7-3　创建的文本链接网页效果

7.2.2　案例 2——创建图片链接

在网页中浏览内容时，若将鼠标移到图像上，鼠标指针将变成手形，单击会打开一个网页，这样的链接就是图像链接，如图 7-4 所示。

图 7-4　存在图片链接的网页

使用<a>标签为图片添加链接的代码格式如下。

```
<a href="链接目标"><img src="图片"/></a>
```

【例 7.2】使用记事本创建网页图片链接(案例文件：ch07\7.2.html)。

```
<!DOCTYPE html>
<html>
<head>
<title>图片链接</title>
</head>
<body>
音乐无限
<a href="mp3.html"><img src="1.jpg"/></a>
```

```
<br>
<br>
<br>
运动健身
<a href="tiyu.html"><img src="2.jpg"/></a>
</body>
</html>
```

使用 IE 打开文件预览，效果如图 7-5 所示，鼠标放在图片上呈现手指状，单击后可跳转到指定网页。

图 7-5　创建的图片链接网页效果

 　　文件中的图片要和当前网页文件在同一目录下，链接的网页没有加 http://，默认为当前网页所在目录。

7.2.3　案例 3——创建下载链接

超链接<a>标记 href 属性是指向链接的目标，目标可以是各种类型的文件，如图片文件、声音文件、视频文件、Word 等。如果是浏览器能够识别的类型，会直接在浏览器中显示；如果是浏览器不能识别的类型，在 IE 浏览器中会弹出文件下载对话框，如图 7-6 所示。

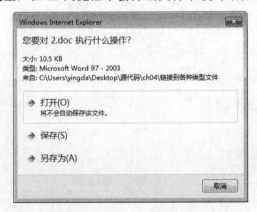

图 7-6　IE 中的文件下载对话框

【例 7.3】创建下载链接(案例文件：ch07\7.3.html)。

```
<!DOCTYPE html>
<html>
<head>
<title>链接各种类型文件</title>
</head>
<body>
<p><a href="2.doc">链接 Word 文档</a></p>
</body>
</html>
```

在 IE 中预览网页，效果如图 7-7 所示。实现链接到 html 文件、图片和 Word 文档。

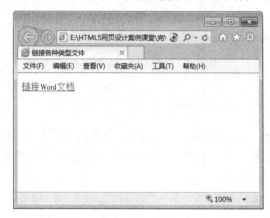

图 7-7　链接 Word 文档

7.2.4　案例 4——使用相对路径和绝对路径

绝对 URL 一般位于访问非同一台服务器上的资源，相对 URL 是指访问同一台服务器上相同文件夹或不同文件夹中的资源。如果访问相同文件夹中的文件，只需要写文件名；如果访问不同文件夹中的资源，URL 以服务器的根目录为起点，指明文档的相对关系，由文件夹名和文件名两个部分构成。

【例 7.4】使用绝对 URL 和相对 URL 实现超链接(案例文件：ch07\7.4.html)。

```
<!DOCTYPE html>
<html>
<head>
<title>绝对 URL 和相对 URL</title>
</head>
<body>
  单击 <a  href="http://www.webDesign.com/index.html"> 绝 对  URL</a> 链 接 到
webDesign 网站首页<br />
  单击<a href="02.html">相同文件夹的 URL</a>链接到相同文件夹中的第 2 个页面<br />
  单击<a href="../pages/03.html">不同文件夹的 URL</a>链接到不同文件夹中的第 3 个页面
</body>
</html>
```

在上述代码中，第 1 个链接使用的是绝对 URL；第 2 个使用的是服务器相对 URL，也就是链接到文档所在服务器的根目录下的 02.html；第 3 个使用的是文档相对 URL，即原文档所在文件夹的父文件夹下面的 pages 文件夹中的 03.html 文件。

在 IE 中预览网页，效果如图 7-8 所示。

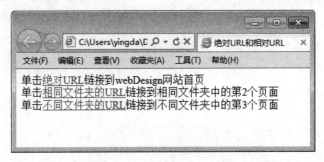

图 7-8　绝对 URL 和相对 URL

7.2.5　案例 5——设置以新窗口显示超链接页面

在默认情况下，当单击超链接时，目标页面会在当前窗口中显示，替换当前页面的内容。如果要在单击某个链接以后，打开一个新的浏览器窗口在这个新窗口中显示目标页面，就需要使用<a>标签的 target 属性。

target 属性的代码格式如下。

```
<a target="value">
```

其中，value 有四个参数可用，这 4 个保留的目标名称用作特殊的文档重定向操作。

(1) _blank：浏览器总在一个新打开、未命名的窗口中载入目标文档。

(2) _self：这个目标的值对所有没有指定目标的 <a> 标签是默认目标，它使得目标文档载入并显示在相同的框架或者窗口中作为源文档。这个目标是多余且不必要的，除非和文档标题<base> 标签中的 target 属性一起使用。

(3) _parent：这个目标使得文档载入父窗口或者包含在超链接引用的框架的框架集。如果这个引用是在窗口或者顶级框架中，那么它与目标 _self 等效。

(4) _top：这个目标使得文档载入包含这个超链接的窗口，用_top 目标将会清除所有被包含的框架并将文档载入整个浏览器窗口。

【例 7.5】设置以新窗口显示超链接页面(案例文件：ch07\7.5.html)。

```
<!DOCTYPE html>
<html>
<head>
<title>设置链接目标</title>
</head>
<body>
<a href="http://www.baidu.com" target="_blank">百度</a>
</body>
</html>
```

使用 IE 打开网页文件，显示效果如图 7-9 所示。

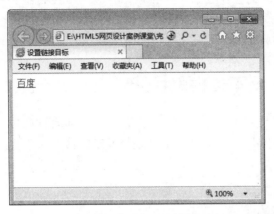

图 7-9　制作网页超链接

单击网页中的超链接，在新窗口中打开链接页面，如图 7-10 所示。

图 7-10　在新窗口中打开链接网页

如果将_blank 换成_self，即代码修改为 "<a href="http://www.baidu.com" target="_self">百度</a>"，单击链接后，则直接在当前窗口中打开新链接，如图 7-11 所示。

图 7-11　在当前窗口中打开链接网页

> 这些 target 的 4 个值都以下划线开始。任何其他用一个下划线作为开头的窗口或者目标都会被浏览器忽略。因此，不要将下划线作为文档中定义的任何框架 name 或 id 的第一个字符。

7.2.6 案例6——设置电子邮件链接

在某些网页中，当访问者单击某个链接以后，会自动打开电子邮件客户端软件，如 Outlook 或 Foxmail 等，向某个特定的 E-mail 地址发送邮件，这个链接就是电子邮件链接。电子邮件链接的格式如下。

```
<a href="mailto:电子邮件地址" >网页元素</a>
```

【例 7.6】设置电子邮件链接(案例文件：ch07\7.6.html)。

```
<!DOCTYPE html>
<html>
<head>
<title>电子邮件链接</title>
</head>
<body>
<img src="images/logo.gif" width="119" height="49">    [免费注册][登录]
<a href="mailto:kfdzsj@126.com">站长信箱</a>
</body>
</html>
```

在 IE 中预览网页，效果如图 7-12 所示，实现了电子邮件链接。

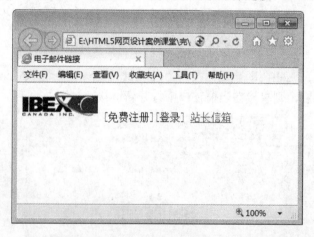

图 7-12　链接到电子邮件

当读者单击【站长信息】链接时，会自动弹出 Outlook 窗口，要求编写电子邮件，如图 7-13 所示。

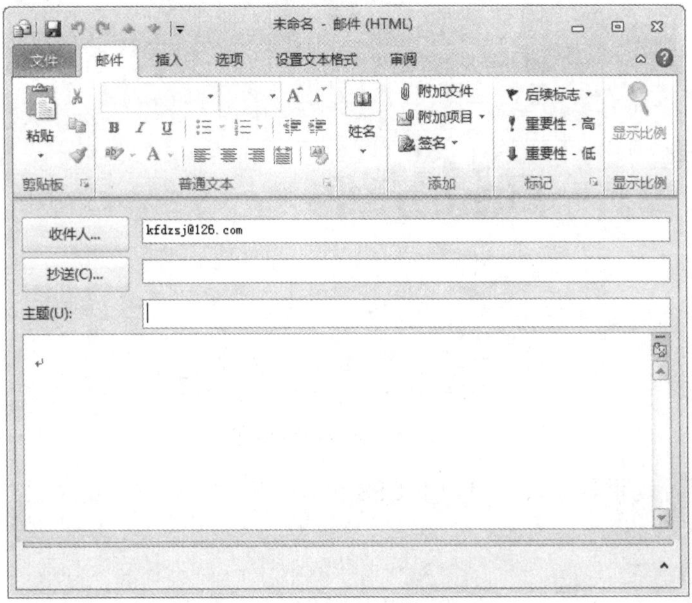

图 7-13　Outlook 新邮件窗口

7.3　案例 7——浮动框架 iframe 的使用

　　HTML5 中已经不支持 frameset 框架，但是它仍然支持 iframe 浮动框架的使用。浮动框架可以自由控制窗口大小，还可以配合表格随意地在网页中的任何位置插入窗口。实际上就是在窗口中再创建一个窗口。

　　使用 iframe 创建浮动框架的格式如下。

```
<iframe src="链接对象" >
```

　　其中，src 表示浮动框架中显示对象的路径，可以是绝对路径，也可以是相对路径。例如，下面的代码是在浮动框架中显示百度网站。

　　【例 7.7】使用浮动框架(案例文件：ch07\7.7.html)。

```
<!DOCTYPE html>
<html>
<head>
<title>浮动框架中显示百度网站</title>
</head>
<body>
<iframe src="http://www.baidu.com"></iframe>
</body>
</html>
```

　　在 IE 中预览网页，效果如图 7-14 所示。从预览结果可见，浮动框架在页面中又创建了一个窗口，在默认情况下，浮动框架的尺寸为 220 像素×120 像素。

图 7-14　浮动框架效果

如果需要调整浮动框架尺寸，请使用 CSS 样式。修改上述浮动框架尺寸，请在 head 标记部分增加如下 CSS 代码。

```
<style>
iframe{
    width:600px;    //宽度
    height:800px;   //高度
    border:none;    //无边框
}
</style>
```

在 IE 中预览网页，效果如图 7-15 所示。

图 7-15　修改尺寸的浮动框架

在 HTML5 中，iframe 仅支持 src 属性，再无其他属性。

7.4　案例 8——精确定位热点区域

在浏览网页时，读者会发现，当单击一张图片的不同区域，会显示不同的链接内容，这就是图片的热点区域。所谓图片的热点区域就是将一个图片划分成若干个链接区域。访问者单击不同的区域会链接到不同的目标页面。

在 HTML 中，可以为图片创建 3 种类型的热点区域：矩形、圆形和多边形。创建热点区域使用标记<map>和<area>，语法格式如下。

```
<img src="图片地址" usemap="#名称">
<map id="#名称">
   <area shape="rect" coords="10,10,100,100" href="#">
   <area shape="circle" coords="120,120,50" href="#">
   <area shape="poly" coords="78,13,81,14,53,32,86,38" href="#">
</map>
```

在上面的语法格式中，需要读者注意以下几点。

(1) 要想建立图片热点区域，必须先插入图片。注意，图片必须增加 usemap 属性，说明该图像是热区映射图像，属性值必须以"#"开头，加上名字，如#pic。那么上面一行代码可以修改为：<img src="图片地址" usemap="#pic">。

(2) <map>标记只有一个属性 id，其作用是为区域命名，其设置值必须与<img>标记的 usemap 属性值相同。修改上述代码为：<map id="#pic">。

(3) <area>标记主要是定义热点区域的形状及超链接，它有三个必需的属性。

① shape 属性，控件划分区域的形状，其取值有 3 个，分别是 rect(矩形)、circle(圆形)和 poly(多边形)。

② coords 属性，控制区域的划分坐标。

- 如果 shape 属性取值为 rect，那么 coords 的设置值分别为矩形的左上角 x、y 坐标点和右下角 x、y 坐标点，单位为像素。
- 如果 shape 属性取值为 circle，那么 coords 的设置值分别为圆形圆心 x、y 坐标点和半径值，单位为像素。
- 如果 shape 属性取值为 poly，那么 coords 的设置值分别为矩形的各个点 x、y 坐标，单位为像素。

③ href 属性是为区域设置超链接的目标，其值设置为"#"时，表示为空链接。

上面讲述了 HTML 创建热点区域的方法，但是最让读者头痛的地方，就是坐标点的定位。对于简单的形状还可以，如果形状较多且复杂时，确定坐标点这项工作的工程量就很大，因此，不建议使用 HTML 代码去完成。这里将为读者介绍一个快速且能精确定位热点区域的方法。在 Dreamweaver CC 中可以很方便地实现这个功能。

Dreamweaver CC 创建图片热点区域的具体操作步骤如下。

step 01　创建一个 HTML 文档，插入一张图片文件，如图 7-16 所示。

图 7-16　插入图片

step 02 选择图片，在 Dreamweaver CC 中打开【属性】面板，面板左下角有 3 个蓝色图标按钮，依次代表矩形、圆形和多边形热点区域。单击左边的【矩形热点】工具图标，如图 7-17 所示。

图 7-17　Dreamweaver CC 中图像的【属性】面板

step 03 将鼠标指针移动到被选中的图片上，以"创意信息平台"栏中的矩形大小为准，按下鼠标左键，从左上方向右下方拖曳鼠标，得到矩形区域，如图 7-18 所示。

step 04 绘制出来的热区呈现出半透明状态，效果如图 7-19 所示。

图 7-18　绘制矩形热点区域

图 7-19　完成矩形热点区域的绘制

step 05 如果绘制出来的矩形热区有误差，可以通过【属性】面板中的指针热点工具进行编辑，如图 7-20 所示。

step 06 完成上述操作之后，保持矩形热区被选中状态，然后在【属性】面板的【链接】文本框中输入该热点区域链接对应的跳转目标页面。

图 7-20　指针热点工具

step 07 在【目标】下拉列表框中有 4 个选项，它们决定着链接页面的弹出方式，这里如果选择了_blank 选项，那么矩形热区的链接页面将在新的窗口中弹出。如果【目标】选项保持空白，就表示仍在原来的浏览器窗口中显示链接的目标页面。这样，矩形热点区域就设置好了。

step 08 接下来继续为其他菜单项创建矩形热点区域。操作方法请参阅上面步骤，完成后的效果如图 7-21 所示。

图 7-21　为其他菜单项创建矩形热点区域

step 09 完成后保存并预览页面。可以发现，凡是绘制了热点的区域，鼠标指针移上去时就会变成手形，单击就会跳转到相应的页面。

step 10 至此，网站的导航，就使用热点区域制作完成了。查看页面此时相应的 HTML 源代码如下。

```html
<!DOCTYPE html>
<html>
<head>
<title>创建热点区域</title>
</head>
<body>
<img src="images/04.jpg" width="1001" height="87" border="0" usemap="#Map">
<map name="Map">
  <area shape="rect" coords="298,5,414,85" href="#">
  <area shape="rect" coords="412,4,524,85" href="#">
  <area shape="rect" coords="525,4,636,88" href="#">
  <area shape="rect" coords="639,6,749,86" href="#">
  <area shape="rect" coords="749,5,864,88" href="#">
  <area shape="rect" coords="861,6,976,86" href="#">
</map>
</body>
</html>
```

可以看到，Dreamweaver CC 自动生成的 HTML 代码结构和前面介绍的是一样的，但是所有的坐标都自动计算出来了，这正是网页制作工具的快捷之处。使用这些工具本质上和手工编写 HTML 代码没有区别，只是使用这些工具可以提高工作效率。

注意 本书所讲述的手工编写 HTML 代码，在 Dreamweaver CC 工具中几乎都有对应的操作，请读者自行研究，以提高编写 HTML 代码的效率。但是，请读者注意，使用网页制作工具前，一定要明白这些 HTML 标记的作用。因为一个专业的网页设计师必须具备 HTML 方面的知识，不然再强大的工具也只能是无根之树、无源之泉。

参照矩形热区的操作方法，创建圆形和多边形热点区域。创建热点区域的效果如图 7-22 所示。

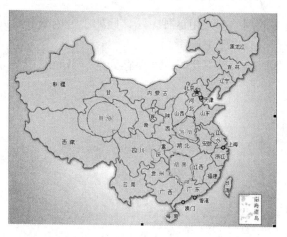

图 7-22　圆形和多边形热点区域

查看此时页面相应的 HTML 源代码如下。

```html
<!DOCTYPE html>
<html>
<head>
<title>创建圆形和多边形热点区域</title>
</head>
<body>
<img src="images/china.jpg" width="618" height="499" border="0" usemap=
"#Map">
<map name="Map">
  <area shape="circle" coords="221,261,40" href="#">
  <area shape="poly" coords="411,251,394,267,375,280,395,295,407,299,431,
307,436,303,429,284,431,271,426,255" href="#">
  <area shape="poly" coords="385,336,371,346,370,375,376,385,394,395,403,
403,410,397,419,393,426,385,425,359,418,343,399,337" href="#">
</map>
</body>
</html>
```

7.5 综合案例——使用锚链接制作电子书阅读网页

超链接除了可以链接特定的文件和网站之外，还可以链接到网页内的特定内容。这可以使用<a>标签的 name 或 id 属性，创建一个文档内部的书签，也就是说，可以创建指向文档片段的链接。

例如，使用以下命令可以将网页中的文本"你好"定义为一个内部书签，书签名称为name1。

```html
<a name="name1" >你好</a>
```

在网页中的其他位置可以插入超链接引用该书签，引用命令如下。

```html
<a href="#name1" >引用内部书签</a>
```

通常网页内容比较多的网站会采用这种方法，比如一个电子书网页。

下面使用锚链接制作一个电子书网页。

step 01 新建记事本，输入以下代码，并保存为电子书.html 文件。

```html
<!DOCTYPE html>
<html>
<head>
<title>电子书</title>
</head>
<body >
<h1>文学鉴赏</h1>
<ul>
  <li><a href="#第一篇" >再别康桥</a>
  <li><a href="#第二篇" >雨　巷</a>
  <li><a href="#第三篇" >荷塘月色</a>
```

```
</ul>
<h3><a name="第一篇" >再别康桥</a></h3>
<h3><a name="第二篇" >雨　巷</a></h3>
<h3><a name="第三篇" >荷塘月色</a></h3>
</body>
</html>
```

step 02 使用 IE 打开文件，显示效果如图 7-23 所示。

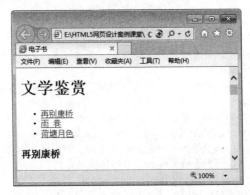

图 7-23　电子书网页

step 03 为每一个文学作品添加内容，完善后的代码如下。

```
<!DOCTYPE html>
<html>
<head>
<title>电子书</title>
</head>
<body>
<h1>文学鉴赏</h1>
<ul>
    <li><a href="#第一篇" >再别康桥</a>
    <li><a href="#第二篇" >雨　巷</a>
    <li><a href="#第三篇" >荷塘月色</a>
</ul>
<h3><a name="第一篇" >再别康桥</a></h3>
──徐志摩
<ul>
    <li>轻轻地我走了，正如我轻轻地来；
    <li>我轻轻地招手，作别西天的云彩。
      <br>
    <li>那河畔的金柳，是夕阳中的新娘；
    <li>波光里的艳影，在我的心头荡漾。
      <br>
    <li>软泥上的青荇，油油地在水底招摇；
    <li>在康河的柔波里，我甘心做一条水草！
      <br>
    <li>那榆荫下的一潭，不是清泉，是天上虹；
    <li>揉碎在浮藻间，沉淀着彩虹似的梦。
      <br>
```

```
    <li>寻梦？撑一支长篙，向青草更青处漫溯；
    <li>满载一船星辉，在星辉斑斓里放歌。
     <br>
    <li>但我不能放歌，悄悄是别离的笙箫；
    <li>夏虫也为我沉默，沉默是今晚的康桥！
     <br>
    <li>悄悄地我走了，正如我悄悄地来；
    <li>我挥一挥衣袖，不带走一片云彩。
</ul>
<h3><a name="第二篇" >雨　巷</a></h3>
——戴望舒<br>
撑着油纸伞，独自彷徨在悠长、悠长又寂寥的雨巷，我希望逢着一个丁香一样的结着愁怨的姑娘。
<br>
她是有丁香一样的颜色，丁香一样的芬芳，丁香一样的忧愁，在雨中哀怨，哀怨又彷徨；她彷徨在这寂
寥的雨巷，撑着油纸伞像我一样，像我一样地默默行着，冷漠，凄清，又惆怅。<br>
她静默地走近，走近，又投出太息一般的眼光，她飘过像梦一般地凄婉迷茫。像梦中飘过一枝丁香的，
我身旁飘过这女郎；她静默地远了，远了，到了颓圯的篱墙，走尽这雨巷。在雨的哀曲里，消了她的颜
色，散了她的芬芳，消散了，甚至她的太息般的眼光丁香般的惆怅。撑着油纸伞，独自彷徨在悠长，悠
长又寂寥的雨巷，我希望飘过一个丁香一样的结着愁怨的姑娘。
<h3><a name="第三篇" >荷塘月色</a></h3>
曲曲折折的荷塘上面，弥望的是田田的叶子。叶子出水很高，像亭亭的舞女的裙。层层的叶子中间，零
星地点缀着些白花，有袅娜地开着的，有羞涩地打着朵儿的；正如一粒粒的明珠，又如碧天里的星星，
又如刚出浴的美人。微风过处，送来缕缕清香，仿佛远处高楼上渺茫的歌声似的。这时候叶子与花也有
一丝的颤动，像闪电般，霎时传过荷塘的那边去了。叶子本是肩并肩密密地挨着，这便宛然有了一道凝
碧的波痕。叶子底下是脉脉的流水，遮住了，不能见一些颜色；而叶子却更见风致了。<br>
月光如流水一般，静静地泻在这一片叶子和花上。薄薄的青雾浮起在荷塘里。叶子和花仿佛在牛乳中洗
过一样；又像笼着轻纱的梦。虽然是满月，天上却有一层淡淡的云，所以不能朗照；但我以为这恰是到
了好处——酣眠固不可少，小睡也别有风味的。月光是隔了树照过来的，高处丛生的灌木，落下参差的
斑驳的黑影，峭楞楞如鬼一般；弯弯的杨柳的稀疏的倩影，却又像是画在荷叶上。塘中的月色并不均
匀；但光与影有着和谐的旋律，如梵婀玲上奏着的名曲。
</body>
</html>
```

step 04 保存文件，使用 IE 打开文件，效果如图 7-24 所示。

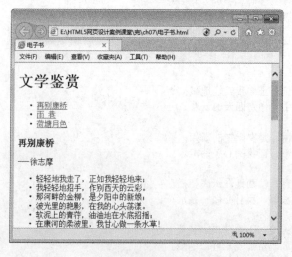

图 7-24　添加网页内容

step 05 单击【雨巷】超链接，页面会自动跳转到"雨巷"对应的内容，如图 7-25 所示。

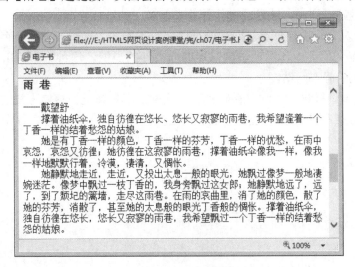

图 7-25 网页效果

7.6 跟我练练手

7.6.1 练习目标

能够熟练掌握本章节所讲内容。

7.6.2 上机练习

练习 1：建立网页各类超级链接。
练习 2：创建网页浮动框架。
练习 3：精确定位热点区域。
练习 4：使用锚链接制作电子书阅读网页。

7.7 高 手 甜 点

甜点 1：在创建超链接时，使用绝对 URL 还是相对 URL？

答：在创建超链接时，如果要链接的是另外一个网站中的资源，需要使用完整的绝对 URL；如果在网页中创建内部链接，一般使用相对当前文档或站点根文件夹的相对 URL。

甜点 2：链接增多后的网站，如何设置目录结构以方便维护？

答：当一个网站的网页数量增加到一定程度以后，网站的管理与维护将变得非常烦琐。因此，掌握一些网站管理与维护的技术是非常实用的，可以节省很多时间。建立适合的网站文件存储结构，可以方便网站的管理与维护。通常使用的 3 种网站文件组织结构方案及文件管理遵循的原则如下。

(1) 按照文件的类型进行分类管理。将不同类型的文件放在不同的文件夹中，这种存储方法适合于中小型网站，这种方法是通过文件的类型对文件进行管理。

(2) 按照主题对文件进行分类。网站的页面按照不同的主题进行分类储存。同一主题的所有文件存放在一个文件夹中，然后再进一步细分文件的类型。这种方案适用于页面和文件数量众多、信息量大的静态网站。

(3) 对文件类型进行进一步细分存储管理。这种方案是第一种存储方案的深化，将页面进一步细分后进行分类存储管理。这种方案适用于文件类型复杂、包含各种文件的多媒体动态网站。

第8章

使用 HTML5 创建表单

在网页中，表单的作用比较重要，主要是负责采集浏览者的相关数据，如常见的注册表、调查表和留言表等。在 HTML5 中，表单拥有多个新的表单输入类型，这些新特性提供了更好的输入控制和验证。

本章要点(已掌握的在方框中打钩)

☐ 了解表单的基本概念。
☐ 掌握表单基本元素的使用。
☐ 掌握表单高级元素的使用。
☐ 掌握创建用户反馈表单的方法。

8.1 案例 1——认识表单

表单主要用于收集网页上浏览者的相关信息。其标签为<form> </form>。表单的基本语法格式如下。

```
<form action="url" method="get|post" enctype="mime">
</form >
```

其中，action=url 指定处理提交表单的格式，它可以是一个 URL 地址或一个电子邮件地址。method=get 或 post 指明提交表单的 HTTP 方法。enctype= mime 指明用来把表单提交给服务器时的互联网媒体形式。

表单是一个能够包含表单元素的区域。通过添加不同的表单元素，将显示不同的效果。

【例 8.1】使用表单(实例文件：ch08\8.1.html)。

```
<!DOCTYPE html>
<html>
<body>
<form>
下面是输入用户登录信息
<br>
用户名称
<input type="text" name="user">
<br>
用户密码
<input type="password" name="password">
<br>
<input type="submit" value="登录">
</form>
</body>
</html>
```

在 IE 中浏览，效果如图 8-1 所示，可以看到用户登录信息页面。

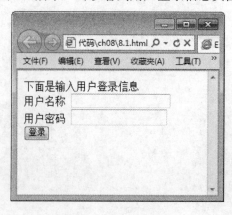

图 8-1 用户登录窗口

8.2 表单基本元素的使用

表单元素是能够让用户在表单中输入信息的元素。常见的有文本框、密码框、下拉菜单、单选按钮、复选框等。本章节主要讲述表单基本元素的使用方法和技巧。

8.2.1 案例 2——单行文本输入框 text 的使用

文本框是一种让访问者自己输入内容的表单对象,通常被用来填写单个字或者简短的回答,例如用户姓名和地址等。代码格式如下。

```
<input type="text" name="..." size="..." maxlength="..." value="...">
```

其中,type="text"定义单行文本输入框,name 属性定义文本框的名称,要保证数据的准确采集,必须定义一个独一无二的名称;size 属性定义文本框的宽度,单位是单个字符宽度;maxlength 属性定义最多输入的字符数。value 属性定义文本框的初始值。

【例 8.2】设置单行文本输入框(实例文件:ch08\8.2.html)。

```
<!DOCTYPE html>
<html>
<head><title>输入用户的姓名</title></head>
<body>
<form>
请输入您的姓名:
<input type="text" name="yourname" size="20" maxlength="15">
请输入您的地址:
<input type="text" name="youradr" size="20" maxlength="15">
</form>
</body>
</html>
```

在 IE 中预览,效果如图 8-2 所示,可以看到两个单行文本输入框。

图 8-2　单行文本输入框

8.2.2 案例 3——多行文本输入框 textarea 的使用

多行文本输入框(textarea)主要用于输入较长的文本信息。代码格式如下。

```
<textarea name="..." cols="..." rows="..." wrap="..."></textarea >
```

其中，name 属性定义多行文本框的名称，要保证数据的准确采集，必须定义一个独一无二的名称；cols 属性定义多行文本框的宽度，单位是单个字符宽度；rows 属性定义多行文本框的高度，单位是单个字符宽度。wrap 属性定义输入内容大于文本域时显示的方式。

【例 8.3】设置多行文本输入框(实例文件：ch08\8.3.html)。

```
<!DOCTYPE html>
<html>
<head><title>多行文本输入</title></head>
<body>
<form>
请输入您最新的工作情况<br>
<textarea name="yourworks" cols ="50" rows = "5"></textarea>
<br>
<input type="submit" value="提交">
</form>
</body>
</html>
```

在 IE 中预览，效果如图 8-3 所示，可以看到多行文本输入框。

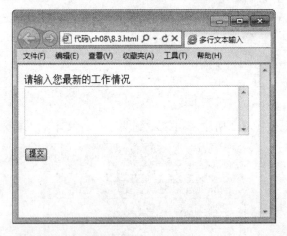

图 8-3　多行文本输入框

8.2.3 案例 4——密码域 password 的使用

密码输入框是一种特殊的文本域，主要用于输入一些保密信息。当网页浏览者输入文本时，显示的是黑点或者其他符号，这样就增加了输入文本的安全性。代码格式如下。

```
<input type="password" name="..." size="..." maxlength="...">
```

其中，type="password"定义密码框；name 属性定义密码框的名称，要保证唯一性；size 属性定义密码框的宽度，单位是单个字符宽度；maxlength 属性定义最多输入的字符数。

【例 8.4】设置密码输入框(实例文件：ch08\8.4.html)。

```
<!DOCTYPE html>
<html>
<head><title>输入用户姓名和密码 </title></head>
<body>
<form >
用户姓名:
<input type="text" name="yourname">
<br>
登录密码:
<input type="password" name="yourpw"><br>
</form>
</body>
</html>
```

在 IE 中预览，效果如图 8-4 所示，输入用户名和密码时可以看到密码以黑点的形式显示。

图 8-4   密码输入框

8.2.4   案例 5——单选按钮 radio 的使用

单选按钮主要是让网页浏览者在一组选项里只能选择一个选项。代码格式如下。

```
<input type="radio" name=" " value = " ">
```

其中，type="radio"定义单选按钮，name 属性定义单选按钮的名称，单选按钮都是以组为单位使用的，在同一组中的单选项都必须用同一个名称；value 属性定义单选按钮的值，在同一组中，它们的域值必须是不同的。

【例 8.5】设置单选按钮(实例文件：ch08\8.5.html)。

```
<!DOCTYPE html>
<html>
<head><title>选择感兴趣的图书</title></head>
```

```
<body>
<form >
请选择您感兴趣的图书类型:
<br>
<input type="radio" name="book" value = "Book1">网站编程<br>
<input type="radio" name="book" value = "Book2">办公软件<br>
<input type="radio" name="book" value = "Book3">设计软件<br>
<input type="radio" name="book" value = "Book4">网络管理<br>
<input type="radio" name="book" value = "Book5">黑客攻防<br>
</form>
</body>
</html>
```

在 IE 中预览,效果如图 8-5 所示,即可看到 5 个单选按钮,用户只能同时选择其中一个单选按钮。

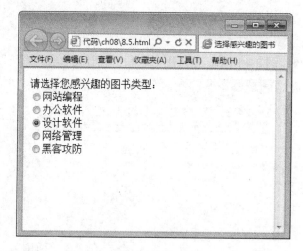

图 8-5　单选按钮

8.2.5　案例6——复选框 checkbox 的使用

复选框主要是让网页浏览者在一组选项里可以同时选择多个选项。每个复选框都是一个独立的元素,都必须有一个唯一的名称。代码格式如下。

```
<input type="checkbox" name=" " value ="">
```

其中,type="checkbox"定义复选框;name 属性定义复选框的名称,在同一组中的复选框都必须用同一个名称;value 属性定义复选框的值。

【例 8.6】设置复选框(实例文件:ch08\8.6.html)。

```
<!DOCTYPE html>
<html>
<head><title>选择感兴趣的图书</title></head>
<body>
<form >
请选择您感兴趣的图书类型: <br>
```

```
<input type="checkbox" name="book" value = "Book1">网站编程<br>
<input type="checkbox" name="book" value = "Book2">办公软件<br>
<input type="checkbox" name="book" value = "Book3">设计软件<br>
<input type="checkbox" name="book" value = "Book4">网络管理<br>
<input type="checkbox" name="book" value = "Book5" checked>黑客攻防<br>
</form>
</body>
</html>
```

 checked 属性主要是设置默认选中项。

在 IE 中预览，效果如图 8-6 所示，即可看到 5 个复选框，其中【黑客攻防】复选框默认被选中。

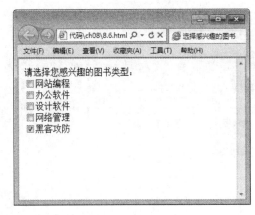

图 8-6　复选框

8.2.6　案例 7——下拉列表框 select 的使用

下拉列表框主要用于在有限的空间里设置多个选项。下拉列表框既可以用作单选，也可以用作复选。代码格式如下。

```
<select name="..." size="..." multiple>
<option value="..." selected>
...
</option>
 ...
</select>
```

其中，size 属性定义下拉列表框的行数；name 属性定义下拉列表框的名称；multiple 属性表示可以多选，如果不设置本属性，那么只能单选；value 属性定义选择项的值；selected 属性表示默认已经选择本选项。

【例 8.7】设置下拉列表框(实例文件：ch08\8.7.html)。

```
<!DOCTYPE html>
<html>
```

```
<head><title>选择感兴趣的图书</title></head>
<body>
<form>
请选择您感兴趣的图书类型：<br>
<select name="fruit" size = "3" multiple>
<option value="Book1">网站编程
<option value="Book2">办公软件
<option value="Book3">设计软件
<option value="Book4">网络管理
<option value="Book5">黑客攻防
</select>
</form>
</body>
</html>
```

在 IE 中预览，效果如图 8-7 所示，即可看到下拉列表框，其中显示为 3 行选项，用户可以按住 Ctrl 键，选择多个选项。

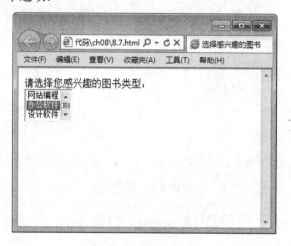

图 8-7　下拉列表框

8.2.7　案例 8——普通按钮 button 的使用

普通按钮用来控制其他定义了处理脚本的处理工作。代码格式如下。

```
<input type="button" name="..." value="..." onClick="...">
```

其中，type="button"定义普通按钮；name 属性定义普通按钮的名称；value 属性定义按钮的显示文字；onClick 属性表示单击行为，也可以是其他的事件，通过指定脚本函数来定义按钮的行为。

【例 8.8】设置普通按钮(实例文件：ch08\8.8.html)。

```
<!DOCTYPE html>
<html>
<body>
<form>
```

点击下面的按钮，把文本框 1 的内容拷贝到文本框 2 中：
```
<br/>
文本框 1: <input type="text" id="field1" value="学习 HTML5 的技巧">
<br/>
文本框 2: <input type="text" id="field2">
<br/>
<input type="button" name="..." value="单击我" onClick="document.getElementById
('field2').value=document.getElementById('field1').value">
</form>
</body>
</html>
```

在 IE 中预览，效果如图 8-8 所示，单击【单击我】按钮，即可实现将文本框 1 中的内容复制到文本框 2 中。

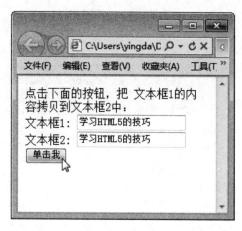

图 8-8　单击按钮后的复制效果

8.2.8　案例 9——提交按钮 submit 的使用

提交按钮用来将输入的信息提交到服务器。代码格式如下。

```
<input type="submit" name="..." value="...">
```

其中，type="submit"定义提交按钮；name 属性定义提交按钮的名称；value 属性定义提交按钮的显示文字。通过提交按钮可以将表单里的信息提交给表单里 action 所指向的文件。

【例 8.9】设置提交按钮(实例文件：ch08\8.9.html)。

```
<!DOCTYPE html>
<html>
<head><title>输入用户名信息</title></head>
<body>
<form  action="http://www.yinhangit.com/yonghu.asp" method="get">
请输入你的姓名：
<input type="text" name="yourname">
```

```
<br>
请输入你的住址：
<input type="text" name="youradr">
<br>
请输入你的单位：
<input type="text" name="yourcom">
<br>
请输入你的联系方式：
<input type="text" name="yourcon">
<br>
<input type="submit" value="提交">
</form>
</body>
</html>
```

在 IE 中预览，效果如图 8-9 所示，输入内容后单击【提交】按钮，即可实现将表单中的数据发送到指定的文件。

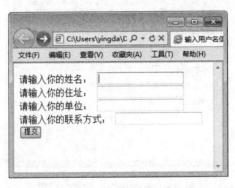

图 8-9　提交按钮

8.2.9　案例 10——重置按钮 reset 的使用

重置按钮用来重置表单中输入的信息。代码格式如下。

```
<input type="reset" name="..." value="...">
```

其中，type="reset"定义重置按钮；name 属性定义重置按钮的名称；value 属性定义重置按钮的显示文字。

【例 8.10】定义重置按钮(实例文件：ch08\8.10.html)。

```
<!DOCTYPE html>
<html>
<body>
<form>
请输入用户名称：
<input type='text'>
<br/>
```

```
请输入用户密码：
<input type='password'>
<br>
<input type="submit" value="登录">
<input type="reset" value="重置">
</form>
</body>
</html>
```

在 IE 中预览，效果如图 8-10 所示，输入内容后单击【重置】按钮，即可实现将表单中的数据清空的目的。

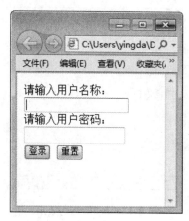

图 8-10　重置按钮

8.3　表单高级元素的使用

除了上述基本元素外，HTML5 中还有一些高级元素，包括 url、email、time、range、search 等。对于这些高级属性，IE 9.0 浏览器暂时还不支持，下面将用 Opera 11.60 浏览器查看效果。

8.3.1　案例 11——url 属性的应用

url 属性是用于说明网站网址的。显示为一个文本字段输入 URL 地址。在提交表单时，会自动验证 url 的值。代码格式如下。

```
<input type="url" name="userurl"/>
```

另外，用户可以使用普通属性设置 url 输入框，例如可以使用 max 属性设置其最大值、min 属性设置其最小值、step 属性设置合法的数字间隔，利用 value 属性规定其默认值。对于另外的高级属性中同样的设置不再重复讲述。

【例 8.11】 应用 url 属性(实例文件：ch08\8.11.html)。

```
<!DOCTYPE html>
```

```
<html>
<body>
<form>
<br/>
请输入网址:
<input type="url" name="userurl"/>
</form>
</body>
</html>
```

在 Opera 11.60 中预览,效果如图 8-11 所示,用户即可输入相应的网址。

图 8-11   url 属性的效果

8.3.2   案例 12——email 属性的应用

与 url 属性类似,email 属性用于让浏览者输入 email 地址。在提交表单时,会自动验证 email 域的值。代码格式如下。

```
<input type="email" name="user_email"/>
```

【例 8.12】应用 email 属性(实例文件:ch08\8.12.html)。

```
<!DOCTYPE html>
<html>
<body>
<form>
<br/>
请输入您的邮箱地址:
<input type="email" name="user_email"/>
<br>
<input type="submit" value="提交">
</form>
</body>
</html>
```

在 Opera 11.60 中浏览,效果如图 8-12 所示,用户即可输入相应的邮箱地址。如果用户输入的邮箱地址不合法,单击【提交】按钮后会弹出图中的提示信息。

图 8-12　email 属性的效果

8.3.3　案例 13——date 属性和 times 属性的应用

在 HTML5 中，新增了一些日期和时间输入类型，包括 date、datetime、datetime-local、month、week 和 time。它们的具体含义如表 8-1 所示。

表 8-1　时间和日期输入类型

属　　性	含　　义
date	选取日、月、年
month	选取月、年
week	选取周和年
time	选取时间
datetime	选取时间、日、月、年
datetime-local	选取时间、日、月、年(本地时间)

上述属性的代码格式类似，下面以 date 属性为例，代码格式如下。

```
<input type="date" name="user_date" />
```

【例 8.13】应用 date 属性(实例文件：ch08\8.13.html)。

```
<!DOCTYPE html>
<html>
<body>
<form>
<br/>
请选择购买商品的日期:
<br>
<input type="date" name="user_date" />
</form>
</body>
</html>
```

在 Opera 11.6 中浏览，效果如图 8-13 所示，用户单击输入框中的向下按钮，即可在弹出的窗口中选择需要的日期。

图 8-13　date 属性的效果

8.3.4　案例 14——number 属性的应用

number 属性提供了一个输入数字的输入类型。用户可以直接输入数字或者通过单击微调框中的向上或者向下按钮选择数字。代码格式如下。

```
<input type="number" name="shuzi" />
```

【例 8.14】应用 unmber 属性(实例文件：ch08\8.14.html)。

```
<!DOCTYPE html>
<html>
<body>
<form>
<br/>
此网站我曾经来
<input type="number" name="shuzi "/>次了哦!
</form>
</body>
</html>
```

在 Opera 11.6 中浏览，效果如图 8-14 所示，用户可以直接输入数字，也可以通过单击微调按钮选择合适的数字。

图 8-14　number 属性的效果

强烈建议用户使用 min 和 max 属性规定输入的最小值和最大值。

8.3.5 案例 15——range 属性的应用

range 属性是显示一个滚动的控件。和 number 属性一样，用户可以使用 max、min 和 step 属性控制控件的范围。代码格式如下。

<input type="range" name="" min="" max="" />
```

其中，min 和 max 分别控制滚动控件的最小值和最大值。

【例 8.15】应用 range 属性(实例文件：ch08\8.15.html)。

<!DOCTYPE html>
<html>
<body>
<form>
<br/>
英语成绩公布了！我的成绩名次为：
<input type="range" name="ran" min="1" max="10" />
</form>
</body>
</html>
```

在 Opera 11.6 中浏览，效果如图 8-15 所示，用户可以拖动滑块，从而选择合适的数字。

图 8-15 range 属性的效果

在默认情况下，滑块位于滚动轴的中间位置。如果用户指定的最大值小于最小值，则允许使用反向滚动轴，目前浏览器对这一属性还不能很好地支持。

8.3.6 案例 16——required 属性的应用

required 属性规定必须在提交之前填写输入域(不能为空)。required 属性适用于以下类型的输入属性：text、search、url、email、password、date、pickers、number、checkbox 和 radio 等。

【例 8.16】应用 required 属性(实例文件：ch08\8.16.html)。

```
<!DOCTYPE html>
<html>
<body>
<form>
下面是输入用户登录信息
<br>
用户名称
<input type="text" name="user" required="required">
<br>
用户密码
<input type="password" name="password" required="required">
<br>
<input type="submit" value="登录">
</form>
</body>
</html>
```

在 Opera 11.6 中浏览，效果如图 8-16 所示，用户如果只是输入密码，然后单击【登录】
按钮，将弹出提示信息。

图 8-16　required 属性的效果

8.4　综合案例——创建用户反馈表单

本实例中，将使用一个表单内的各种元素来开发一个简单网站的用户意见反馈页面。
具体操作步骤如下。

step 01 分析需求如下。

反馈表单非常简单，通常包含三个部分，需要在页面上方给出标题，标题下方是正文部
分，即表单元素，最下方是表单元素提交按钮。在设计这个页面时，需要把标题设置成 H1 大
小，正文使用 p 来限制表单元素。

step 02 构建 HTML 页面，实现表单内容，代码如下。

```
<!DOCTYPE html>
<html>
<head>
```

```
<title>用户反馈页面</title>
</head>
<body>
<h1 align=center>用户反馈表单</h1>
<form method="post" >
<p>姓    名:
<input type="text" class=txt size="12" maxlength="20" name="username" />
</p><p>性    别:
<input type="radio" value="male" />男
<input type="radio" value="female" />女
</p><p>年    龄:
<input type="text" class=txt name="age"  />
</p>
<p>联系电话:
<input type="text" class=txt name="tel" />
</p><p>电子邮件:
<input type="text" class=txt name="email" />
</p><p>联系地址:
<input type="text"  class=txt name="address" />
</p>
<p>
请输入您对网站的建议<br>
<textarea name="yourworks" cols ="50" rows = "5"></textarea>
<br>
<input type="submit" name="submit" value="提交"/>
<input type="reset" name="reset" value="清除" />
</p>
</form>
</body>
</html>
```

在 IE 9.0 中浏览，效果如图 8-17 所示，可以看到创建了一个用户反馈表单，包含 "姓名""性别""年龄""联系电话""电子邮件""联系地址"等输入框和"提交"按钮等。

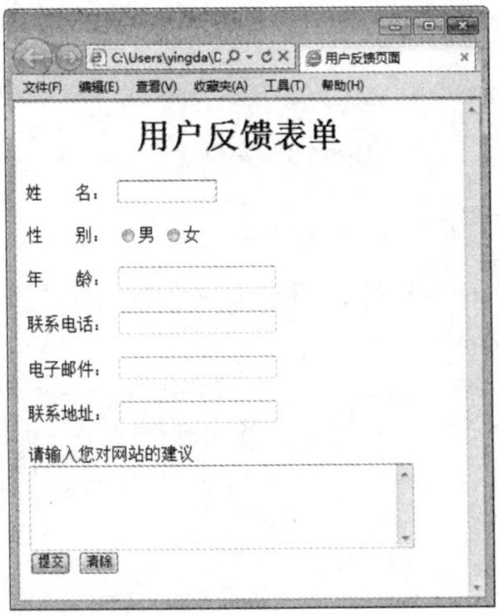

图 8-17　用户反馈页面

8.5 跟我练练手

8.5.1 练习目标

能够熟练掌握本章所讲内容。

8.5.2 上机练习

练习 1：表单基本元素的使用。
练习 2：表单高级元素的使用。

8.6 高手甜点

甜点 1：如何在表单中实现文件上传框？

在 HTML5 语言中，使用 file 属性实现文件上传框。语法格式为：：<input type="file" name="..." size=" " maxlength=" ">。其中，type="file"定义为文件上传框；name 属性为文件上传框的名称；size 属性定义文件上传框的宽度，单位是单个字符宽度；maxlength 属性定义最多输入的字符数。文件上传框的显示效果如图 8-18 所示。

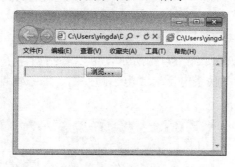

图 8-18 文件上传框

甜点 2：制作的单选按钮为什么可以同时选中多个？

此时用户需要检查单选按钮的名称，保证同一组中的单选按钮名称必须相同，这样才能保证单选按钮只能同时选中其中一个。

第 9 章

使用 HTML5
创建表格

　　HTML 中表格不但可以清晰地显示数据，而且可以用于页面布局。HTML 中表格类似于 Word 软件中的表格，尤其是使用网页制作工具，操作很相似。HTML 制作表格的原理是使用相关标记，如表格对象 table 标记、行对象 tr、单元格对象 td 才能完成。

本章要点(已掌握的在方框中打钩)

☐ 了解表格的基本结构。

☐ 掌握使用 HTML5 创建表格的方法。

☐ 掌握创建完整表格的方法。

☐ 掌握制作报价表的方法。

9.1 表格的基本结构

使用表格显示数据，可以更直观和清晰。在 HTML 文档中表格主要用于显示数据，虽然可以使用表格布局，但是不建议使用，它有很多弊端。表格一般由行、列和单元格组成，如图 9-1 所示。

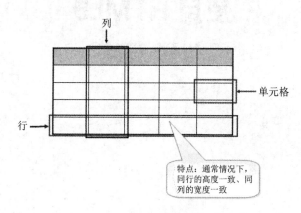

图 9-1 表格的组成

在 HTML5 中用于标记表格的标记如下。

- <table>标记：用于标识一个表格对象的开始，</table>标记标识一个表格对象的开始。一个表格中，只允许出现一对<table>标记。在 HTML5 中不再支持它的任何属性。

- <tr>标记：用于标识表格一行的开始，</tr>标记用于标识表格一行的结束。表格内有多少对<tr></tr>标记，就表示表格中有多少行。在 HTML5 中不再支持它的任何属性。

- <td>标记：用于标识表格某行中的一个单元格开始，</td>标记用于标识表格某行中的一个单元格结束。<td></td>标记书写在<tr></tr>标记内，一对<tr></tr>标记内有多少对<td></td>标记，就表示该行有多少个单元格。在 HTML5 中它仅有 colspan 和 rowspan 两个属性。

最基本的表格，必须包含一对<table></table>标记、一对或几对<tr></tr>标记以及一对或几对<td></td>标记。一对<table></table>标记定义一个表格，一对<tr></tr>标记定义一行，一对<td></td>标记定义一个单元格。

例如定义一个 4 行 3 列的表格。

【例 9.1】定义表格(实例文件：ch09\9.1.html)。

```
<!DOCTYPE html>
<html>
<head>
<title>表格基本结构</title>
</head>
<body>
<table border="1">
  <tr>
```

```
      <td>A1</td>
      <td>B1</td>
      <td>C1</td>
    </tr>
    <tr>
      <td>A2</td>
      <td>B2</td>
      <td>C2</td>
    </tr>
    <tr>
      <td>A3</td>
      <td>B3</td>
      <td>C3</td>
    </tr>
    <tr>
      <td>A4</td>
      <td>B4</td>
      <td>C4</td>
    </tr>
</table>
</body>
</html>
```

在 IE 9.0 中预览网页效果，如图 9-2 所示。

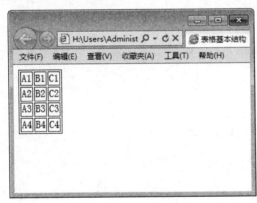

图 9-2   表格基本结构

    从预览图中，读者会发现，表格没有边框，行高及列宽也无法控制。上述知识讲述时，提到 HTML5 中除了 td 标记提供两个单元格合并属性之外，<table>和<tr>标记也没有任何属性。

9.2   使用 HTML5 创建表格

在了解了表格的基本结构后，下面来介绍表格的基本操作，主要包括创建表格、设置表格的边框类型、设置表格的表头、合并单元等。

9.2.1 案例 1——创建普通表格

表格可以分为普通表格以及带有标题的表格，在 HTML5 当中，可以来创建这两种表格。例如，创建 1 列、1 行 3 列和 2 行 3 列三个表格。

【例 9.2】创建普通表格(实例文件：ch09\9.2.html)。

```html
<!DOCTYPE html>
<html>
<body>
<h4>一列: </h4>
<table border="1">
<tr>
  <td>100</td>
</tr>
</table>
<h4>一行三列: </h4>
<table border="1">
<tr>
  <td>100</td>
  <td>200</td>
  <td>300</td>
</tr>
</table>
<h4>两行三列: </h4>
<table border="1">
<tr>
  <td>100</td>
  <td>200</td>
  <td>300</td>
</tr>
<tr>
  <td>400</td>
  <td>500</td>
  <td>600</td>
</tr>
</table>
</body>
</html>
```

在 IE 9.0 中预览网页效果，如图 9-3 所示。

图 9-3 创建的三个表格

9.2.2 案例 2——创建一个带有标题的表格

有时，为了方便表述表格，还需要在表格的上面加上标题。例如创建一个带有标题的表格。

【例 9.3】创建一个带有标题的表格(实例文件：ch09\9.3.html)。

```
<!DOCTYPE html>
<html>
<body>
<h4>带有标题的表格</h4>
<table border="3">
<caption>数据统计表</caption>
<tr>
  <td>100</td>
  <td>200</td>
  <td>300</td>
</tr>
<tr>
  <td>400</td>
  <td>500</td>
  <td>600</td>
</tr>
</table>
</body>
</html>
```

在 IE 9.0 中预览网页效果，如图 9-4 所示。

图 9-4 带有标题的表格

9.2.3 案例 3——定义表格的边框类型

使用表格的 border 属性可以定义表格的边框类型，如常见的加粗边框的表格。

【例 9.4】定义表格的边框类型(实例文件：ch09\9.4.html)。

```
<!DOCTYPE html>
<html>
<body>
<h4>普通边框</h4>
<table border="1">
<tr>
  <td>First</td>
  <td>Row</td>
</tr>
<tr>
  <td>Second</td>
  <td>Row</td>
</tr>
</table>
<h4>加粗边框</h4>
<table border="8">
<tr>
  <td>First</td>
  <td>Row</td>
</tr>
<tr>
  <td>Second</td>
  <td>Row</td>
</tr>
</table>
</body>
</html>
```

在 IE 9.0 中预览网页效果，如图 9-5 所示。

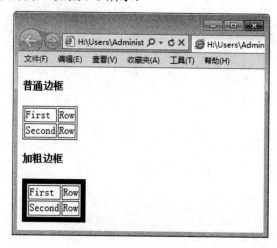

图 9-5　不同边框类型

9.2.4　案例 4——定义表格的表头

表格当中也存在有表头，常见的表头分为垂直与水平两种。例如，分别创建带有垂直和水平表头的表格。

【例 9.5】定义表格的表头(实例文件：ch09\9.5.html)。

```html
<!DOCTYPE html>
<html>
<body>
<h4>水平的表头</h4>
<table border="1">
<tr>
  <th>姓名</th>
  <th>性别</th>
  <th>电话</th>
</tr>
<tr>
  <td>张三</td>
  <td>男</td>
  <td>123456</td>
</tr>
</table>
<h4>垂直的表头：</h4>
<table border="1">
<tr>
  <th>姓名</th>
  <td>小丽</td>
</tr>
<tr>
```

```
 <th>性别</th>
 <td>女</td>
</tr>
<tr>
 <th>电话</th>
 <td>123456</td>
</tr>
</table>
</body>
</html>
```

在 IE 9.0 中预览网页效果，如图 9-6 所示。

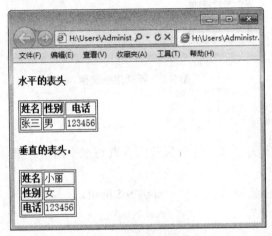

图 9-6　不同的表头

9.2.5　案例 5——设置表格背景

当创建好表格后，为了美观，还可以设置表格的背景。

1. 定义表格背景颜色

为表格添加背景颜色是美化表格的一种方式。例如为表格添加背景颜色。

【例 9.6】定义表格背景颜色(实例文件：ch09\9.6.html)。

```
<!DOCTYPE html>
<html>
<body>
<h4>背景颜色：</h4>
<table border="1"
bgcolor="green">
<tr>
 <td>100</td>
 <td>200</td>
</tr>
<tr>
```

```
  <td>300</td>
  <td>400</td>
</tr>
</table>
</body>
</html>
```

在 IE 9.0 中预览网页效果，如图 9-7 所示。

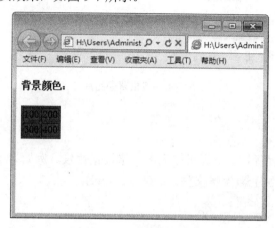

图 9-7　表格背景颜色

2. 定义表格背景图片

除了可以为表格添加背景颜色外，还可以将图片设置为表格的背景。例如为表格添加背景图片。

【例 9.7】定义表格背景图片(实例文件：ch09\9.7.html)。

```
<!DOCTYPE html>
<html>
<body>
<h4>背景图片：</h4>
<table border="1"
background="images/1.gif">
<tr>
  <td>100</td>
  <td>200</td>
</tr>
<tr>
  <td>300</td>
  <td>400</td>
</tr>
</table>
</body>
</html>
```

在 IE 9.0 中预览网页效果，如图 9-8 所示。

图 9-8　表格背景图片

9.2.6　案例6——设置单元格背景

除了可以为表格设置背景外，还可以为单元格设置背景。例如为单元格添加背景。

【例9.8】设置单元格背景(实例文件：ch09\9.8.html)。

```
<!DOCTYPE html>
<html>
<body>
<h4>单元格背景</h4>
<table border="1">
<tr>
  <td bgcolor="red">100000</td>
  <td>200000</td>
</tr>
<tr>
  <td background="images/1.gif">200000</td>
  <td>300000</td>
</tr>
</table>
</body>
</html>
```

在 IE 9.0 中预览网页效果，如图9-9所示。

图 9-9　添加单元格背景

9.2.7 案例 7——合并单元格

在实际应用中，并非所有表格都是规范的几行几列，而是需要将某些单元格进行合并，以符合某种内容上的需要。在 HTML 中合并的方向有两种，一种是上下合并，一种是左右合并，这两种合并方式只需要使用 td 标记的两个属性。

1. 用 colspan 属性合并左右单元格

左右单元格的合并需要使用 td 标记的 colspan 属性完成，格式如下。

```
<td colspan="数值">单元格内容</td>
```

其中，colspan 属性的取值为数值型整数数据，代表几个单元格进行左右合并。

例如，在上面的表格的基础上，将 A1 和 B1 单元格合并成一个单元格。为第一行的第一个<td>标记增加 colspan="2"属性，并且将 B1 单元格的<td>标记删除。

【例 9.9】用 colspan 属性合并左右单元格(实例文件：ch09\9.9.html)。

```
<!DOCTYPE html>
<html>
<head>
<title>单元格左右合并</title>
</head>
<body>
<table border="1">
  <tr>
    <td colspan="2">A1 B1</td>
    <td>C1</td>
  </tr>
  <tr>
    <td>A2</td>
    <td>B2</td>
    <td>C2</td>
  </tr>
  <tr>
    <td>A3</td>
    <td>B3</td>
    <td>C3</td>
  </tr>
  <tr>
    <td>A4</td>
    <td>B4</td>
    <td>C4</td>
  </tr>
</table>
</body>
</html>
```

在 IE 9.0 中预览网页效果，如图 9-10 所示。

图 9-10　单元格左右合并

从预览图中可以看到，A1 和 B1 单元格合并成一个单元格，C1 还在原来的位置上。

> **注意**　合并单元格以后，相应的单元格标记就应该减少。例如，A1 和 B1 合并后，B1 单元格的<td></td>标记就应该丢掉，否则单元格就会多出一个，并且后面单元格依次向右位移。

2. 用 rowspan 属性合并上下单元格

上下单元格的合并需要为<td>标记增加 rowspan 属性，格式如下。

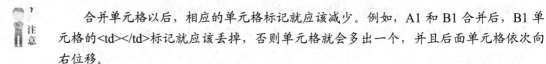

```
<td rowspan="数值">单元格内容</td>
```

其中，rowspan 属性的取值为数值型整数数据，代表几个单元格进行上下合并。

例如，在上面的表格的基础上，将 A1 和 A2 单元格合并成一个单元格。为第一行的第一个<td>标记增加 rowspan="2"属性，并且将 A2 单元格的<td>标记删除。

【例 9.10】用 rowspan 属性合并上下单元格(实例文件：ch09\9.10.html)。

```
<!DOCTYPE html>
<html>
<head>
<title>单元格左右合并</title>
</head>
<body>
<table border="1">
  <tr>
    <td rowspan="2">A1</td>
    <td>B1</td>
    <td>C1</td>
  </tr>
  <tr>
    <td>B2</td>
    <td>C2</td>
  </tr>
  <tr>
    <td>A3</td>
```

```
    <td>B3</td>
    <td>C3</td>
  </tr>
  <tr>
    <td>A4</td>
    <td>B4</td>
    <td>C4</td>
  </tr>
</table>
</body>
</html>
```

在 IE 9.0 中预览网页效果，如图 9-11 所示。

图 9-11　单元格上下合并

从预览图中可以看到，A1 和 A2 单元格合并成一个单元格。

通过上面对左右单元格合并和上下单元格合并的操作，读者会发现，合并单元格就是"丢掉"某些单元格。对于左右合并，就是以左侧为准，将右侧要合并的单元格"丢掉"；对于上下合并，就是以上侧为准，将下侧要合并的单元格"丢掉"。如果一个单元格既要向右合并，又要向下合并，该如何实现呢？

【例 9.11】两个方向合并单元格(实例文件：ch09\9.11.html)。

```
<!DOCTYPE html>
<html>
<head>
<title>单元格左右合并</title>
</head>
<body>
<table border="1">
  <tr>
    <td colspan="2" rowspan="2">A1B1<br>A2B2</td>
    <td>C1</td>
  </tr>
  <tr>
    <td>C2</td>
```

```
 </tr>
 <tr>
   <td>A3</td>
   <td>B3</td>
   <td>C3</td>
 </tr>
 <tr>
   <td>A4</td>
   <td>B4</td>
   <td>C4</td>
 </tr>
</table>
</body>
</html>
```

在 IE 9.0 中预览网页效果，如图 9-12 所示。

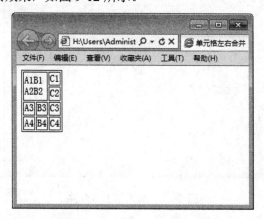

图 9-12　两个方向合并单元格

从上面的代码可以看到，A1 单元格向右合并 B1 单元格，向下合并 A2 单元格，并且 A2 单元格向右合并 B2 单元格。

3. 使用 Dreamweaver CC 合并单元格

使用 HTML 创建表格非常麻烦，在 Dreamweaver CC 工具中，提供了表格的快捷操作，类似于在 Word 工具中编辑表格的操作。在 Dreamweaver CC 中创建表格，只需要单击"插入"菜单下的"表格"命令，在出现的对话框中指定表格的行数、列数、宽度和边框，即可在光标处创建一个空白表格。选择表格之后，属性面板提供了表格的常用操作，如图 9-13 所示。

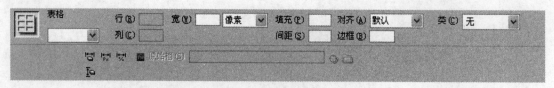

图 9-13　表格属性面板

表格属性面板中的操作，请结合前面讲述的 HTML 语言，对于按钮命令，请读者将鼠标悬停于按钮之上，数秒之后会出现命令提示。

关于表格的操作不再赘述，请读者自行操作，这里重点讲解如何使用 Dreamweaver CC 合并单元格。在 Dreamweaver CC 可视化操作中，提供了合并与拆分单元格两种操作。拆分单元格的操作，其实还是进行的合并操作。进行单元格合并和拆分时，请将光标置于单元格内，如果选择了一个单元格，拆分命令有效，如图 9-14 所示。如果选择了两个或两个以上单元格，合并命令有效。

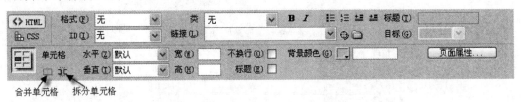

图 9-14　拆分单元格有效

9.2.8　案例 8——排列单元格中的内容

使用 align 属性可以排列单元格中的内容，以便创建一个美观的表格。

【例 9.12】排列单元格中的内容(实例文件：ch09\9.12.html)。

```html
<!DOCTYPE html>
<html>
<body>
<table width="400" border="1">
 <tr>
  <th align="left">项目</th>
  <th align="right">一月</th>
  <th align="right">二月</th>
 </tr>
 <tr>
  <td align="left">衣服</td>
  <td align="right">$241.10</td>
  <td align="right">$50.20</td>
 </tr>
 <tr>
  <td align="left">化妆品</td>
  <td align="right">$30.00</td>
  <td align="right">$44.45</td>
 </tr>
 <tr>
  <td align="left">食物</td>
  <td align="right">$730.40</td>
  <td align="right">$650.00</td>
 </tr>
 <tr>
```

```
 <th align="left">总计</th>
 <th align="right">$1001.50</th>
 <th align="right">$744.65</th>
 </tr>
</table>
</body>
</html>
```

在 IE 9.0 中预览网页效果，如图 9-15 所示。

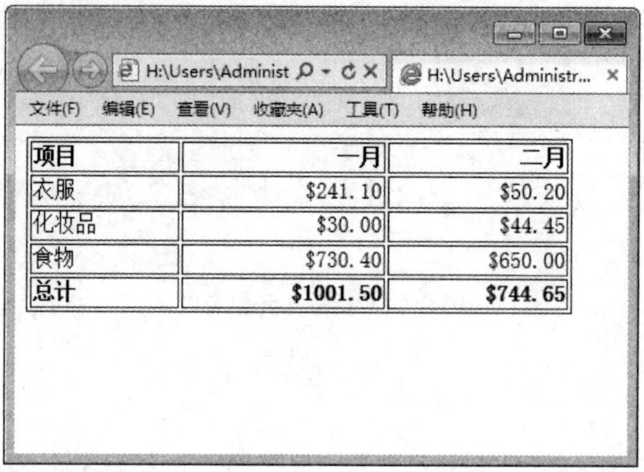

图 9-15　排列单元格中的内容

9.2.9　案例 9——设置单元格的行高与列宽

使用 Cell padding 来创建单元格内容与其边框之间的空白，从而调整表格的行高与列宽。
下面使用 Cell padding 来调整行高与列宽。

【例 9.13】设置单元格的行高与列宽(实例文件：ch09\9.13.html)。

```
<!DOCTYPE html>
<html>
<body>
<h4>调整前</h4>
<table border="1">
<tr>
 <td>1000</td>
 <td>2000</td>
</tr>
<tr>
 <td>2000</td>
 <td>3000</td>
</tr>
</table>
<h4>调整后</h4>
<table border="1"
cellpadding="10">
<tr>
```

```
  <td>1000</td>
  <td>2000</td>
</tr>
<tr>
  <td>2000</td>
  <td>3000</td>
</tr>
</table>
</body>
</html>
```

在 IE 9.0 中预览网页效果，如图 9-16 所示。

图 9-16   调整行高与列宽

9.3   案例 10——创建完整的表格

上面讲述了表格中最常用也是最基本的三个标记<table>、<tr>和<td>，使用它们可以构建出最简单的表格。为了让表格结构更清楚，以及配合后面学习的 CSS 样式，更方便地制作各种样式的表格。表格中还会出现表头、主体、脚注等。

按照表格结构，可以把表格的行分组，称为"行组"。不同的行组具有不同的意义。行组分为 3 类："表头""主体""脚注"。三者相应的 HTML 标记依次为<thead>、<tbody>和<tfoot>。

此外，在表格中还有两个标记。标记<caption>表示表格的标题。在一行中，除了<td>标记表示一个单元格以外，还可以使用<th>表示该单元格是这一行的"行头"。

【**例 9.14**】创建完整的表格(实例文件：ch09\9.14.html)。

```
<!DOCTYPE html>
<html>
<head>
<title>完整表格标记</title>
<style>
tfoot{
    background-color:#FF3;
```

```
}
</style>
</head>
<body>
<table border="1">
  <caption>学生成绩单</caption>
  <thead>
    <tr>
      <th>姓名</th><th>性别</th><th>成绩</th>
    </tr>
  </thead>
  <tfoot>
    <tr>
      <td>平均分</td><td colspan="2">540</td>
    </tr>
  </tfoot>
  <tbody>
    <tr>
      <td>张三</td><td>男</td><td>560</td>
    </tr>
    <tr>
      <td>李四</td><td>男</td><td>520</td>
    </tr>
  </tbody>
</table>
</body>
</html>
```

从上面的代码可以发现，使用 caption 表格定义了表格标题，<thead>、<tbody>和<tfoot>标记对表格进行了分组。在<thead>部分使用<th>标记代替<td>标记定义单元格，<th>标记定义的单元格默认加粗。在 IE 中的网页预览效果如图 9-17 所示。

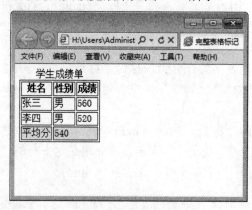

图 9-17 完整的表格结构

<caption> 标签必须紧随<table> 标签之后。

9.4　综合案例——制作商品报价表

利用所学的表格知识，制作如图 9-18 所示的计算机报价单。

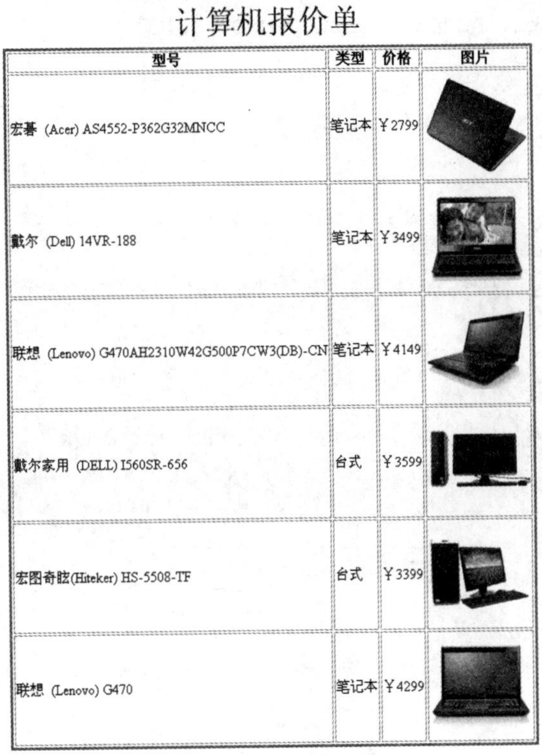

计算机报价单

型号	类型	价格	图片
宏碁 (Acer) AS4552-P362G32MNCC	笔记本	￥2799	
戴尔 (Dell) 14VR-188	笔记本	￥3499	
联想 (Lenovo) G470AH2310W42G500P7CW3(DB)-CN	笔记本	￥4149	
戴尔家用 (DELL) I560SR-656	台式	￥3599	
宏图奇眩(Hiteker) HS-5508-TF	台式	￥3399	
联想 (Lenovo) G470	笔记本	￥4299	

图 9-18　计算机报价单

具体操作步骤如下。

step 01　新建 HTML 文档，并对其简化，代码如下。

```
<!DOCTYPE html>
<html>
<head>
<meta charset="utf-8" />
<title>完整表格标记</title>
</head>
<body>
</body>
</html>
```

step 02　保存 HTML 文件，选择相应的保存位置，文件名为"计算机报价单.html"。

step 03　在 HTML 文档的 body 部分增加表格及内容，代码如下。

```
<table>
  <caption>计算机报价单</caption>
```

```
  <tr>
    <th>型号</th>
    <th>类型</th>
    <th>价格</th>
    <th>图片</th>
  </tr>
  <tr>
    <td>宏碁 (Acer) AS4552-P362G32MNCC</td>
    <td>笔记本</td>
    <td>￥2799</td>
    <td><img src="images/Acer.jpg" width="120" height="120"></td>
  </tr>
  <tr>
    <td>戴尔 (Dell) 14VR-188</td><td>笔记本</td>
    <td>￥3499</td>
    <td><img src="images/Dell.jpg" width="120" height="120"></td>
  </tr>
   <tr>
    <td>联想 (Lenovo) G470AH2310W42G500P7CW3(DB)-CN </td>
    <td>笔记本</td>
    <td>￥4149</td>
    <td><img src="images/Lenovo.jpg" width="120" height="120"></td>
  </tr>
  <tr>
    <td>戴尔家用 (DELL)  I560SR-656</td>
    <td>台式</td>
    <td>￥3599</td>
    <td><img src="images/DellT.jpg" width="120" height="120"></td>
  </tr>
  <tr>
    <td>宏图奇眩(Hiteker)  HS-5508-TF</td>
    <td>台式</td>
    <td>￥3399</td>
    <td><img src="images/Hiteker.jpg" width="120" height="120"></td>
  </tr>
  <tr>
    <td>联想 (Lenovo) G470</td>
    <td>笔记本</td>
    <td>￥4299</td>
    <td><img src="images/LenovoG.jpg" width="120" height="120"></td>
  </tr>
</table>
```

利用 caption 标记制作表格的标题，<th>代替<td>作为标题行单元格。可以将图片放在单元格内，即在<td>标记内使用<img>标记。

step 04 在 HTML 文档的 head 部分，增加 CSS 样式，为表格增加边框及相应的修饰，代码如下。

```
<style>
table{
```

```
    /*表格增加线宽为 3 的橙色实线边框*/
    border:3px solid #F60;
}
caption{
    /*表格标题字号 36*/
    font-size:36px;
}
th,td{
    /*表格单元格(th、td)增加边线*/
    border:1px solid #F90;
}
</style>
```

step 05 保存网页后，即可查看最终效果。

9.5 跟我练练手

9.5.1 练习目标

能够熟练掌握本章所讲内容。

9.5.2 上机练习

练习 1：创建表格。
练习 2：定义表格的属性。
练习 3：创建完整的表格。

9.6 高 手 甜 点

甜点 1：表格除了显示数据，还可以进行布局，为何不使用表格进行布局？

答：在互联网刚刚开始普及时，网页非常简单，形式也非常单调，当时美国设计师 David Siegel 发明并开始使用表格布局，然后迅速风靡全球。在表格布局的页面中，表格不但需要显示内容，还要控制页面的外观及显示位置，导致页面代码过多，结构与内容无法分离。这样就给网站的后期维护和很多其他方面带来了麻烦。

甜点 2：使用<thead>、<tbody>和<tfoot>标记对行进行分组的意义何在？

答：在 HTML 文档中增加<thead>、<tbody>和<tfoot>标记，虽然从外观上不能看出任何变化，但是它们却使文档的结构更加清晰。使用<thead>、<tbody>和<tfoot>标记除了使文档更加清晰之外，还有一个更重要的意义，即方便使用 CSS 样式对表格的各个部分进行修饰，从而制作出更炫的表格。

第 10 章

HTML5 中的多媒体

网页上除了文本、图片等内容外，还可以增加音频、视频等多媒体内容。目前，在网页上没有关于音频和视频的标准，多数音频和视频都是通过插件来播放的。为此，HTML5 新增了音频和视频的标签。另外通过添加网页滚动文字，也可以制作出绚丽的网页。

本章要点(已掌握的在方框中打钩)

☐ 掌握网页音频标签 audio 的概念。
☐ 掌握网页视频标签 video 的概念。
☐ 掌握添加网页音频文件的方法。
☐ 掌握添加网页视频文件的方法。
☐ 掌握添加网页滚动文字的方法。

10.1　网页音频标签 audio

目前，大多数音频是通过插件来播放音频文件的，例如常见的播放插件为 Flash。这就是为什么用户在用浏览器播放音乐时，常常需要安装 Flash 插件的原因。但是，并不是所有的浏览器都拥有同样的插件。为此，和 HTML4 相比，HTML5 新增了 audio 标签，规定了一种包含音频的标准方法。

10.1.1　audio 标签概述

audio 标签主要是定义播放声音文件或者音频流的标准。支持 3 种音频格式，分别为 Ogg、MP3 和 Wav。如果需要在 HTML5 网页中播放音频，输入的基本格式如下。

```
<audio src="song.mp3" controls="controls">
</audio>
```

　　其中 src 属性是规定要播放的音频的地址，controls 属性是属性供添加播放、暂停和音量控件。另外，在<audio> 与 </audio>之间插入的内容是供不支持 audio 元素的浏览器显示的。

10.1.2　audio 标签的属性

audio 标签的常见属性和含描述如表 10-1 所示。

表 10-1　audio 标签的常见属性和描述

属　　性	值	描　　述
autoplay	autoplay (自动播放)	如果出现该属性，则音频在就绪后马上播放
	controls (控制)	如果出现该属性，则向用户显示控件，比如播放按钮
	loop(循环)	如果出现该属性，则每当音频结束时重新开始播放
	preload(加载)	如果出现该属性，则音频在页面加载时进行加载，并预备播放。如果使用 "autoplay"，则忽略该属性
	url(地址)	要播放的音频的 URL 地址
autobuffer	autobuffer(自动缓冲)	在网页显示时，该二进制属性表示是由用户代理(浏览器)自动缓冲的内容，还是由用户使用相关 API 进行内容缓冲

另外，audio 标签可以通过 source 属性添加多个音频文件，具体格式如下。

```
<audio controls="controls">
<source src="123.ogg" type="audio/ogg">
<source src="123.mp3" type="audio/mpeg">
</audio>
```

10.1.3　音频解码器

音频解码器定义了音频数据流编码和解码的算法。其中，编码器主要是对数据流进行编码操作，用于存储和传输。音频播放器主要是对音频文件进行解码，然后进行播放操作。目前，使用较多的音频解码器是 Vorbis 和 ACC。

10.1.4　audio 标签浏览器的支持情况

目前，不同的浏览器对 audio 标签支持也不同。表 10-2 中列出应用最为广泛的浏览器对 audio 标签的支持情况。

表 10-2　audio 标签的浏览器支持情况

浏览器 音频格式	Firefox 3.5 及更高版本	IE 9.0 及更 高版本	Opera 10.5 及 更高版本	Chrome 3.0 及更 高版本	Safari 3.0 及更 高版本
Ogg Vorbis	支持		支持	支持	
MP3		支持		支持	支持
Wav	支持		支持		支持

10.2　网页视频标签 video

和音频文件播放方式一样，大多数视频文件在网页上也是通过插件来播放的，如常见的播放插件为 Flash。由于不是所有浏览器都拥有同样的插件，所以就需要一种统一的包含视频的标准方法。为此，和 HTML4 相比，HTML5 新增了 video 标签。

10.2.1　video 标签概述

video 标签主要是定义播放视频文件或者视频流的标准。支持 3 种视频格式，分别为 Ogg、WebM 和 MPEG 4。

如果需要在 HTML5 网页中播放视频，输入的基本格式如下。

```
<video src="123.mp4" controls="controls">
</ video >
```

另外，在<video>与</video>之间插入的内容是供不支持 video 元素的浏览器显示的。

10.2.2　video 标签的属性

video 标签的常见属性和描述如表 10-3 所示。

表 10-3　video 标签的常见属性和描述

属性	值	描　述
autoplay	autoplay	如果出现该属性，则视频在就绪后马上播放
controls	controls	如果出现该属性，则向用户显示控件，比如播放按钮
	loop	如果出现该属性，则每当视频结束时重新开始播放
	preload	如果出现该属性，则视频在页面加载时进行加载，并预备播放。如果使用"autoplay"，则忽略该属性
	url	要播放的视频的 URL
width	宽度值	设置视频播放器的宽度
height	高度值	设置视频播放器的高度
poster	url	当视频未响应或缓冲不足时，该属性值链接到一个图像。该图像将以一定比例被显示出来

由表 10-3 可知，用户可以自定义视频文件显示的大小。例如，如果想让视频以 320 像素×240 像素大小显示，可以加入 width 和 height 属性。其具体格式如下。

```
<video width="320" height="240" controls src="123.mp4" >
</video>
```

另外，video 标签可以通过 source 属性添加多个视频文件，其具体格式如下。

```
<video controls="controls">
<source src="123.ogg" type="video/ogg">
<source src="123.mp4" type="video/mp4">
</ video >
```

10.2.3　视频解码器

视频解码器定义了视频数据流编码和解码的算法。其中，编码器主要是对数据流进行编码操作，用于存储和传输。视频播放器主要是对视频文件进行解码，然后进行播放操作。

目前，在 HTML5 中，使用比较多的视频解码文件是 Theora、H.264 和 VP8。

10.2.4　video 标签浏览器的支持情况

目前，不同的浏览器对 video 标签支持也不同。表 10-4 中列出应用最为广泛的浏览器对 video 标签的支持情况。

表 10-4　video 标签的浏览器支持情况

浏览器 视频格式	Firefox 4.0 及更高版本	IE 9.0 及更 高版本	Opera 10.6 及 更高版本	Chrome 6.0 及更 高版本	Safari 3.0 及更 高版本
Ogg	支持		支持	支持	
MPEG 4		支持		支持	支持
WebM	支持		支持	支持	

10.3　添加网页音频文件

在网页中加入音频文件，可以使单调的网页变得更加生动。本节就来介绍如何使用 audio 标签在网页中添加音频文件。

10.3.1　案例 1——设置背景音乐

在第一节我们了解了网页音频标签 audio 的相关知识，下面就来介绍一个如何为网页添加背景音乐的实例，来学习 audio 标签的具体应用。

【例 10.1】为网页添加背景音乐(实例文件：ch10\10.1.html)。

```
<!DOCTYPE html>
<html>
<head>
<title>audio</title>
<head>
<body >
  <audio src="song.mp3" controls="controls">
您的浏览器不支持 audio 标签！
</audio>
</body>
</html>
```

如果用户的浏览器是 IE 9.0 以前的版本，浏览效果如图 10-1 所示，可见 IE 9.0 以前的版本浏览器不支持 audio 标签。

在 IE11 中浏览效果如图 10-2 所示，可以看到加载的音频控制条和听到加载的音频文件。

图 10-1　不支持 audio 标签的效果

图 10-2　支持 audio 标签的效果

197

10.3.2　案例 2——设置音乐循环播放

loop 属性规定当音频结束后将重新开始播放。如果设置该属性，则音频将循环播放。语法格式如下。

```
<audio loop="loop" />
```

【例 10.2】设置音乐循环播放(实例文件：ch10\10.2.html)。

```
<!DOCTYPE HTML>
<html>
<body>
<audio controls="controls" loop="loop">
  <source src="song.mp3"/>
</audio>
</body>
</html>
```

在 IE11 中浏览，效果如图 10-3 所示，可以看到加载的音频控制条和听到加载的音频文件，而且当音频文件播放结束后，又重新开始播放，即循环播放添加的音频文件。

图 10-3　设置音频文件循环播放效果

10.4　添加网页视频文件

在网页中加入视频文件，可以使单调的网页变得更加生动。本节就来介绍如何使用 video 标签在网页中添加视频文件。

10.4.1　案例 3——为网页添加视频文件

在第二节我们了解了网页视频标签 video 的相关知识，下面就来介绍一个如何为网页添加视频文件的实例，来学习 video 标签的具体应用。

【例 10.3】为网页添加视频文件(实例文件：ch10\10.3.html)。

```
<!DOCTYPE html>
<html>
```

```
<head>
<title>video</title>
<head>
<body >
<video src="123.mp4" controls="controls">
您的浏览器不支持 video 标签!
</ video >
</body>
</html>
```

如果用户的浏览器是 IE 9.0 以前的版本,浏览效果如图 10-4 所示,可见 IE 9.0 以前的版本浏览器不支持 video 标签。

在 IE11 中浏览,效果如图 10-5 所示,可以看到加载的视频控制条界面。单击【播放】按钮,即可查看视频的内容。

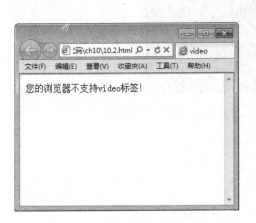

图 10-4 不支持 video 标签的效果   图 10-5 支持 video 标签的效果

10.4.2 案例 4——设置自动运行

登录网页时常常会看到一些视频文件直接开始运行,不需要手动开始,特别是一些广告内容,这是通过 autoplay 参数来实现的。语法格式如下。

```
<video src="多媒体文件地址" autoplay="autoplay" ></video>
```

【例 10.4】设置视频文件自动播放(实例文件:ch10\10.4.html)。

```
<!DOCTYPE html>
<html>
<head>
<title>video</title>
<head>
<body >
```

```
<video src="123.mp4" controls="controls" autoplay="autoplay">
</ video >
</body>
</html>
```

在 IE11 中浏览，效果如图 10-6 所示，可以看到加载的视频控制条和看到加载的视频文件自动播放。

图 10-6　视频文件自动播放的效果

10.4.3　案例 5——设置视频文件的循环播放

视频的循环播放一般与自动播放一起使用，与背景音乐的设置基本相同。

```
< video loop="loop" />
```

【例 10.5】设置视频文件循环播放(实例文件：ch10\10.5.html)。

```
<!DOCTYPE HTML>
<html>
<body>
< video controls="controls" loop="loop">
  <source src="123.mp4"/>
</ video >
</body>
</html>
```

在 IE11 中浏览，效果如图 10-7 所示，可以看到加载的视频控制条和加载的视频文件，而且当视频文件播放结束后，又重新开始播放，即循环播放添加的视频文件。

图 10-7　视频文件循环播放的效果

10.4.4　案例 6——设置视频窗口的高度与宽度

在设计网页视频时，规定视频的高度和宽度是一个好习惯。如果设置这些属性，在页面加载时会为视频预留出空间。如果没有设置这些属性，那么浏览器就无法预先确定视频的尺寸，这样就无法为视频保留合适的空间。结果是，在页面加载的过程中，其布局也会产生变化。

在 HTML5 中视频的高度与宽度通过 height 和 width 属性来设定，具体语法格式如下。

```
<video width=" value " height="value" />
```

【例 10.6】设置视频文件的高度与宽度(实例文件：ch10\10.6.html)。

```
<!DOCTYPE HTML>
<html>
<body>
<video width="320" height="240" controls="controls">
  <source src="123.mp4" />
</video>
</body>
</html>
```

在 IE11 中浏览，效果如图 10-8 所示，可以看到网页中添加的视频文件以高度 240 像素、宽度 320 像素的方式运行。

请勿通过 height 和 width 属性来缩放视频！通过 height 和 width 属性来缩小视频，只会迫使用户下载原始的视频(即使在页面上它看起来较小)。正确的方法是在网页上使用该视频前，使用软件对视频进行压缩。

图 10-8　设置视频文件的高度与宽度

10.5　添加网页滚动文字

网页的多媒体元素一般包括动态文字、动态图像、声音以及动画等，其中最简单的就是添加一些滚动文字。

10.5.1　案例 7——滚动文字标签的使用

使用 marquee 标记可以将文字设置为动态滚动的效果。该标记的语法格式如下。

```
<marquee>滚动文字</marquee>
```

用户只要在标记之间添加要进行滚动的文字就可以了，而且还可以在标记之间设置这些文字的字体、颜色等。

【例 10.7】添加网页滚动文字(实例文件：ch10\10.7.html)。

```
<!DOCTYPE html>
<html>
<head>
  <title>文字滚动的设置</title>
</head>
<body>
<font size="5" color="#cc0000">
文字滚动示例(默认)：<marquee>千树万树梨花开</marquee>
</font>
</body>
</html>
```

在 IE 浏览器预览，效果如图 10-9 所示，可以看出滚动文字在未设置宽度时，标签是独占一行的。

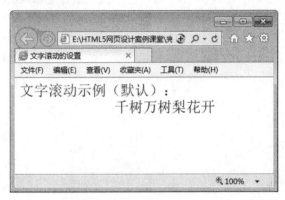

图 10-9 添加网页滚动文字

10.5.2 案例 8——滚动方向属性的应用

标签的 direction 属性用于设置内容滚动方向，属性值有 left、right、up、down，分别代表向左、向右、向上、向下，其中向左滚动 left 的效果与默认效果相同，而向上滚动的文字则常常出现在网站的公告栏中。

direction 属性的语法格式如下。

语法：<marquee direction="滚动方向">滚动文字</marquee>

【例 10.8】设置网页滚动文字的方向(实例文件：ch10\10.8.html)。

```
<!DOCTYPE html>
<html>
<head>
  <title>文字滚动的设置</title>
</head>
<body>
<font size="5" color="#cc0000">
文字滚动向左(默认)：<marquee direction="left">千树万树梨花开</marquee>
文字滚动向右(默认)：<marquee direction="right">千树万树梨花开</marquee>
文字滚动向上(默认)：<marquee direction="up">千树万树梨花开</marquee>
文字滚动向下(默认)：<marquee direction="down">千树万树梨花开</marquee>
</font>
</body>
</html>
```

在 IE 浏览器中预览，效果如图 10-10 所示，其中第一行文字向左不停地循环运行，第二行文字向右不停地循环运行，第三行文字向上不停地运行，第四行文字向下不停地运行。

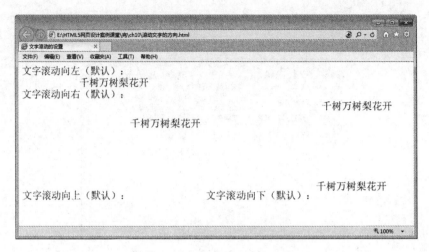

图 10-10　网页滚动文字的方向

10.5.3　案例9——滚动方式属性的应用

标签的 behavior 属性用于设置内容滚动方式，默认为 scroll，即循环滚动，当其值为 alternate 时，内容将来回循环滚动。当其值为 slide 时，内容滚动一次即停止，不会循环。

behavior 属性的语法格式如下。

```
<marquee behavior="滚动方式 ">滚动文字</marquee>
```

【例 10.9】设置网页文字的滚动方式(实例文件：ch10\10.9.html)。

```
<!DOCTYPE html>
<html>
<head>
<title>设置滚动文字</title>
</head>
<body>
<marquee behavior="scroll">你好，欢迎您的光临</marquee>
<br><br>
<marquee behavior ="slide">忽如一夜春风来</marquee>
<br><br>
<marquee behavior ="alternate">千树万树梨花开</marquee>
</body>
</html>
```

运行这段代码，可以看到如图 10-11 所示的效果。其中第一行文字不停地循环，一圈一圈地滚动；第二行文字则在第一次到达浏览器边缘时就停止了滚动；最后一行文字则在滚动到浏览器左边缘后开始反方向运动。

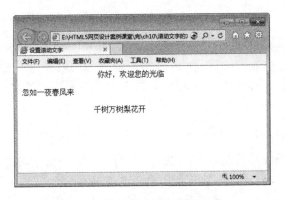

图 10-11　网页文字的滚动方式

10.5.4　案例 10——滚动速度属性的应用

在设置滚动文字时，有时候可能希望它快一些，也有时候希望它慢一些，这一功能可以使用<marquee></marquee>标签的 scrollamount 属性来实现。其语法格式如下。

```
<marquee scrollamount=滚动速度></marquee>
```

在该语法中，滚动文字的速度实际上是设置滚动文字每次移动的长度，以像素为单位。

【例 10.10】设置网页文字的滚动速度(实例文件：ch10\10.10.html)。

```
<!DOCTYPE html>
<html>
<head>
<title>设置滚动文字</title>
</head>
<body>
<marquee scrollamount=3>滚动速度为 3 像素的文字效果！</marquee><br><br>
<marquee scrollamount=10>滚动速度为 10 像素的文字效果！</marquee><br><br>
<marquee scrollamount=50>滚动速度为 50 像素的文字效果！</marquee>
</body>
</html>
```

在 IE 中预览，效果如图 10-12 所示，可以看到 3 行文字同时开始滚动，但是速度是不一样的，设置的 scrollamount 越大，速度也就越快。

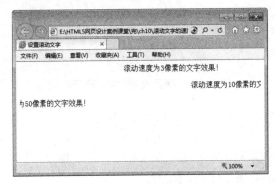

图 10-12　网页滚动文字的速度

10.5.5 案例 11——滚动延迟属性的应用

标签的 scrolldelay 属性用于设置内容滚动的时间间隔。其语法格式如下。

```
<marquee scrolldelay=时间间隔></marquee>
```

scrolldelay 的时间间隔单位是毫秒，也就是千分之一秒。这一时间间隔的设置为滚动两步之间的时间间隔，如果设置的时间比较长，会产生走走停停的效果。另外，如果与滚动速度 scrollamount 参数结合使用，效果更明显。

【例 10.11】设置网页文字的滚动延迟时间(实例文件：ch10\10.11.html)。

```
<!DOCTYPE html>
<html>
<head>
<title>设置滚动文字</title>
</head>
<body>
<marquee scrollamount=100 scrolldelay =10>看我不停脚步地走！</marquee><br><br>
<marquee scrollamount=100 scrolldelay =100>看我走走歇歇！</marquee><br><br>
<marquee scrollamount=100 scrolldelay =500>我要走一步停一停</marquee>
</body>
</html
```

运行这段代码，效果如图 10-13 所示，其中第一行文字设置的延迟小，因此走起来比较平滑；最后一行设置的延迟比较大，看上去就像是走一步歇一会儿的感觉。

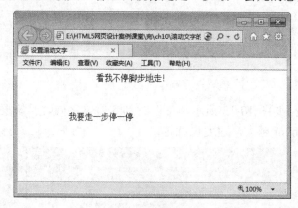

图 10-13　网页滚动文字的延迟时间

10.5.6 案例 12——滚动循环属性的应用

设置滚动文字后，在默认情况下会不断地循环下去，如果希望文字滚动几次停止，可以使用 loop 参数来进行设置。其语法格式如下。

```
<marquee loop="循环次数">滚动文字</marquee>
```

【例 10.12】设置网页文字的滚动循环数(实例文件：ch10\10.12.html)。

```html
<!DOCTYPE html>
<html>
<head>
<title>设置滚动文字</title>
</head>
<body>
<marquee direction="up" loop="3">
<font color="#3300FF" face="楷体_GB2312">
你好，欢迎您的光临<br>
这里是梦想小屋<br>
让我们与您分享您的点点快乐<br>
让我们与您分担您的片片忧伤<br>
</font>
</marquee>
</body>
</html>
```

在 IE 中预览网页效果时会发现当文字滚动 3 个循环之后，滚动文字将不再出现，如图 10-14 所示。但是如果设置滚动方式为交替滚动，那么在滚动 3 个循环之后，文字将停留在窗口中，如图 10-15 所示。

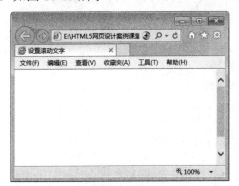

图 10-14　网页滚动文字的循环效果(一)

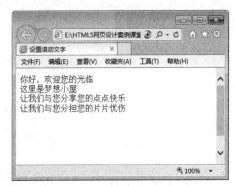

图 10-15　网页滚动文字的循环效果(二)

10.5.7　案例 13——滚动范围属性的应用

如果不设置滚动背景的面积，那么在默认情况下，水平滚动的文字背景与文字同高、与浏览器窗口同宽，使用<marquee></marquee>标签的 width 和 height 属性可以调整其水平和垂直的范围。其语法格式如下。

```html
<marquee width=背景宽度 height=背景高度>滚动文字</maruquee>
```

此处设置宽度和高度的单位均为像素。

【例 10.13】设置网页文字的滚动范围(实例文件：ch10\10.13.html)。

```html
<!DOCTYPE html>
```

```
<html>
<head>
<title>设置滚动文字</title>
</head>
<body>
<marquee behavior =" alternate" bgcolor="#99CCFF">
这里是梦幻小屋，欢迎光临
</marquee><br><br>
<marquee behavior="alternate"bgcolor="#99CCFF" width=500
height=50>
这里是梦幻小屋，欢迎光临
</marquee>
</body>
</html>
```

在 IE 中预览，效果如图 10-16 所示，可以看到两段滚动文字的背景高度和宽度的变化。

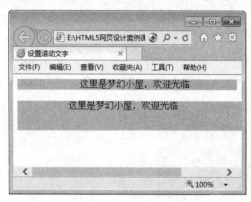

图 10-16　网页滚动文字的滚动范围

10.5.8　案例 14——滚动背景颜色属性的应用

<marquee></marquee>标签的 bgcolor 属性用于设置内容滚动背景色(类似于 body 的背景色设置)。其语法格式如下。

```
<marquee bgcolor="颜色代码">滚动文字</marquee>
```

文字背景颜色设置为 16 位颜色码。

【例 10.14】设置网页滚动文字的背景颜色(实例文件：ch10\10.14.html)。

```
<!DOCTYPE html>
<html>
<head>
<title>设置滚动文字</title>
</head>
<body>
<marquee behavior ="alternate" bgcolor="#FFFF66">
这里是梦幻小屋，欢迎光临
</marquee>
```

```
<br><br>
<marquee direction="up" bgcolor="#99CCFF">
你好，欢迎您的光临<br>
这里是梦想小屋<br>
让我们与您分享您的点点快乐<br>
让我们与您分担您的片片忧伤<br>
</marquee>
</body>
</html>
```

在 IE 中预览，效果如图 10-17 所示，可以看出在滚动文字后面设置了淡蓝色的背景。

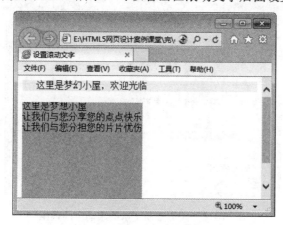

图 10-17　网页滚动文字的背景颜色

10.5.9　案例 15——滚动空间属性的应用

默认情况下，滚动文字周围的文字或图像是与滚动背景紧密连接的，使用参数 hspace 和 vspace 可以设置它们之间的空白空间。其语法格式如下。

```
<marquee hspace=水平范围 vspace=垂直范围>滚动文字</marquee>
```

该语法中水平和垂直范围的单位均为像素。

【例 10.15】 设置网页文字的滚动空间(实例文件：ch10\10.15.html)。

```
<!DOCTYPE html>
<html>
<head>
<title>设置滚动文字</title>
</head>
<body>
不设置空白空间的效果：
<marquee behavior ="alternate" bgcolor="#9999FF ">
这里是梦幻小屋，欢迎光临
</marquee>
到这里，留下你的忧伤，带走我的快乐！
<br>
<hr color="#FF0000">
```

```
<br>
设置水平为 70 像素、垂直为 50 像素的空白空间：
<marquee behavior ="alternate" bgcolor="#9999FF " hspace=70 vspace=50>
这里是梦幻小屋，欢迎光临
</marquee>
我的梦想与你同在！
</body>
</html>
```

在 IE 中预览网页，效果如图 10-18 所示，可以看到设置空白空间的效果。

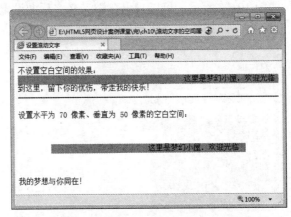

图 10-18　网页滚动文字的滚动空间效果

10.6　跟我练练手

10.6.1　练习目标

能够熟练掌握本章所讲内容。

10.6.2　上机练习

练习 1：添加网页音频文件。
练习 2：添加网页视频文件。
练习 3：添加网页滚动文字。

10.7　高手甜点

甜点 1：在 HTML5 网页中添加所支持格式的视频，不能在 Firefox 8.0 浏览器中正常播放，为什么？

答：目前，HTML5 的 video 标签对视频的支持，不仅仅有视频格式的限制，还有对解码器的限制。具体规定如下。

(1) 如果视频是 ogg 格式的文件，则需要带有 Thedora 视频编码和 Vorbis 音频编码的视频。

(2) 如果视频是 MPEG4 格式的文件，则需要带有 H.264 视频编码和 AAC 音频编码的视频。

(3) 如果视频是 WebM 格式的文件，则需要带有 VP8 视频编码和 Vorbis 音频编码的视频。

甜点 2：在 HTML5 网页中添加 mp4 格式的视频文件，为什么在不同的浏览器中视频控件显示的外观不同？

答：在 HTML5 中规定 controls 属性来进行视频文件的播放、暂停、停止和调节音量的操作。Controls 是一个布尔属性，所以不需要赋予任何值。一旦添加了此属性，等于告诉浏览器需要显示播放控件并允许用户操作。因为每一个浏览器负责内置视频控件的外观，所以在不同的浏览器中将显示不同的视频控件外观。

第 11 章

使用 HTML5 绘制图形

　　HTML5 呈现了很多新特性，这在之前的 HTML 中是不可见到的。其中一个最值得提及的特性就是 HTML canvas，可以对 2D 或位图进行动态、脚本的渲染。canvas 是一个矩形区域，使用 JavaScript 可以控制其每一个像素。

本章要点(已掌握的在方框中打钩)

☐ 了解什么是 canvas。
☐ 掌握绘制基本形状的方法。
☐ 掌握绘制渐变形状的方法。
☐ 掌握绘制变形图形的方法。
☐ 掌握绘制其他样式图形的方法。
☐ 掌握使用图像的方法。
☐ 掌握图形的保存与恢复的方法。
☐ 掌握绘制图形的方法。

11.1　什么是 canvas

canvas 是一个新的 HTML 元素，这个元素可以被 Script 语言(通常是 JavaScript)用来绘制图形。例如，可以用它来画图、合成图像或做简单的动画。

HTML5 的 canvas 标签是一个矩形区域，它包含两个属性 width 和 height，分别表示矩形区域的宽度和高度。这两个属性都是可选的，并且都可以通过 CSS 来定义，其默认值是 300px 和 150px。

canvas 在网页中的常用形式如下。

```
<canvas  id="myCanvas"  width="300"  height="200"  style="border:1px  solid
#c3c3c3;">
Your browser does not support the canvas element.
</canvas>
```

上面示例代码中，id 表示画布对象名称，width 和 height 分别表示宽度和高度；最初的画布是不可见的，此处为了观察这个矩形区域，这里使用 CSS 样式，即 style 标记。style 表示画布的样式。如果浏览器不支持画布标记，会显示画布中间的提示信息。

画布 canvas 本身不具有绘制图形的功能，只是一个容器，如果读者对于 Java 语言非常了解，就会发现 HTML5 的画布和 Java 中的 Panel 面板非常相似，都可以在容器中绘制图形。既然 canvas 画布元素放好了，就可以使用脚本语言 JavaScript 在网页上绘制图像。

使用 canvas 结合 JavaScript 绘制图形，一般情况下需要下面几个步骤。

step 01　JavaScript 使用 id 来寻找 canvas 元素，即获取当前画布对象。

```
var c=document.getElementById("myCanvas");
```

step 02　创建 context 对象，代码如下。

```
var cxt=c.getContext("2d");
```

getContext 方法返回一个指定 contextId 的上下文对象，如果指定的 id 不被支持，则返回 null，当前唯一被强制必须支持的是"2d"，也许在将来会有"3d"，注意，指定的 id 是大小写敏感的。对象 cxt 建立之后，就可以拥有多种绘制路径、矩形、圆形、字符及添加图像的方法。

step 03　绘制图形，代码如下。

```
cxt.fillStyle="#FF0000";
cxt.fillRect(0,0,150,75);
```

fillStyle 方法将其染成红色，fillRect 方法规定了形状、位置和尺寸。这两行代码绘制一个红色的矩形。

11.2　绘制基本形状

画布 canvas 结合 JavaScript 不但可以绘制简单的矩形，还可以绘制一些其他的常见图形，例如举行、直线、圆等。

11.2.1　案例 1——绘制矩形

单独的一个 canvas 标记只是在页面中定义了一块矩形区域，并无特别之处，开发人员只有配合使用 JavaScript 脚本，才能够完成各种图形、线条及复杂的图形变换操作。与基于 SVG 来实现同样绘图效果来比较，canvas 绘图是一种像素级别的位图绘图技术，而 SVG 则是一种矢量绘图技术。

使用 canvas 和 JavaScript 绘制一个矩形，可能会涉及一个或多个方法，这些方法如表 11-1 所示。

表 11-1　使用 canvas 绘制矩形的方法

方　法	功　能
fillRect	绘制一个矩形，这个矩形区域没有边框，只有填充色。这个方法有四个参数，前两个表示左上角的坐标位置，第三个参数为长度，第四个参数为高度
strokeRect	方法绘制一个带边框的矩形。该方法的四个参数的解释同上
clearRect	清除一个矩形区域，被清除的区域将没有任何线条。该方法的四个参数的解释同上

【例 11.1】使用 canvas 绘制矩形(实例文件：ch11\11.1.html)。

```
<!DOCTYPE html>
<html>
<body>
<canvas id="myCanvas" width="300" height="200" style="border:1px solid blue">
Your browser does not support the canvas element.
</canvas>
<script type="text/javascript">
var c=document.getElementById("myCanvas");
var cxt=c.getContext("2d");
cxt.fillStyle="rgb(0,0,200)";
cxt.fillRect(10,20,100,100);
</script>
</body>
</html>
```

在上面代码中，首先定义一个画布对象，其 id 名称为 myCanvas，其高度和宽度都为 500 像素，并定义了画布边框显示样式。

在 JavaScript 代码中，首先获取画布对象，然后使用 getContext 获取当前 2d 的上下文对象，并使用 fillRect 绘制一个矩形。其中涉及一个 fillStyle 属性，fillstyle 用于设定填充的颜色、透明度等。如果设置为"rgb(200,0,0)"，则表示一个颜色，不透明；如果设为"rgba(0,0,200,0.5"，则表示一个颜色，透明度为 50%。

在 IE 中浏览，效果如图 11-1 所示，可以看到网页中，在一个蓝色边框中显示了一个蓝色矩形。

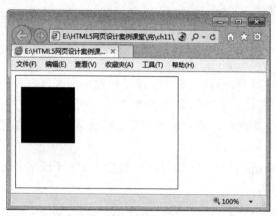

图 11-1　绘制矩形

11.2.2　案例 2——绘制圆形

基于 canvas 的绘图并不是直接在 canvas 标记所创建的绘图画面上进行各种绘图操作，而是依赖画面所提供的渲染上下文(Rendering Context)，所有的绘图命令和属性都定义在渲染上下文当中。在通过 canvas id 获取相应的 DOM 对象之后首先要做的事情就是获取渲染上下文对象。渲染上下文与 canvas 一一对应，无论对同一 canvas 对象调用几次 getContext() 方法，都将返回同一个上下文对象。

在画布中绘制圆形，可能要涉及下面几个方法，如表 11-2 所示。

表 11-2　使用 canvas 绘制圆形的方法

方　法	功　能
beginPath()	开始绘制路径
arc(x,y,radius,startAngle, endAngle,anticlockwise)	x 和 y 定义的是圆的原点，radius 是圆的半径，startAngle 和 endAngle 是弧度，不是度数，anticlockwise 是用来定义画圆的方向，值是 true 或 false
closePath()	结束路径的绘制
fill()	进行填充
stroke()	方法设置边框

路径是绘制自定义图形的好方法，在 canvas 中通过 beginPath()方法开始绘制路径，这个时候就可以绘制直线、曲线等，绘制完成后调用 fill()和 stroke()完成填充和设置边框，通过 closePath()方法结束路径的绘制。

【例 11.2】使用 canvas 绘制圆形(实例文件：ch11\11.2.html)。

```
<!DOCTYPE html>
<html>
<body>
<canvas id="myCanvas" width="200" height="200" style="border:1px solid
blue">
Your browser does not support the canvas element.
</canvas>
<script type="text/javascript">
var c=document.getElementById("myCanvas");
var cxt=c.getContext("2d");
cxt.fillStyle="#FFaa00";
cxt.beginPath();
cxt.arc(70,18,15,0,Math.PI*2,true);
cxt.closePath();
cxt.fill();
</script>
</body>
</html>
```

在上面 JavaScript 代码中，使用 beignPath 方法开启一个路径，然后绘制一个圆形，下面关闭这个路径并填充。

在 IE 中浏览，效果如图 11-2 所示，可以看到网页中，在矩形边框中显示了一个黄色的圆。

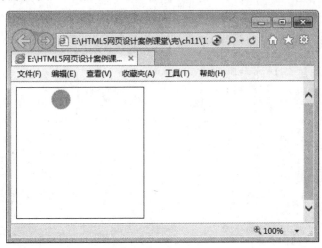

图 11-2 绘制圆形

11.2.3 案例 3——使用 moveTo 与 lineTo 绘制直线

在每个 canvas 实例对象中都拥有一个 path 对象，创建自定义图形的过程就是不断对 path 对象进行操作的过程。每当开始一次新的图形绘制任务，都需要先使用 beginPath()方法来重置 path 对象至初始状态，进而通过一系列对 moveTo/lineTo 等画线方法的调用，绘制期望的路径，其中 moveTo(x,y)方法设置绘图起始坐标，而 lineTo(x,y)等画线方法可以从当前起点绘制直线、圆弧及曲线到目标位置。最后一步，也是可选的步骤，是调用 closePath()方法将自定义图形进行闭合，该方法将自动创建一条从当前坐标到起始坐标的直线。

绘制直线常用的方法是 moveTo 和 lineTo，其含义如表 11-3 所示。

表 11-3　使用 canvas 绘制直线的方法

方法或属性	功　能
moveTo(x,y)	不绘制，只是将当前位置移动到新目标坐标(x,y)，并作为线条开始点
lineTo(x,y)	绘制线条到指定的目标坐标(x,y)，并且在两个坐标之间画一条直线。不管调用它们哪一个，都不会真正画出图形，因为还没有调用 stroke(绘制)和 fill(填充)函数。当前，只是在定义路径的位置，以便后面绘制时使用
strokeStyle	属性是指定线条的颜色
lineWidth	属性设置线条的粗细

【例 11.3】使用 moveTo 与 lineTo 绘制直线(实例文件：ch11\11.3.html)。

```
<!DOCTYPE html>
<html>
<body>
<canvas id="myCanvas" width="200" height="200" style="border:1px solid
blue">
Your browser does not support the canvas element.
</canvas>
<script type="text/javascript">
var c=document.getElementById("myCanvas");
var cxt=c.getContext("2d");
cxt.beginPath();
cxt.strokeStyle="rgb(0,182,0)";
cxt.moveTo(10,10);
cxt.lineTo(150,50);
cxt.lineTo(10,50);
cxt.lineWidth=14;
cxt.stroke();
cxt.closePath();
</script>
</body>
</html>
```

在上面代码中，使用 moveTo 方法定义一个坐标位置为(10,10)，下面以此坐标位置为起点绘制了两个不同的直线，并使用 lineWidth 设置直线的宽带，使用 strokeStyle 设置了直线的颜色，使用 lineTo 设置了两个不同直线的结束位置。

在 IE 中浏览，效果如图 11-3 所示，可以看到网页中，绘制了两条直线，这两条直线在某一点交叉。

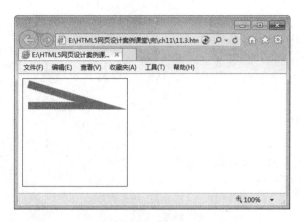

图 11-3　绘制直线

11.2.4　案例 4——使用 bezierCurveTo 绘制贝济埃曲线

在数学的数值分析领域中，贝济埃曲线(Bézier 曲线)是电脑图形学中相当重要的参数曲线。更高维度的广泛化贝济埃曲线就称作贝济埃曲面，其中贝济埃三角是一种特殊的实例。

bezierCurveTo()表示为一个画布的当前子路径添加一条三次贝济埃曲线。这条曲线的开始点是画布的当前点，而结束点是(x, y)。两条贝济埃曲线控制点(cpX1, cpY1)和(cpX2, cpY2)定义了曲线的形状。当这个方法返回的时候，当前的位置为(x, y)。

方法 bezierCurveTo 具体格式如下。

```
bezierCurveTo(cpX1, cpY1, cpX2, cpY2, x, y)
```

其参数的含义如表 11-4 所示。

表 11-4　bezierCurveTo 的参数含义

参　　数	描　　述
cpX1, cpY1	和曲线的开始点(当前位置)相关联的控制点的坐标
cpX2, cpY2	和曲线的结束点相关联的控制点的坐标
x, y	曲线的结束点的坐标

【例 11.4】使用 bezierCurveTo 绘制贝济埃曲线(实例文件：ch11\11.4.html)。

```
<!DOCTYPE html>
<html>
<head>
<title>贝济埃曲线</title>
<script>
 function draw(id)
 {
    var canvas=document.getElementById(id);
    if(canvas==null)
    return false;
    var context=canvas.getContext('2d');
```

```
context.fillStyle="#eeeeff";
context.fillRect(0,0,400,300);
var n=0;
var dx=150;
var dy=150;
var s=100;
context.beginPath();
context.globalCompositeOperation='and';
context.fillStyle='rgb(100,255,100)';
context.strokeStyle='rgb(0,0,100)';
var x=Math.sin(0);
var y=Math.cos(0);
var dig=Math.PI/15*11;
for(var i=0;i<30;i++)
{
    var x=Math.sin(i*dig);
    var y=Math.cos(i*dig);
    context.bezierCurveTo(dx+x*s,dy+y*s-100,dx+x*s+100,dy+y*s,dx
+x*s,dy+y*s);
}
context.closePath();
context.fill();
context.stroke();
}
</script>
</head>
<body onload="draw('canvas');">
<h1>绘制元素</h1>
<canvas id="canvas" width="400" height="300" />
</body>
</html>
```

在上面函数 draw 代码中，首先使用语句"fillRect(0,0,400,300)"绘制了一个矩形，其大小和画布相同，其填充颜色为浅青色。下面定义几个变量，用于设定曲线的坐标位置，在 for 循环中使用 bezierCurveTo 绘制贝济埃曲线。

在 IE 中浏览，效果如图 11-4 所示，可以看到网页中，显示了一个贝济埃曲线。

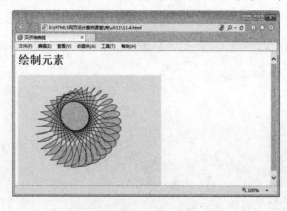

图 11-4　贝济埃曲线

11.3 绘制渐变图形

渐变是两种或更多颜色的平滑过渡，是指在颜色集上使用逐步抽样算法，并将结果应用于描边样式和填充样式中。canvas 的绘图上下文支持两种类型的渐变：线性渐变和放射性渐变，其中放射性渐变也称为径向渐变。

11.3.1 案例 5——绘制线性渐变

创建一个简单的渐变，非常容易，可能比使用 Photoshop 还要快，使用渐变需要以下三个步骤。

step 01 创建渐变对象，代码如下。

```
var gradient=cxt.createLinearGradient(0,0,0,canvas.height);
```

step 02 为渐变对象设置颜色，指明过渡方式，代码如下。

```
gradient.addColorStop(0,'#fff');
gradient.addColorStop(1,'#000');
```

step 03 在 context 上为填充样式或者描边样式设置渐变，代码如下。

```
cxt.fillStyle=gradient;
```

要设置显示颜色，在渐变对象上使用 addColorStop 函数即可。除了可以变换成其他颜色外，还可以为颜色设置 alpha 值(例如透明)，并且 alpha 值也是可以变化的。为了达到这样的效果，需要使用颜色值的另一种表示方法，如内置 alpha 组件的 CSSrgba 函数。

绘制线性渐变，使用到的方法如表 11-5 所示。

表 11-5　绘制线性渐变的方法

方　　法	功　　能
addColorStop	函数允许指定两个参数：颜色和偏移量。颜色参数是指开发人员希望在偏移位置描边或填充时所使用的颜色。偏移量是一个 0.0 到 1.0 之间的数值，代表沿着渐变线渐变的距离有多远
createLinearGradient(x0,y0,x1,x1)	沿着直线从(x0,y0)至(x1,y1)绘制渐变

【例 11.5】绘制线性渐变图形(实例文件：ch11\11.5.html)。

```
<!DOCTYPE html>
<html>
<head>
<title>线性渐变</title>
</head>
<body>
<h1>绘制线性渐变</h1>
```

```
<canvas id="canvas" width="400" height="300" style="border:1px solid red"/>
<script type="text/javascript">
var c=document.getElementById("canvas");
var cxt=c.getContext("2d");
var gradient=cxt.createLinearGradient(0,0,0,canvas.height);
gradient.addColorStop(0,'#fff');
gradient.addColorStop(1,'#000');
cxt.fillStyle=gradient;
cxt.fillRect(0,0,400,400);
</script>
</body>
</html>
```

上面的代码使用 2D 环境对象产生了一个线性渐变对象，渐变的起始点时(0，0)，渐变的结束点是(0，canvas.height)，下面使用 addColorStop 函数设置渐变颜色，最后将渐变填充到上下文环境的样式中。

在 IE 中浏览，效果如图 11-5 所示，可以看到网页中创建了一个垂直方向上的渐变，从上到下颜色逐渐变深。

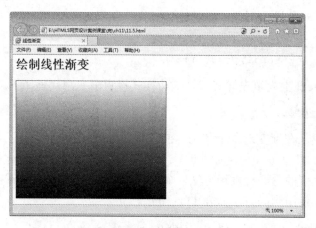

图 11-5　线性渐变

11.3.2　案例 6——绘制径向渐变

除了线性渐变以外，HTML5 Canvas API 还支持放射性渐变，所谓放射性渐变就是颜色会介于两个指定圆间的锥形区域平滑变化。放射性渐变和线性渐变使用的颜色终止点是一样的。如果要实现放射线渐变，即径向渐变，需要使用方法 createRadialGradient。

createRadialGradient(x0,y0,r0,x1,y1,r1)方法表示沿着两个圆之间的锥面绘制渐变。其中，前三个参数代表开始的圆，圆心为(x0,y0)，半径为 r0；后三个参数代表结束的圆，圆心为(x1,y1)，半径为 r1。

【例 11.6】绘制径向渐变图形(实例文件：ch11\11.6.html)。

```
<!DOCTYPE html>
<html>
<head>
<title>径向渐变</title>
```

```
</head>
<body>
<h1>绘制径向渐变</h1>
<canvas id="canvas" width="400" height="300" style="border:1px solid red"/>
<script type="text/javascript">
var c=document.getElementById("canvas");
var cxt=c.getContext("2d");
var gradient=cxt.createRadialGradient(canvas.width/2,canvas.height/2,0,canvas.
width/2,canvas.height/2,150);
gradient.addColorStop(0,'#fff');
gradient.addColorStop(1,'#000');
cxt.fillStyle=gradient;
cxt.fillRect(0,0,400,400);
</script>
</body>
</html>
```

在上面代码中，首先创建渐变对象 gradient，此处使用方法 createRadialGradient 创建了一个径向渐变，下面使用 addColorStop 添加颜色，最后将渐变填充到上下文环境中。

在 IE 中浏览，效果如图 11-6 所示，可以看到网页中，从圆的中心亮点开始，向外逐步发散，形成了一个径向渐变。

图 11-6　径向渐变

11.4　绘制变形图形

画布 canvas 不但可以使用 moveTo 这样的方法来移动画笔，绘制图形和线条，还可以使用变换来调整画笔下的画布。变换的方法包括旋转、缩放、变形和平移等。

11.4.1　案例 7——变换原点坐标

平移(translate)，即将绘图区相对于当前画布的左上角进行平移，如果不进行变形，绘图区原点和画布原点是重叠的，绘图区相当于画图软件里的热区或当前层的。如果进行变形，则坐标位置会移动到一个新位置。

如果要对图形实现平移，需要使用方法 translate(x，y)，该方法表示在平面上平移，即原来原点为参考，然后以偏移后的位置作为坐标原点。也就是说原来在(100,100)，然后 translate(1,1)新的坐标原点在(101,101)而不是(1,1)。

【例 11.7】绘制变换原点坐标的图形(实例文件：ch11\11.7.html)。

```
<!DOCTYPE html>
<html>
<head>
<title>绘制坐标变换</title>
<script>
    function draw(id)
 {
    var canvas=document.getElementById(id);
    if(canvas==null)
    return false;
    var context=canvas.getContext('2d');
    context.fillStyle="#eeeeff";
    context.fillRect(0,0,400,300);
    context.translate(200,50);
    context.fillStyle='rgba(255,0,0,0.25)';
    for(var i=0;i<50;i++){
        context.translate(25,25);
        context.fillRect(0,0,100,50);
    }
 }
</script>
</head>
<body onload="draw('canvas');">
<h1>变换原点坐标</h1>
<canvas id="canvas" width="400" height="300" />
</body>
</html>
```

在 draw 函数中，使用 fillRect 方法绘制了一个矩形，在下面使用 translate 方法平移到一个新位置，并从新位置开始，使用 for 循环，连续移动多次坐标原点，即多次绘制矩形。

在 IE 中浏览，效果如图 11-7 所示，可以看到网页中从坐标位置(200,50)开始绘制矩形，并每次以指定的平移距离绘制矩形。

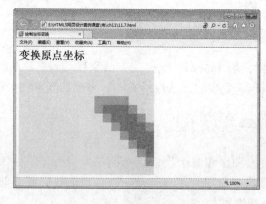

图 11-7　变换原点坐标

11.4.2 案例 8——图形缩放

对变形图形来说，其中最常用的方式，就是对图形进行缩放，即以原来图形为参考，放大或者缩小图形，从而增加效果。

如果要实现图形缩放，需要使 scale(x,y)函数，该函数带有两个参数，分别代表在 x,y 两个方向上的值。每个参数在 canvas 显示图像的时候，向其传递在本方向轴上图像要放大(或者缩小)的量。如果 x 值为 2，就代表所绘制图像中全部元素都会变成 2 倍宽。如果 y 值为 0.5，绘制出来的图像全部元素都会变成之前的一半高。

【例 11.8】图形缩放(实例文件：ch11\11.8.html)。

```html
<!DOCTYPE html>
<html>
<head>
<title>绘制图形缩放</title>
<script>
 function draw(id)
 {
    var canvas=document.getElementById(id);
    if(canvas==null)
    return false;
    var context=canvas.getContext('2d');
    context.fillStyle="#eeeeff";
    context.fillRect(0,0,400,300);
    context.translate(200,50);
    context.fillStyle='rgba(255,0,0,0.25)';
    for(var i=0;i<50;i++){
        context.scale(3,0.5);
        context.fillRect(0,0,100,50);
    }
 }
</script>
</head>
<body onload="draw('canvas');">
<h1>图形缩放</h1>
<canvas id="canvas" width="400" height="300" />
</body>
</html>
```

在上面的代码中，实现缩放操作是放在 for 循环中完成的，在此循环中，以原来图形为参考物，使其在 X 轴方向增加为 3 倍宽，y 轴方向上变为原来的一半。

在 IE 中浏览，效果如图 11-8 所示，可以看到网页中在一个指定方向绘制了多个矩形。

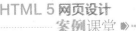
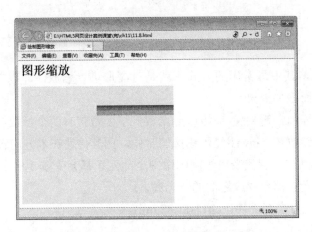

图 11-8　图形缩放

11.4.3　案例 9——旋转图形

变换操作并不限于缩放和平移，还可以使用函数 context.rotate(angle)来旋转图像，甚至可以直接修改底层变换矩阵以完成一些高级操作，如剪裁图像的绘制路径。例如 context.rotate(1.57)表示旋转角度参数以弧度为单位。

rotate()方法默认地从左上端的(0,0)开始旋转，通过指定一个角度，改变了画布坐标和Web 浏览器中的<canvas>元素的像素之间的映射，使得任意后续绘图在画布中都显示为旋转的。它并没有旋转<canvas>元素本身。注意，这个角度是用弧度指定的。

【例 11.9】旋转图形(实例文件：ch11\11.9.html)。

```
<!DOCTYPE html>
<html>
<head>
<title>绘制旋转图像</title>
<script>
    function draw(id)
{
    var canvas=document.getElementById(id);
    if(canvas==null)
    return false;
    var context=canvas.getContext('2d');
    context.fillStyle="#eeeeff";
    context.fillRect(0,0,400,300);
    context.translate(200,50);
    context.fillStyle='rgba(255,0,0,0.25)';
    for(var i=0;i<50;i++){
        context.rotate(Math.PI/10);
        context.fillRect(0,0,100,50);
    }
 }
</script>
```

```
</head>
<body onload="draw('canvas');">
<h1>旋转图形</h1>
<canvas id="canvas" width="400" height="300" />
</body>
</html>
```

在上面的代码中，使用 rotate 方法在 for 循环中，对多个图形进行旋转，其旋转角度相同。在 IE 中浏览，效果如图 11-9 所示，在显示页面上多个矩形以中心弧度为原点，进行旋转。

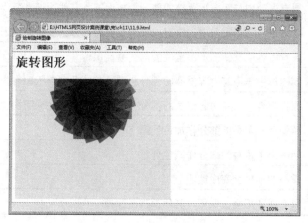

图 11-9　旋转图形

11.5　绘制其他样式的图形

使用 canvas 标签的其他属性还可以绘制其他样式的图形，如将绘制的基本形状进行组合、绘制带有阴影的图形、绘制文字等。

11.5.1　案例 10——图形组合

在介绍前面知识里面，可以将一个图形画在另一个之上，大多数情况下，这样是不够的。例如，它这样受制于图形的绘制顺序。不过，我们可以利用 globalCompositeOperation 属性来改变这些做法。不仅可以在已有图形后面再画新图形，还可以用来遮盖，清除(比 clearRect 方法强劲得多)某些区域。

其语法格式如下。

```
globalCompositeOperation = type
```

表示设置不同形状的组合类型，其中 type 表示方的图形是已经存在的 canvas 内容，圆的图形是新的形状，其默认值为 source-over，表示在 canvas 内容上面画新的形状。

属性值 type 具有 12 个含义，如表 11-6 所示。

表 11-6　属性值 type 的含义

属 性 值	说 明
source-over(default)	这是默认设置，新图形会覆盖在原有内容之上
destination-over	会在原有内容之下绘制新图形
source-in	新图形会仅仅出现与原有内容重叠的部分，其他区域都变成透明的
destination-in	原有内容中与新图形重叠的部分会被保留，其他区域都变成透明的
source-out	结果是只有新图形中与原有内容不重叠的部分会被绘制出来
destination-out	原有内容中与新图形不重叠的部分会被保留
source-atop	新图形中与原有内容重叠的部分会被绘制，并覆盖于原有内容之上
destination-atop	原有内容中与新内容重叠的部分会被保留，并会在原有内容之下绘制新图形
lighter	两图形中重叠的部分作加色处理
darker	两图形中重叠的部分作减色处理
xor	重叠的部分会变成透明
copy	只有新图形被保留，其他都被清除掉

【例 11.10】图形组合(实例文件：ch11\11.10.html)。

```
<!DOCTYPE html>
<html>
<head>
<title>绘制图形组合</title>
<script>
function draw(id)
{
 var canvas=document.getElementById(id);
  if(canvas==null)
 return false;
  var context=canvas.getContext('2d');
  var oprtns=new Array(
      "source-atop",
       "source-in",
      "source-out",
     "source-over",
      "destination-atop",
     "destination-in",
      "destination-out",
      "destination-over",
       "lighter",
      "copy",
      "xor"
    );
    var i=10;
```

```
    context.fillStyle="blue";
   context.fillRect(10,10,60,60);
    context.globalCompositeOperation=oprtns[i];
   context.beginPath();
  context.fillStyle="red";
   context.arc(60,60,30,0,Math.PI*2,false);
   context.fill();
}
</script>
</head>
<body onload="draw('canvas');">
<h1>图形组合</h1>
<canvas id="canvas" width="400" height="300" />
</body>
</html>
```

在上面的代码中，首先创建了一个 oprtns 数组，用于存储 type 的 12 个值，然后绘制了一个矩形，并使用 content 上下文对象设置了图形的组合方式，即采用新图形显示，其他被清除的方式，最后使用 arc 绘制了一个圆。

在 IE 中浏览，效果如图 11-10 所示，在显示页面上绘制了一个矩形和圆，但矩形和圆接触的地方以空白显示。

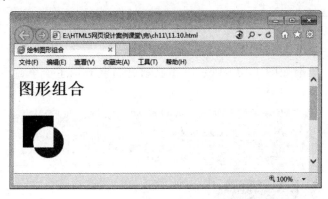

图 11-10　图形组合

11.5.2　案例 11——绘制带阴影的图形

在画布 canvas 上绘制带有阴影效果的图形非常简单，只需要设置几个属性即可。这几个属性分别为 shadowOffsetX、shadowOffsetY、shadowBlur 和 shadowColor，其属性 shadowColor 表示阴影颜色，其值和 CSS 颜色值一致。shadowBlur 表示设置阴影模糊程度。此值越大，阴影越模糊。shadowOffsetX 和 shadowOffsetY 属性表示阴影的 x 和 y 偏移量，单位是像素。

【例 11.11】绘制带阴影的图形(实例文件：ch11\11.11.html)。

```
<!DOCTYPE html>
<html>
  <head>
```

```
    <title>绘制阴影效果图形</title>
</head>
<body>
    <canvas id="my_canvas" width="200" height="200" style="border:1px solid
#ff0000"></canvas>
    <script type="text/javascript">
    var elem = document.getElementById("my_canvas");
    if (elem && elem.getContext) {
        var context = elem.getContext("2d");
        //shadowOffsetX 和 shadowOffsetY：阴影的 x 和 y 偏移量，单位是像素。
        context.shadowOffsetX = 15;
        context.shadowOffsetY = 15;
        //hadowBlur：设置阴影模糊程度。此值越大，阴影越模糊。其效果和 Photoshop 的高
斯模糊滤镜相同。
        context.shadowBlur    = 10;
        //shadowColor：阴影颜色。其值和 CSS 颜色值一致。
        //context.shadowColor   = 'rgba(255, 0, 0, 0.5)';  或下面的十六进制的表
示方法
        context.shadowColor = '#f00';
        context.fillStyle    = '#00f';
        context.fillRect(20, 20, 150, 100);
    }
</script>
</body>
</html>
```

在 IE 中浏览，效果如图 11-11 所示，在显示页面上显示了一个蓝色矩形，其阴影为红色矩形。

图 11-11　带有阴影的图形

11.5.3　案例 12——绘制文字

在画布中绘制字符串(文字)的方式，操作其他路径对象的方式相同，可以描绘文本轮廓和填充文本内部。同时，所有能够应用于其他图形的变换和样式都能用于文本。

文本绘制功能由两个函数组成，如表 11-7 所示。

表 11-7　绘制文字的方法

方　　法	说　　明
fillText(text,x,y,maxwidth)	绘制带 fillStyle 填充的文字、文本参数及用于指定文本位置的坐标参数。maxwidth 是可选参数，用于限制字体大小，它会将文本字体强制收缩到指定尺寸
trokeText(text,x,y,maxwidth)	绘制只有 strokeStyle 边框的文字，其参数含义，和上一个方法相同
measureText	该函数会返回一个度量对象，其包含了在当前 context 环境下指定文本的实际显示宽度

为了保证文本在各浏览器下都能正常显示，在绘制上下文里有以下字体属性。

- font 可以是 CSS 字体规则中的任何值。包括字体样式、字体变种、字体大小与粗细、行高和字体名称。
- textAlign 控制文本的对齐方式。它类似于(但不完全相同)CSS 中的 text-align。可能的取值为 start、end、left、right 和 center。
- textBaseline 控制文本相对于起点的位置。可以取值有 top、hanging、middle、alphabetic、ideographic 和 bottom。对于简单的英文字母，可以放心地使用 top、middle 或 bottom 作为文本基线。

【例 11.12】绘制文字(实例文件：ch11\11.12.html)。

```
<!DOCTYPE html>
<html>
  <head>
   <title>Canvas</title>
  </head>
  <body>
    <canvas id="my_canvas" width="200" height="200" style="border:1px solid
    #ff0000"></canvas>
    <script type="text/javascript">
        var elem = document.getElementById("my_canvas");
    if (elem && elem.getContext) {
        var context = elem.getContext("2d");
        context.fillStyle   = '#00f';
        //font：文字字体，同 CSSfont-family 属性
        context.font = 'italic 30px 微软雅黑';      //斜体 30 像素 微软雅黑字体
        //textAlign：文字水平对齐方式。可取属性值：start, end, left,right,
          center。默认值:start.
        context.textAlign = 'left';
        // 文字竖直对齐方式。可取属性值：top, hanging, middle,alphabetic,
          ideographic, bottom。默认值: alphabetic
          context.textBaseline = 'top';
```

```
      //要输出的文字内容，文字位置坐标，第四个参数为可选选项——最大宽度。如果需要的
      话，浏览器会缩减文字以让它适应指定宽度
      context.fillText  ('祖国生日快乐!', 0, 0,50);    //有填充
      context.font       = 'bold 30px sans-serif';
         context.strokeText('祖国生日快乐!', 0, 50,100);  //只有文字边框
   }
</script>
</body>
</html>
```

在 IE 中浏览，效果如图 11-12 所示，在显示页面上显示了一个画布边框，画布中显示了两个不同的字符串，第一个字符串以斜体显示，其颜色为蓝色。第二个字符串字体颜色为浅黑色，加粗显示。

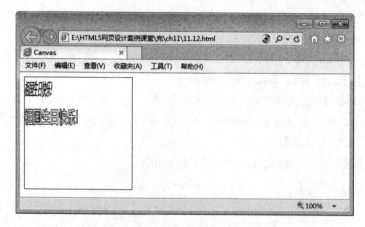

图 11-12　绘制文字

11.6　使 用 图 像

画布 canvas 有一项功能就是可以引入图像，它可以用于图片合成或者制作背景等。而目前仅可以在图像中加入文字。只要是 Geck 支持的图像(如 PNG、GIF、JPEG 等)都可以引入到 canvas 中，而且其他 canvas 元素也可以作为图像的来源。

11.6.1　案例 13——绘制图像

要在画布 canvas 上绘制图像，需要先有一个图片。这个图片可以是已经存在的<img>元素，或者通过 JS 创建。无论采用哪种方式，都需要在绘制 canvas 之前，完全加载这张图片。浏览器通常会在页面脚本执行的同时异步加载图片。如果试图在图片未完全加载之前就将其呈现到 canvas 上，那么 canvas 将不会显示任何图片。

捕获和绘制图形完全是通过 drawImage 方法完成的，它可以接受不同的 HTML 参数，具体含义如表 11-8 所示。

表 11-8　绘制图像的方法

方　法	说　明
drawIamge(image,dx,dy)	接受一个图片，并将之画到 canvas 中。给出的坐标(dx,dy)代表图片的左上角。例如，坐标(0，0)将把图片画到 canvas 的左上角
drawIamge(image,dx,dy,dw,dh)	接受一个图片，将其缩放为宽度 dw 和高度 dh，然后把它画到 canvas 上的(dx,dy)位置
drawIamge(image,sx,sy,sw,sh,dx,dy,dw,dh)	接受一个图片，通过参数(sx,sy,sw,sh)指定图片裁剪的范围，缩放到(dw,dh)的大小，最后把它画到 canvas 上的(dx,dy)位置

【例 11.13】绘制图像(实例文件：ch11\11.13.html)。

```
<!DOCTYPE html>
<html>
<head><title>绘制图像</title></head>
<body>
<canvas id="canvas" width="300" height="200" style="border:1px solid blue">
Your browser does not support the canvas element.
</canvas>
<script type="text/javascript">
window.onload=function(){
    var ctx=document.getElementById("canvas").getContext("2d");
    var img=new Image();
    img.src="01.jpg";
    img.onload=function(){
        ctx.drawImage(img,0,0);
    }
}
</script>
</body>
</html>
```

在上面代码中，使用窗口的 onload 加载事件，即页面被加载时执行函数。在函数中，创建上下文对象 ctx，并创建 Image 对象 img；下面使用 img 对象的属性 src 设置图片来源，最后使用 drawImage 画出当前的图像。

在 IE 中浏览，效果如图 11-13 所示，在显示页面上绘制了一个图像，并在画布中显示。

图 11-13　绘制图像

11.6.2　案例 14——图像平铺

使用画布 canvas 绘制图像，有很多种用处，其中一个用处就是将绘制的图像作为背景图片使用。在做背景图片时，如果显示图片的区域大小不能直接设定，通常将图片以平铺的方式显示。

HTML5 Canvas API 支持图片平铺，此时需要调用 createPattern 函数，即调用createPattern 函数来替代之前的 drawImage 函数。函数 createPattern 的语法格式如下。

```
createPattern(image,type)
```

其中 image 表示要绘制的图像，type 表示平铺的类型，其具体含义如表 11-9 所示。

表 11-9　图像平铺的类型

参 数 值	说　明
no-repeat	不平铺
repeat-x	横方向平铺
repeat-y	纵方向平铺
repeat	全方向平铺

【例 11.14】图像平铺(实例文件：ch11\11.14.html)。

```
<!DOCTYPE html>
< html>
<head>
<title>绘制图像平铺</title>
</head>
<body onload="draw('canvas');">
<h1>图形平铺</h1>
<canvas id="canvas" width="400" height="300"></canvas>
<script>
 function draw(id){
    var canvas=document.getElementById(id);
    if(canvas==null){
        return false;
    }
    var context=canvas.getContext('2d');
    context.fillStyle="#eeeeff";
    context.fillRect(0,0,400,300);
    image=new Image();
    image.src="01.jpg";
    image.onload=function(){
        var ptrn=context.createPattern(image,'repeat');
        context.fillStyle=ptrn;
        context.fillRect(0,0,400,300);
    }
```

```
    }
</script>
</body>
</html>
```

上面代码中，使用 fillRect 创建了一个宽度为 400、高度为 300、左上角坐标位置为(0，0)的矩形，下面创建了一个 Image 对象，src 表示连接一个图像源，然后使用 createPattern 绘制一个图像，其方式是以完全平铺，并将这个图像作为一个模式填充到矩形中。最后绘制这个矩形，此矩形大小完全覆盖原来的图形。

在 IE 中浏览，效果如图 11-14 所示，在显示页面上绘制了一个图像，其图像以平铺的方式充满整个矩形。

图 11-14　图像平铺

11.6.3　案例 15——图像裁剪

在处理图像时经常会遇到裁剪这种需求，即在画布上裁剪出一块区域，这块区域是在裁剪动作 clip 之前，由绘图路径设定的，可以是方形、圆形、五星形和其他任何可以绘制的轮廓形状。所以，裁剪路径其实就是绘图路径，只不过这个路径不是拿来绘图的，而是设定显示区域和遮挡区域的一个分界线。

完成对图像的裁剪，可能要用到 clip 方法。clip 方法表示给 canvas 设置一个剪辑区域，在调用 clip 方法之后的代码只对这个设定的剪辑区域有效，不会影响其他地方，这个方法在要进行局部更新时很有用。在默认情况下，剪辑区域是一个左上角在(0, 0)，宽和高分别等于 canvas 元素的宽和高的矩形。

【例 11.15】图像裁剪(实例文件：ch11\11.15.html)。

```
<!DOCTYPE html>
< html>
<head>
<title>绘制图像裁剪</title>
<script type="text/javascript" src="script.js"></script>
</head>
```

```
<body onload="draw('canvas');">
<h1>图像裁剪实例</h1>
<canvas id="canvas" width="400" height="300"></canvas>
<script>
 function draw(id){
     var canvas=document.getElementById(id);
     if(canvas==null){
         return false;
     }
     var context=canvas.getContext('2d');
     var gr=context.createLinearGradient(0,400,300,0);
     gr.addColorStop(0,'rgb(255,255,0)');
     gr.addColorStop(1,'rgb(0,255,255)');
     context.fillStyle=gr;
     context.fillRect(0,0,400,300);
     image=new Image();
     image.onload=function(){
         drawImg(context,image);
     };
     image.src="01.jpg";
 }
 function drawImg(context,image){
     create8StarClip(context);
     context.drawImage(image,-50,-150,300,300);
 }
 function create8StarClip(context){
     var n=0;
     var dx=100;
     var dy=0;
     var s=150;
     context.beginPath();
     context.translate(100,150);
     var x=Math.sin(0);
     var y=Math.cos(0);
     var dig=Math.PI/5*4;
     for(var i=0;i<8;i++){
         var x=Math.sin(i*dig);
         var y=Math.cos(i*dig);
         context.lineTo(dx+x*s,dy+y*s);
     }
     context.clip();
 }
</script>
</body>
</html>
```

上面代码中，创建了三个 JavaScript 函数，其中 create8StarClip 函数完成了多边的图形创建，其中以此图形作为裁剪的依据。drawImg 函数表示绘制一个图形，其图形带有裁剪区域。draw 函数完成对画布对象的获取，并定义一个线性渐变，然后创建了一个 Image 对象。

在 IE 中浏览效果如图 11-15 所示，在显示页面上绘制一个 5 边形，图像作为 5 边形的背景显示，从而实现对象图像的裁剪。

图 11-15　图像裁剪

11.6.4　案例 16——像素处理

在电脑屏幕上可以看到色彩斑斓的图像，其实这些图像都是由一个个像素点组成的。一个像素对应着内存中的一组连续的二进制位，由于是二进制位，每个位上的取值当然只能是 0 或者 1 了。这样，这组连续的二进制位就可以由 0 和 1 排列组合出很多种情况，而每一种排列组合就决定了这个像素的一种颜色。因此，每个像素点由四个字节组成。

这四个字节代表含义分别是，第一个字节决定像素的红色值；第二个字节决定像素的绿色值；第三个字节决定像素的蓝色值；第四个字节决定像素的透明度值。

在画布中，可以使用 ImageData 对象用来保存图像像素值，它有 width、height 和 data 三个属性，其中 data 属性就是一个连续数组，图像的所有像素值其实是保存在 data 里面的。

data 属性保存像素值的方法如下。

```
imageData.data[index*4 +0]
imageData.data[index*4 +1]
imageData.data[index*4 +2]
imageData.data[index*4 +3]
```

上面取出了 data 数组中连续相邻的四个值，这四个值分别代表了图像中第 index+1 个像素的红色、绿色、蓝色和透明度值的大小。需要注意的时 index 从 0 开始，图像中总共有 width×height 个像素，数组中总共保存了 width×height×4 个数值。

画布对象有三个方法用来创建、读取和设置 ImageData 对象，如表 11-10 所示。

表 11-10　图像像素处理的方法

方　法	说　明
createImageData(width, height)	在内存中创建一个指定大小的 ImageData 对象(即像素数组)，对象中的像素点都是黑色透明的，即 rgba(0,0,0,0)
getImageData(x, y, width, height)	返回一个 ImageData 对象，这个 IamgeData 对象中包含了指定区域的像素数组
putImageData(data, x, y)	将 ImageData 对象绘制到屏幕的指定区域上

【例 11.16】图像像素处理(实例文件：ch11\11.16.html)。

```
<!DOCTYPE html>
< html>
<head>
<title>图像像素处理</title>
<script type="text/javascript" src="script.js"></script>
</head>
<body onload="draw('canvas');">
<h1>像素处理示例</h1>
<canvas id="canvas" width="400" height="300"></canvas>
<script>
 function draw(id){
    var canvas=document.getElementById(id);
    if(canvas==null){
        return false;
    }
    var context=canvas.getContext('2d');
    image=new Image();
    image.src="01.jpg";
    image.onload=function(){
        context.drawImage(image,0,0);
        var imagedata=context.getImageData(0,0,image.width,image.height);
        for(var i=0,n=imagedata.data.length;i<n;i+=4){
            imagedata.data[i+0]=255-imagedata.data[i+0];
            imagedata.data[i+1]=255-imagedata.data[i+2];
            imagedata.data[i+2]=255-imagedata.data[i+1];
        }
        context.putImageData(imagedata,0,0);
    };
 }
</script>
</body>
</html>
```

在上面代码中，使用 getImageData 方法获取一个 ImageData 对象，并包含相关的像素数组。在 for 循环中，使用对像素值重新赋值，最后使用 putImageData 将处理过的图像在画布上绘制出来。

在 IE 中浏览，效果如图 11-16 所示，在显示页面上显示了一个图像，其图像明显经过像素处理，显示没有原来清晰。

图 11-16　像素处理

11.7　图形的保存与恢复

在画布对象绘制图形或图像时，可以将这些图形或者图形的状态进行改变，即永久保存图形或图像。

11.7.1　案例 17——保存与恢复状态

在画布对象中，由两个方法管理绘制状态的当前栈，save 方法把当前状态压入栈中，而 restore 从栈顶弹出状态。绘制状态不会覆盖对画布所做的每件事情。其中 save 方法用来保存 canvas 的状态。save 之后，可以调用 canvas 的平移、放缩、旋转、错切、裁剪等操作。restore 方法用来恢复 canvas 之前保存的状态。防止 save 后对 canvas 执行的操作对后续的绘制有影响。save 和 restore 要配对使用(restore 可以比 save 少，但不能多)，如果 restore 调用次数比 save 多，会引发 Error。

【例 11.17】保存与恢复图像的状态(实例文件：ch11\11.17.html)。

```
<!DOCTYPE html>
<html>
<head><title>保存与恢复</title></head>
<body>
<canvas id="myCanvas" width="500" height="400" style="border:1px solid
blue">
Your browser does not support the canvas element.
</canvas>
<script type="text/javascript">
var c=document.getElementById("myCanvas");
var ctx=c.getContext("2d");
ctx.fillStyle = "rgb(0,0,255)";
ctx.save();
```

```
ctx.fillRect(50,50,100,100);
ctx.fillStyle = "rgb(255,0,0)";
ctx.save();
ctx.fillRect(200,50,100,100);
ctx.restore()
ctx.fillRect(350,50,100,100);
ctx.restore();
ctx.fillRect(50, 200, 100, 100);
</script>
</body>
</html>
```

在上面代码中，绘制了四个矩形，在第一个绘制之前，定义当前矩形的显示颜色，并将此样式加入到栈中，然后创建了一个矩形。第二个矩形绘制之前，重新定义了矩形显示颜色，并使用 save 将此样式压入到栈中，然后创建了一个矩形。在第三个矩形绘制之前，使用 restore 恢复当前显示颜色，即调用栈中的最上层颜色，绘制矩形。第四个矩形绘制之前，继续使用 restore 方法，调用最后一个栈中元素定义矩形颜色。

在 IE 中浏览，效果如图 11-17 所示，在显示页面上绘制了四个矩形，第一个和第四个矩形显示为蓝色，第二个和第三个矩形显示为红色。

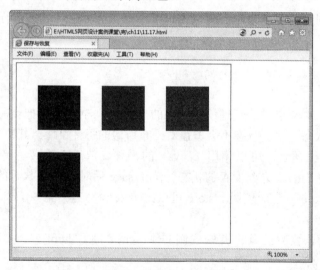

图 11-17　恢复和保存

11.7.2　案例 18——保存文件

当绘制出漂亮的图形时，有时需要保存这些劳动成果。这时可以将当前的画布元素(而不是 2D 环境)的当前状态到到数据 URL。导出很简单，可以利用 toDataURL 方法完成，它可以不同的图片格式来调用。目前，png 格式才是规范定义的格式，其他浏览器还支持其他格式。

目前，Firefox 和 Opera 浏览器只支持 png 格式，Safari 支持 GIF、png 和 jpg 格式。大多数浏览器支持读取 base64 编码内容，例如一幅图像。URL 的格式如下。

data:image/png;base64,iVBORw0KGgoAAAANSUhEUgAAAfQAAAH0CAYAAADL1t

它以一个 data 开始，然后是 mine 类型，之后是编码和 base64，最后是原始数据。这些原始数据就是画布元素所要导出的内容，并且浏览器能够将数据编码为真正的资源。

【例 11.18】保存图像文件(实例文件：ch11\11.18.html)。

```
<!DOCTYPE html>
<html>
<body>
<canvas id="myCanvas" width="500" height="500" style="border:1px solid blue">
Your browser does not support the canvas element.
</canvas>
<script type="text/javascript">
var c=document.getElementById("myCanvas");
var cxt=c.getContext("2d");
cxt.fillStyle='rgb(0,0,255)';
cxt.fillRect(0,0,cxt.canvas.width,cxt.canvas.height);
cxt.fillStyle="rgb(0,255,0)";
cxt.fillRect(10,20,50,50);
window.location=cxt.canvas.toDataURL(image/png ');
</script>
</body>
</html>
```

在上面的代码中，使用 canvas.toDataURL 语句将当前绘制图像保存到 URL 数据中。

在 IE 中浏览，效果如图 11-18 所示，在显示页面中无任何数据显示，并且提示无法显示该页面。此时需要注意的是鼠标指向的位置，即地址栏中 URL 数据。

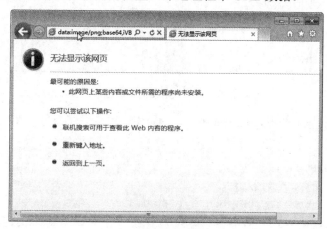

图 11-18 保存图像

11.8 实战演练——绘制图形商标

绘制商标是 canvas 画布的用途之一，可以绘制 adidas 和 nike 商标。nike 的图标比 adidas 的复杂得多，adidas 都是直线组成，而 nike 的多了曲线。实现本实例步骤如下。

step 01 分析需求如下。

要绘制两条曲线，需要找到曲线的参考点(参考点决定了曲线的曲率)，这需要慢慢地移动，然后再看效果，反反复复。quadraticCurveTo(30,79,99,78)函数有两组坐标，第一组坐标为控制点，决定曲线的曲率；第二组坐标为终点。

step 02 构建 HTML，实现 canvas 画布，代码如下。

```
<!DOCTYPE html>
<html>
<head>
<title>绘制商标</title>
</head>
<body>
<canvas id="adidas" width="375px" height="132px" style="border:1px solid
#000;"></canvas>
</body>
</html>
```

在 IE 中浏览，效果如图 11-19 所示，此时只显示一个画布边框，其内容还没有绘制。

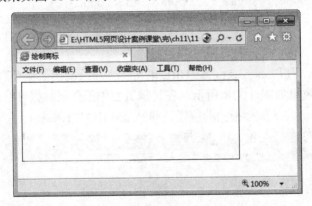

图 11-19 定义画布边框

step 03 JS 实现基本图形，代码如下。

```
<script>
function drawAdidas(){
 //取得 convas 元素及其绘图上下文
 var canvas=document.getElementById('adidas');
 var context=canvas.getContext('2d');
 //保存当前绘图状态
 context.save();
 //开始绘制打钩的轮廓
 context.beginPath();
 context.moveTo(53,0);
 //绘制上半部分曲线，第一组坐标为控制点，决定曲线的曲率，第二组坐标为终点
 context.quadraticCurveTo(30,79,99,78);
```

```
context.lineTo(371,2);
context.lineTo(74,134);
context.quadraticCurveTo(-55,124,53,0);
//用红色填充
context.fillStyle="#da251c";
context.fill();
//用 3 像素深红线条描边
context.lineWidth=3;
//连接处平滑
context.lineJoin='round';
context.strokeStyle="#d40000";
context.stroke();
//恢复原有绘图状态
context.restore();
}
window.addEventListener("load",drawAdidas,true);
</script>
```

在 IE 中浏览，效果如图 11-20 所示，显示了一个商标图案，颜色为红色。

图 11-20 绘制商标

11.9 跟我练练手

11.9.1 练习目标

能够熟练掌握本章所讲内容。

11.9.2 上机练习

练习 1：绘制基本形状。

练习 2：绘制渐变图形。

练习 3：绘制其他样式的图形。

练习 4：使用图像。

练习 5：图形的保存与恢复。

11.10　高手甜点

甜点 1：定义 canvas 宽度和高度时，是否可以在 CSS 属性中定义？

在添加一个 canvas 标签的时候，会在 canvas 的属性里填写要初始化的 canvas 的高度和宽度：

```
<canvas width="500" height="400">Not Supported!</canvas>
```

如果把高度和宽度写在了 CSS 里面，结果发现在绘图的时候坐标获取出现差异，canvas.width 和 canvas.height 分别是 300 和 150，和预期的不一样。这是因为 canvas 要求这两个属性必须与 canvas 标记一起出现。

甜点 2：画布中 stroke 和 fill 二者的区别是什么？

HTML5 中将图形分为两大类：第一类称作 Stroke，就是轮廓、勾勒或者线条，总之，图形是由线条组成的；第二类称作 Fill，就是填充区域。上下文对象中有两个绘制矩形的方法，可以让我们很好地理解这两大类图形的区别：一个是 strokeRect；另一个是 fillRect。

第 12 章

HTML5 中的文件与拖放

在 HTML5 中，专门提供了一个页面层调用的 API 文件，通过调用这个 API 文件中的对象、方法和接口，可以很方便地访问文件的属性或读取文件内容。另外，在 HTML5 中，还可以将文件进行拖放，即抓取对象以后拖到另一个位置。任何元素都能够被拖放，常见的拖放元素为图片、文字等。

本章要点(已掌握的在方框中打钩)

☐ 掌握 HTML5 选择文件的方法。
☐ 掌握使用 FileReader 接口读取文件。
☐ 掌握使用 HTML5 实现文件的拖放。
☐ 掌握如何在网页中来回拖放图片。

12.1 选择文件

在 HTML5 中，可以创建一个 file 类型的<input>元素实现文件的上传功能，只是在 HTML5 中，该类型的<input>元素新添加了一个 multiple 属性，如果将属性的值设置为 true，则可以在一个元素中实现多个文件的上传。

12.1.1 案例1——选择单个文件

在 HTML5 中，当需要创建一个 file 类型的<input>元素上传文件时，可以定义只选择一个文件。

【例 12.1】通过 file 对象选择单个文件(实例文件：ch12\12.1.html)。

```
<!DOCTYPE html>
<html>
<head>
<title>文件</title>
</head>
<body>
    <form>
    <h3>请选择文件：</h3>
    </p><input type="file" id="fileload" /></p><!-单个文件进行上传-->
    </form>
</body>
</html>
```

在 IE 浏览器中预览，效果如图 12-1 所示，在其中单击【浏览】按钮，打开【选择要加载的文件】对话框，在其中只能选择一个要加载的文件，如图 12-2 所示。

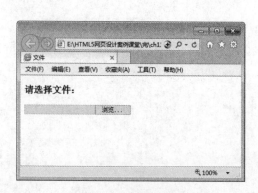

图 12-1　预览效果

图 12-2　只能选择一个要加载的文件

12.1.2 案例2——选择多个文件

在 HTML5 中，除了可以选择单个文件外，还可以通过添加元素的 multiple 属性，实现选择多个文件的功能。

【例 12.2】通过 file 对象选择多个文件(实例文件：ch12\12.2.html)。

```
<!DOCTYPE HTML>
<html>
<body>
<form>
选择文件: <input type="file" multiple="multiple" />
</form>
<p>在浏览文件时可以选取多个文件。</p>
</body>
</html>
```

在 IE 浏览器中预览，效果如图 12-3 所示，在其中单击【浏览】按钮，打开【选择要加载的文件】对话框，在其中可以选择多个要加载的文件，如图 12-4 所示。

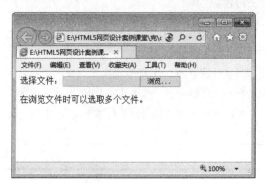

图 12-3 预览效果

图 12-4 可以选择多个要加载的文件

12.2 使用 FileReader 接口读取文件

使用 Blob 接口可以获取文件的相关信息，如文件名称、大小、类型，但如果想要读取或浏览文件，则需要通过 FileReader 接口。该接口不仅可以读取图片文件，还可以读取文本或二进制文件；同时，根据该接口提供的事件与方法，可以动态侦察文件读取时的详细状态。

12.2.1 案例 3——检测浏览器是否支持 FileReader 接口

FileReader 接口主要用来把文件读入到内存，并且读取文件中的数据。FileReader 接口提供了一个异步 API，使用该 API 可以在浏览器主线程中异步访问文件系统，读取文件中的数据。到目前为止，并不是所有浏览器都实现了 FileReader 接口。这里提供一种方法可以检查您的浏览器是否对 FileReader 接口提供支持。具体的代码如下。

```
if(typeof FileReader == 'undefined'){
    result.InnerHTML="<p>你的浏览器不支持 FileReader 接口！</p>";
    //使选择控件不可操作
    file.setAttribute("disabled","disabled");
}
```

12.2.2　案例 4——FileReader 接口的方法

FileReader 接口有 4 个方法，其中 3 个用来读取文件，另一个用来中断读取。无论读取成功或失败，方法并不会返回读取结果，这一结果存储在 result 属性中。FileReader 接口的方法及描述如表 12-1 所示。

表 12-1　FileReader 接口的方法及描述

方 法 名	参 数	描 述
readAsText	File，[encoding]	将文件以文本方式读取，读取的结果即是这个文本文件中的内容
readAsBinaryString	File	这个方法将文件读取为二进制字符串，通常我们将它送到后端，后端可以通过这段字符串存储文件
readAsDataUrl	File	该方法将文件读取为一串 Data Url 字符串，该方法事实上是将小文件以一种特殊格式的 URL 地址形式直接读入页面。这里的小文件通常是指图像与 html 等格式的文件
abort	(none)	终端读取操作

12.2.3　案例 5——使用 readAsDataURL 方法预览图片

通过 fileReader 接口中的 readAsDataURL()方法，可以获取 API 异步读取的文件数据，另存为数据 URL，将该 URL 绑定<img>元素的 src 属性值，就可以实现图片文件预览的效果。如果读取的不是图片文件，将给出相应的提示信息。

【例 12.3】使用 readAsDataURL 方法预览图片(实例文件：ch12\12.3.html)。

```
<!DOCTYPE html>
<html>
<head>
<title>使用 readAsDataURL 方法预览图片</title>
</head>
<body>
<script type="text/javascript">
var result=document.getElementById("result");
var file=document.getElementById("file");

//判断浏览器是否支持 FileReader 接口
if(typeof FileReader == 'undefined'){
    result.InnerHTML="<p>你的浏览器不支持 FileReader 接口！</p>";
    //使选择控件不可操作
    file.setAttribute("disabled","disabled");
}
```

```
function readAsDataURL(){
    //检验是否为图像文件
    var file = document.getElementById("file").files[0];
    if(!/image\/\w+/.test(file.type)){
        alert("这个不是图片文件，请重新选择！");
        return false;
    }
    var reader = new FileReader();
    //将文件以 Data URL 形式读入页面
    reader.readAsDataURL(file);
    reader.onload=function(e){
        var result=document.getElementById("result");
        //显示文件
        result.innerHTML='<img src="' + this.result +'" alt="" />';
    }
}
</script>
<p>
    <label>请选择一个文件：</label>
    <input type="file" id="file" />
    <input type="button" value="读取图像" onclick="readAsDataURL()" />
</p>
<div id="result" name="result"></div>
</body>
</html>
```

在 IE 浏览器中预览，效果如图 12-5 所示，在其中单击【浏览】按钮，打开【选择要加载的文件】对话框，在其中选择需要预览的图片文件，如图 12-6 所示。

图 12-5　预览效果

图 12-6　【选择要加载的文件】对话框

选择完毕后，在【选择要加载的文件】对话框中单击【打开】按钮，返回到 IE 浏览器窗口中，然后单击【读取图像】按钮，即可在页面的下方显示添加的图片，如图 12-7 所示。

如果在【选择要加载的文件】对话框中选择不是图片文件，当在 IE 浏览器窗口中单击【读取图像】按钮后，就会给出相应的提示信息，如图 12-8 所示。

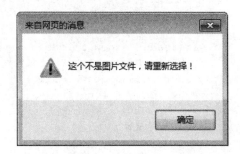

图 12-7　显示图片　　　　　　　　　　　图 12-8　信息提示框

12.2.4　案例 6——使用 readAsText 方法读取文本文件

使用 FileReader 接口中的 readAsTextO 方法，可以将文件以文本编码的方式进行读取，即可以读取上传文本文件的内容；其实现的方法与读取图片基本相似，只是读取文件的方式不一样。

【例 12.4】使用 readAsText 方法预览图片(实例文件：ch12\12.4.html)。

```html
<!DOCTYPE html>
<html>
<head>
<title>使用 readAsText 方法读取文本文件</title>
</head>
<body>
<script type="text/javascript">
var result=document.getElementById("result");
var file=document.getElementById("file");

//判断浏览器是否支持 FileReader 接口
if(typeof FileReader == 'undefined'){
    result.InnerHTML="<p>你的浏览器不支持 FileReader 接口！</p>";
    //使选择控件不可操作
    file.setAttribute("disabled","disabled");
}
function readAsText(){
    var file = document.getElementById("file").files[0];
    var reader = new FileReader();
    //将文件以文本形式读入页面
    reader.readAsText(file);
    reader.onload=function(f){
        var result=document.getElementById("result");
        //显示文件
```

```
        result.innerHTML=this.result;
    }
}
</script>
<p>
    <label>请选择一个文件：</label>
    <input type="file" id="file" />
    <input type="button" value="读取文本文件" onclick="readAsText()" />
</p>
<div id="result" name="result"></div>
</body>
</html>
```

在 IE 浏览器中预览，效果如图 12-9 所示，在其中单击【浏览】按钮，打开【选择要加载的文件】对话框，在其中选择需要读取的文件，如图 12-10 所示。

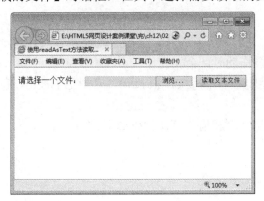

图 12-9　预览效果　　　　　　　　　　　图 12-10　选择要读取的文本

选择完毕后，在【选择要加载的文件】对话框中单击【打开】按钮，返回到 IE 浏览器窗口中，然后单击【读取文本文件】按钮，即可在页面的下方读取文本文件中的信息，如图 12-11 所示。

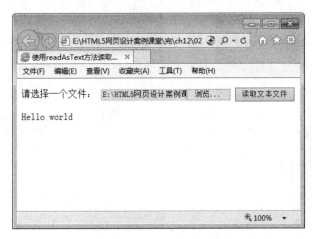

图 12-11　读取文本信息

12.3 使用 HTML5 实现文件的拖放

HTML5 实现拖放效果，常用的实现方法是利用 html5 新增加的事件 drag 和 drop。

12.3.1 案例 7——认识文件拖放的过程

在 HTML5 中实现文件的拖放主要有以下 4 个步骤。

第 1 步：设置元素为可拖放

首先，为了使元素可拖动，把 draggable 属性设置为 true，具体代码如下。

```
<img draggable="true" />
```

第 2 步：拖动什么

实现拖放的第二步就是设置拖动的元素，常见的元素有图片、文字、动画等。实现拖放功能的是 ondragstart 和 setData()，即规定当元素被拖动时，会发生什么。

例如：在上面的例子中，ondragstart 属性调用了一个函数 drag(event)，它规定了被拖动的数据。

dataTransfer.setData()方法设置被拖数据的数据类型和值，具体代码如下。

```
function drag(ev)
{
ev.dataTransfer.setData("Text",ev.target.id);
}
```

在这个例子中，数据类型是"Text"，值是可拖动元素的 id ("drag1")。

第 3 步：放到何处

实现拖放功能的第三步就是将可拖放元素放到何处，实现该功能的事件是 ondragover，在默认情况下，无法将数据/元素放置到其他元素中。如果需要设置允许放置，用户必须阻止对元素的默认处理方式。

这就需要通过调用 ondragover 事件的 event.preventDefault() 方法，具体代码如下。

```
event.preventDefault()
```

第 4 步：进行放置

当放置被拖数据时，就会发生 drop 事件。在上面的例子中，ondrop 属性调用了一个函数，drop(event)，具体代码如下。

```
function drop(ev)
{
ev.preventDefault();
var data=ev.dataTransfer.getData("Text");
ev.target.appendChild(document.getElementById(data));
}
```

12.3.2 浏览器支持情况

不用的浏览器版本对拖放技术的支持情况是不同的，如表 12-2 所示是常见浏览器对拖放技术的支持情况。

表 12-2 浏览器对拖放技术的支持情况

浏览器名称	支持 Web 存储技术的版本
Internet Explorer	Internet Explorer 9 及更高版本
Firefox	Firefox 3.6 及更高版本
Opera	Opera 12.0 及更高版本
Safari	Safari 5 及更高版本
Chrome	Chrome 5 及更高版本

12.3.3 案例 8——在网页中拖放图片

下面给出一个简单的拖放实例，该实例主要实现的功能就是把一张图片拖放到一个矩形当中，实例的具体实现代码如下。

【例 12.5】将图片拖放至矩形当中(实例文件：ch12\12.5.html)。

```
<!DOCTYPE HTML>
<html>
<head>
<style type="text/css">
#div1 {width:150px;height:150px;padding:10px;border:1px solid #aaaaaa;}
</style>
<script type="text/javascript">
function allowDrop(ev)
{
ev.preventDefault();
}
function drag(ev)
{
ev.dataTransfer.setData("Text",ev.target.id);
}
function drop(ev)
{
ev.preventDefault();
var data=ev.dataTransfer.getData("Text");
ev.target.appendChild(document.getElementById(data));
}
</script>
</head>
```

253

```
<body>
<p>请把图片拖放到矩形中: </p>
<div id="div1" ondrop="drop(event)" ondragover="allowDrop(event)"></div>
<br />
<img id="drag1" src="images/2.gif" draggable="true" ondragstart="drag(event)"
/>
</body>
</html>
```

将上述代码保存为.html 格式,在 IE 浏览器中预览效果,如图 12-12 所示。

可以看到当选中图片后,在不释放鼠标的情况下,可以将其拖放到矩形框中,如图 12-13 所示。

图 12-12　预览效果

图 12-13　拖放图片

代码解释如下。

- 调用 preventDefault()来避免浏览器对数据的默认处理(drop 事件的默认行为是以链接形式打开)。
- 通过 dataTransfer.getData("Text")方法获得被拖的数据。该方法将返回在 setData()方法中设置为相同类型的任何数据。
- 被拖数据是被拖元素的 id ("drag1")。
- 把被拖元素追加到放置元素(目标元素)中。

12.3.4　案例 9——在网页中拖放文字

在了解了 HTML5 的拖放技术后,下面给出一个具体实例,该实例所实现的效果就是在网页中拖放文字。

【例 12.6】在网页中拖放文字(实例文件:ch12\12.6.html)。

```
<!DOCTYPE HTML>
<html>
<head>
<title>拖放文字</title>
<style>
```

```css
body {
    font-family: 'Microsoft YaHei';
}
div.drag {
    background-color:#AACCFF;
    border:1px solid #666666;
    cursor:move;
    height:100px;
    width:100px;
    margin:10px;
    float:left;
}
div.drop {
    background-color:#EEEEEE;
    border:1px solid #666666;
    cursor: pointer;
    height:150px;
    width:150px;
    margin:10px;
    float:left;
}
</style>
</head>
<body>
<div draggable="true" class="drag"
     ondragstart="dragStartHandler(event)">Drag me!</div>
<div class="drop"
     ondragenter="dragEnterHandler(event)"
     ondragover="dragOverHandler(event)"
     ondrop="dropHandler(event)">Drop here!<ol /></div>
<script>
var internalDNDType = 'text';
function dragStartHandler(event) {
  event.dataTransfer.setData(internalDNDType,
                                 event.target.textContent);
    event.effectAllowed = 'move';
}
// dragEnter 事件
function dragEnterHandler(event) {
  if (event.dataTransfer.types.contains(internalDNDType))
     if (event.preventDefault) event.preventDefault();}
// dragOver 事件
function dragOverHandler(event) {
    event.dataTransfer.dropEffect = 'copy';
    if (event.preventDefault) event.preventDefault();
}
function dropHandler(event) {
    var data = event.dataTransfer.getData(internalDNDType);
    var li = document.createElement('li');
    li.textContent = data;
```

```
        event.target.lastChild.appendChild(li);
}
</script>
</body>
</html>
```

下面介绍实现拖放的具体操作步骤。

step 01 将上述代码保存为.html 格式的文件，在 IE 浏览器中预览，效果如图 12-14 所示。

step 02 选中左边矩形中的元素，将其拖曳到右边的方框中，如图 12-15 所示。

图 12-14　预览效果

图 12-15　选中被拖放文字

step 03 释放鼠标，可以看到拖放之后的效果，如图 12-16 所示。

step 04 还可以多次拖放文字元素，效果如图 12-17 所示。

图 12-16　拖放一次

图 12-17　拖放多次

12.4　综合案例——在网页中来回拖放图片

下面再给出一个具体实例，该实例所实现的效果就是在网页中来回拖放图片。具体代码如下。

```
<!DOCTYPE HTML>
<html>
```

```
<head>
<style type="text/css">
#div1, #div2
{float:left; width:100px; height:35px; margin:10px;padding:10px;border:1px
solid #aaaaaa;}
</style>
<script type="text/javascript">
function allowDrop(ev)
{
ev.preventDefault();
}
function drag(ev)
{
ev.dataTransfer.setData("Text",ev.target.id);
}
function drop(ev)
{
ev.preventDefault();
var data=ev.dataTransfer.getData("Text");
ev.target.appendChild(document.getElementById(data));
}
</script>
</head>
<body>
<div id="div1" ondrop="drop(event)" ondragover="allowDrop(event)">
  <img    src="images/1.gif"    draggable="true"    ondragstart="drag(event)"
id="drag1" />
</div>
<div id="div2" ondrop="drop(event)" ondragover="allowDrop(event)"></div>
</body>
</html>
```

　　在记事本中输入这些代码，然后将其保存为.html 格式，使用 IE 打开文件，即可在页面
中查看效果，选中网页中的图片，即可在两个矩形当中来回拖放，如图 12-18 所示。

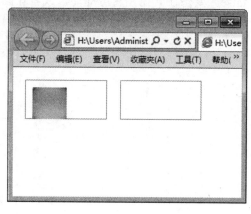

图 12-18　预览效果

12.5 跟我练练手

12.5.1 练习目标

能够熟练掌握本章所讲内容。

12.5.2 上机练习

练习 1：选择文件。
练习 2：使用 FileReader 接口读取文件。
练习 3：使用 HTML5 实现文件的拖放。

12.6 专 家 甜 点

甜点 1：在 HTML5 中，实现拖放效果的方法是唯一的吗？

答：在 HTML5 中，实现拖放效果的方法并不是唯一的。除了可以使用事件 drag 和 drop 外，还可以利用 canvas 标签来实现。

甜点 2：在 HTML5 中，可拖放的对象只有文字和图像吗？

答：在默认情况下，图像、链接和文本是可以拖动的，也就是说，不用额外编写代码，用户就可以拖动它们。文本只有在被选中的情况下才能拖动，而图像和链接在任何时候都可以拖动。

如果让其他元素可以拖动也是可能的。HTML5 为所有 HTML 元素规定了一个 draggable 属性，表示元素是否可以拖动。图像和链接的 draggable 属性自动被设置成了 true，而其他元素这个属性的默认值都是 false。要想让其他元素可拖动，或者让图像或链接不能拖动，都可以设置这个属性。

第 3 篇

高级应用

第 13 章

获取地理位置

　　根据访问者访问网站的方式，有多种获取地理位置的方法，本章主要介绍如何利用 Geolocation API 来获取地理位置。

本章要点(已掌握的在方框中打钩)

☐ 掌握 Geolocation API 获取地理位置的方法。
☐ 掌握目前浏览器对地理定位的支持情况。
☐ 掌握在网页中调用 Google 地图的方法。

13.1 Geolocation API 获取地理位置

在 HTML 5 网页代码中，通过一些有用的 API，可以查找访问者当前的位置。

13.1.1 地理地位的原理

由于访问者浏览网站的方式不用，可以通过下列方式确定其位置。

(1) 如果网站浏览者使用电脑上网，通过获取浏览者的 IP 地址，从而确定其具体位置。

(2) 如果网站浏览者通过手机上网，通过获取浏览者的手机信号接收塔，从而确定其具体位置。

(3) 如果网站浏览者的设备上具有 GPS 硬件，通过获取 GPS 发出的载波信号，可以获取其具体位置。

(4) 如果网站浏览者通过无线上网，可以通过无线网络连接获取其具体位置。

API 是应用程序的编程接口，是一些预先定义的函数，目的是提供应用程序与开发人员基于某软件或硬件的以访问一组例程的能力，而又无须访问源码，或理解内部工作机制的细节。

13.1.2 获取定位信息的方法

在了解了地理定位的原理后，下面介绍获取定位信息的方法，根据访问者访问网站的方式，可以通过下列方法之一确定地理位置。

- 利用 IP 地址定位。
- 利用 GPS 功能定位。
- 利用 Wi-Fi 定位。
- 利用 Wi-Fi 和 GPRS 联合定位。
- 利用用户自定义定位数据定位。

使用上述的哪种方法将取决于浏览器和设备的功能，然后，浏览器确定位置并将其传输回地理位置，但需要注意的是无法保证返回的位置是设备的实际地理位置。因为，这涉及一个隐私问题，并不是每个人都想与您共享他的位置。

13.1.3 常用地理定位方法

通过地理定位，可以确定用户的当前位置，并能获取用户地理位置的变化情况。其中，最常用的就是 API 中的 getCurrentpositong 方法。

getCurrentpositong 方法的语法格式如下。

```
void getCurrentPosition(successCallback, errorCallback, options);
```

其中，successCallback 参数是指在位置成功获取时用户想要调用的函数名称；errorCallback

参数是指在位置获取失败时用户想要调用的函数名称；options 参数指出地理定位时的属性设置。

 访问用户位置是耗时的操作，同时属于隐私问题，还要取得用户的同意。

如果地理定位成功，新的 Position 对象将调用 displayOnMap 函数，显示设备的当前位置。

那么 Positon 对象的含义是什么呢？作为地理定位的 API，Positon 对象包含位置确定时的时间戳(timestamp)和包含位置的坐标(coords)，具体语法格式如下。

```
Interface position
{
readonly attribute Coordinates cords;
readonly attribute DOMTimeStamp timestamp;
};
```

13.1.4 案例 1——判断浏览器是否支持 HTML5 获取地理位置信息

在用户试图使用地理定位之前，应该先确保浏览器是否支持 HTML5 获取地理位置信息。这里介绍判断的方法。具体代码如下。

```
function init()
if (navigator.geolocation) {
//获取当前地理位置信息
navigator.geolocation.getCurrentPosition(onSuccess, onError, options);
} else {
alert("你的浏览器不支持 HTML5 来获取地理位置信息。");
}
```

该代码解释如下。

1. onSuccess

该函数是获取当前位置信息成功时执行的回调函数。

在 onSuccess 回调函数中，用到了参数 position，代表一个具体的 position 对象，表示当前位置。其具有如下属性。

(1) latitude：当前地理位置的纬度。

(2) longitude：当前地理位置的经度。

(3) altitude：当前位置的海拔高度(不能获取时为 null)。

(4) accuracy：获取到的纬度和经度的精度(以米为单位)。

(5) altitudeAccurancy：获取到的海拔高度的经度(以米为单位)。

(6) heading：设备的前进方向。用面朝正被方向的顺时针旋转角度来表示(不能获取时为 null)。

(7) speed：设备的前进速度(以米/秒为单位，不能获取时为 null)。

(8) timestamp：获取地理位置信息时的时间。

2．onError

该函数是获取当前位置信息失败时所执行的回调函数。

在 onError 回调函数中，用到了 error 参数。其具有如下属性。

(1) code：错误代码，有如下值。

① 用户拒绝了位置服务(属性值为 1)。

② 获取不到位置信息(属性值为 2)。

③ 获取信息超时错误(属性值为 3)。

(2) message：字符串，包含了具体的错误信息。

3．options

options 是一些可选熟悉列表。在 options 参数中，可选属性如下。

(1) enableHighAccuracy：是否要求高精度的地理位置信息。

(2) timeout：设置超时时间(单位为毫秒)。

(3) maximumAge：对地理位置信息进行缓存的有效时间(单位为毫秒)。

13.1.5 案例 2——指定纬度和经度坐标

对于地理定位成功后，将调用 displayOnMap 函数。此函数如下。

```
function displayOnMap(position)
{
var latitude=positon.coords.latitude;
var longitude=postion.coords.longitude;
}
```

其中第一行函数从 Position 对象获取 coordinates 对象，主要由 API 传递给程序调用。第三行和第四行中定义了两个变量，latitude 和 longitude 属性存储在定义的两个变量中。

为了在地图上显示用户的具体位置，可以利用地图网站的 API。下面以使用百度地图为例进行讲解，则需要使用 Baidu Maps Javascript API。在使用此 API 前，需要在 HTML5 页面中添加一个引用，具体代码如下。

```
<--baidu maps API>
<script type="text/javascript" scr="http://api.map.baidu.com/api?key=*&v=
1.0&services=true">
</script>
```

其中"*"代码注册到 key。注册 key 的方法为：在"http://openapi.baidu.com/map/index.html"网页中，注册百度地图 API，然后输入需要内置百度地图页面的 URL 地址，生成 API 密钥，然后将 key 文件复制保存。

虽然已经包含了 Baidu Maps Javascript，但是页面中还不能显示内置的百度地图，还需要添加 html 语言，然地图从程序转化为对象。还需要加入以下源代码。

```
<script
type="text/javascript"scr="http://api.map.baidu.com/api?key=*&v=1.0&service
s=true">
</script>
<div     style="width:600px;height:220px;border:1px     solid     gary;margin-
top:15px;" id="container">
</div>
<script type="text/javascript">
var map = new BMap.Map("container");
map.centerAndZoom(new BMap.Point(***,***),17);
map.addControl(new BMap.NavigationControl());
map.addControl(new BMap.ScaleControl());
map.addControl(new BMap.OverviewMapControl());
var local = new BMap.LocalSearch(map,
{
enderOptions:{map: map}
}
);
local.search("输入搜索地址");
</script>
```

上述代码分析如下。

(1) 其中前 2 行主要是把 baidu map API 程序植入源码中。

(2) 第 3 行在页面中设置一个标签，包括宽度和长度，用户可以自己调整；border=1px 是定义外框的宽度为 1 个像素，solid 为实线，gray 为边框显示颜色，margin-top 为该标签距离与上部的距离。

(3) 第 7 行为地图中自己位置的坐标。

(4) 第 8 到 10 行为植入地图缩放控制工具。

(5) 第 11 到 16 行为地图中自己的位置，只需在 local search 后填入自己的位置名称即可。

13.1.6 案例 3——获取当前位置的经度与纬度

如下代码为使用纬度和经度定位坐标的案例。

step 01 打开记事本文件，在其中输入如下代码。

```
<!DOCTYPE html>
<html>
<head>
<title>纬度和经度坐标</title>
<style>
body {background-color:#fff;}
</style>
</head>
<body>
```

```
<p id="geo_loc"><p>
<script>
function getElem(id) {
    return typeof id === 'string' ? document.getElementById(id) : id;
}

function show_it(lat, lon) {
    var str = '您当前的位置，纬度：' + lat + '，经度：' + lon;
    getElem('geo_loc').innerHTML = str;
}
if (navigator.geolocation) {
    navigator.geolocation.getCurrentPosition(function(position) {
        show_it(position.coords.latitude, position.coords.longitude);
    },
    function(err) {
        getElem('geo_loc').innerHTML = err.code + "|" + err.message;
    });
} else {
    getElem('geo_loc').innerHTML = "您当前使用的浏览器不支持 Geolocation 服务";
}
</script>
</body>
</html>
```

step 02 使用 Opera 浏览器打开网页文件，由于使用 HTML 定位功能首先要由用户允许位置共享才可获取地理位置信息，所以弹出如图 13-1 所示的提示框，选择"总是允许"选项，单击【确定】按钮。

图 13-1 选择【总是允许】选项

step 03 弹出地理位置共享条款对话框，勾选接受条款，并单击【接受】按钮，如图 13-2 所示。

图 13-2　勾选接受条款

step 04 在页面中显示了当前页面打开时所处的地理位置，其位置为使用者的 IP 或 GPS 定位地址，如图 13-3 所示。

图 13-3　显示的地理位置

　　　　每次使用浏览器打开网页时都会提醒是否允许地理位置共享，为了安全用户应当妥善使用地址共享功能。

13.2　目前浏览器对地理定位的支持情况

不同的浏览器版本对地理定位技术的支持情况是不同的。表 13-1 是常见浏览器对地理定位的支持情况。

表 13-1　常见浏览器对地理定位的支持情况

浏览器名称	支持 Web 存储技术的版本
Internet Explorer	Internet Explorer 9 及更高版本
Firefox	Firefox 3.5 及更高版本
Opera	Opera 10.6 及更高版本
Safari	Safari 5 及更高版本
Chrome	Chrome 5 及更高版本
Android	Android 2.1 及更高版本

13.3　综合案例——在网页中调用 Google 地图

本实例介绍如何在网页中调用 Google 地图，以获取当前设备物理地址的经度与纬度。具体操作步骤如下。

step 01　调用 Google Map，代码如下。

```
<!DOCTYPE html>
<head>
<title>获取当前位置并显示在 google 地图上</title>
<script    type="text/javascript"    src="http://maps.google.com/maps/api/
js?sensor=false"></script>
<script type="text/javascript">
```

step 02　获取当前地理位置，代码如下。

```
navigator.geolocation.getCurrentPosition(function (position) {
var coords = position.coords;
//console.log(position);
```

step 03　设定地图参数，代码如下。

```
var latlng = new google.maps.LatLng(coords.latitude, coords.longitude);
var myOptions = {
zoom: 14, //设定放大倍数
center: latlng, //将地图中心点设定为指定的坐标点
mapTypeId: google.maps.MapTypeId.ROADMAP //指定地图类型
};
```

step 04　创建地图，并在页面中显示，代码如下。

```
var map = new google.maps.Map(document.getElementById("map"), myOptions);
```

step 05　在地图上创建标记，代码如下。

```
var marker = new google.maps.Marker({
position: latlng, //将前面设定的坐标标注出来
```

```
map: map  //将该标注设置在刚才创建的 map 中
});
```

step 06 创建窗体内的提示内容，代码如下。

```
var infoWindow = new google.maps.InfoWindow({
content: "当前位置: <br/>经度: " + latlng.lat() + "<br/>纬度: " + latlng.lng()
//提示窗体内的提示信息
});
```

step 07 打开提示窗口，代码如下。

```
infoWindow.open(map, marker);
},
```

step 08 根据需要再编写其他相关代码，如处理错误的方法和打开地图的大小等。查看此时页面相应的 HTML 源代码如下。

```
<!DOCTYPE html>
<head>
<title>获取当前位置并显示在 google 地图上</title>
<script    type="text/javascript"    src="http://maps.google.com/maps/api/
js?sensor=false"></script>
<script type="text/javascript">
function init() {
if (navigator.geolocation) {
//获取当前地理位置
navigator.geolocation.getCurrentPosition(function (position) {
var coords = position.coords;
//console.log(position);
//指定一个 google 地图上的坐标点，同时指定该坐标点的横坐标和纵坐标
var latlng = new google.maps.LatLng(coords.latitude, coords.longitude);
var myOptions = {
zoom: 14,  //设定放大倍数
center: latlng,  //将地图中心点设定为指定的坐标点
mapTypeId: google.maps.MapTypeId.ROADMAP  //指定地图类型
};
//创建地图，并在页面 map 中显示
var map = new google.maps.Map(document.getElementById("map"), myOptions);
//在地图上创建标记
var marker = new google.maps.Marker({
position: latlng,  //将前面设定的坐标标注出来
map: map  //将该标注设置在刚才创建的 map 中
});
//标注提示窗口
var infoWindow = new google.maps.InfoWindow({
content: "当前位置: <br/>经度: " + latlng.lat() + "<br/>维度: " + latlng.lng()
//提示窗体内的提示信息
});
//打开提示窗口
infoWindow.open(map, marker);
},
```

```
function (error) {
//处理错误
switch (error.code) {
case 1:
alert("位置服务被拒绝。");
break;
case 2:
alert("暂时获取不到位置信息。");
break;
case 3:
alert("获取信息超时。");
break;
default:
alert("未知错误。");
break;
}
});
} else {
alert("你的浏览器不支持 HTML5 来获取地理位置信息。");
}
}
</script>
</head>
<body onload="init()">
<div id="map" style="width: 800px; height: 600px"></div>
</body>
</html>
```

step 09 保存网页后，即可查看最终效果，如图 13-4 所示。

图 13-4　调用 Google 地图

13.4 跟我练练手

13.4.1 练习目标

能够熟练掌握本章所讲内容。

13.4.2 上机练习

练习 1：Geolocation API 获取地理位置。

练习 2：获取当前位置的经度与纬度。

练习 3：在网页中调用 Google 地图。

13.5 高手甜点

甜点 1：使用 HTML5 Geolocation API 获得的用户地理位置一定精准吗？

答：不一定精准，因为该特性可能侵犯用户的隐私，除非用户同意，否则用户位置信息是不可用的。

甜点 2：地理位置 API 可以在国际空间站上使用吗？可以在月球上或者其他星球上用吗？

答：地理位置标准是这样阐述的："地理坐标参考系的属性值来自大地测量系统(World Geodetic System (2d) [WGS84])。不支持其他参考系。"国际空间站位于地球轨道上，所以宇航员可以使用经纬度和海拔来描述其位置。但是，大地测量系统是以地球为中心的，因此也就不能使用这个系统来描述月球或者其他星球的位置了。

第 14 章

Web 通信新技术

　　本章主要学习 Web 通信新技术。其中包括跨文档消息传输的实现和 Web Sockets 实时通信技术，通过本章的学习，可以更好地完成跨域数据的通信，以及 Web 即时通信应用的实现，如 Web QQ 等。

本章要点(已掌握的在方框中打钩)

☐ 掌握跨文档消息的传输。

☐ 掌握 Web Sockets API 的使用。

☐ 掌握编写简单 Web Socket 服务器的方法。

14.1　跨文档消息传输

利用跨文档消息传输功能，可以在不同域、端口或网页文档之间进行消息的传递。

14.1.1　跨文档消息传输的基本知识

利用跨文档消息传输可以实现跨域的数据推动，使服务器端不再被动地等待客户端的请求，只要客户端与服务器端建立了一次链接之后，服务器端就可以在需要的时候，主动地将数据推送到客户端，直到客户端显示关闭这个链接。

Html5 提供了在网页文档之间互相接收与发送消息的功能。使用这个功能，只要获取到网页所在页面对象的实例，不仅同域的 Web 网页之间可以互相通信，甚至可以实现跨域通信。

想要接收从其他文档那里发过来的消息，就必须对文档对象的 message 时间进行监视，实现代码如下。

```
window.addEventListener("message", function(){…}, false)
```

想要发送消息，可以使用 window 对象的 postMessage 方法来实现，该方法的实现代码如下。

```
otherWindow.postMessage(message, targetOrigin)
```

说明：postMessage 是 HTML5 为了解决跨文档通信，特别引入的一个新的 API，目前支持这个 API 的浏览器有：IE(8.0 以上)、Firefox、 Opera、Safari 和 Chrome。

postMessage 允许页面中的多个 iframe/window 的通信，postMessage 也可以实现 ajax 直接跨域，不通过服务器端代理。

14.1.2　案例 1——跨文档通信应用测试

下面来介绍一个跨文档通信的应用案例，其中主要使用 postMessage 的方法来实现该案例。具体操作方法如下。

需要创建两个文档来实现跨文档的访问，名称分别为 14.1.html 和 14.2.html。

step 01　打开记事本文件，在其中输入以下代码，以创建用于实现信息发送的 14.1.html 文档，具体代码如下。

```
<!DOCTYPE HTML>
<html>
<head>
  <title>跨域文档通信1</title>
  <meta charset="utf-8"/>
</head>
<script type="text/javascript">
  window.onload = function() {
    document.getElementById('title').innerHTML = '页面在' + document.location.host
+ '域中，且每过 1 秒向 14.2.html 文档发送一个消息！';
```

```
  //定时向另外一个不确定域的文件发送消息
  setInterval(function(){
     var message = '消息发送测试!    ' + (new Date().getTime());
     window.parent.frames[0].postMessage(message, '*');
  },1000);
  };
</script>
<body>
<div id="title"></div>
</body>
</html>
```

step 02 保存记事本文件，然后使用浏览器打开该文件，最终的效果如图 14-1 所示。

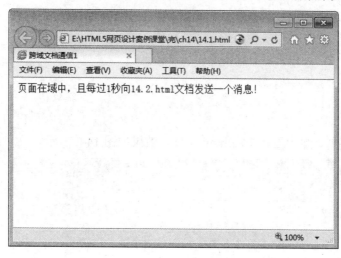

图 14-1　程序运行结果

step 03 打开记事本文件，在其中输入以下代码，以创建用于实现信息监听的 14.2.html
文档，具体代码如下。

```
<!DOCTYPE HTML>
<html>
<head>
  <title>跨域文档通信 2</title>
  <meta charset="utf-8"/>
</head>

<script type="text/javascript">
  window.onload = function() {

  document.getElementById('title').innerHTML = '页面在' +
  document.location.host + '域中，且每过 1 秒向 14.1.html 文档发送一个消息！';
  //定时向另外一个不同域的 iframe 发送消息
  setInterval(function(){
     var message = '消息发送测试!    ' + (new Date().getTime());
     window.parent.frames[0].postMessage(message, '*');
  },1000);
```

```
    var onmessage = function(e) {
      var data = e.data,p = document.createElement('p');
      p.innerHTML = data;
      document.getElementById('display').appendChild(p);
    };
    //监听 postMessage 消息事件
    if (typeof window.addEventListener != 'undefined') {
      window.addEventListener('message', onmessage, false);
    } else if (typeof window.attachEvent != 'undefined') {
      window.attachEvent('onmessage', onmessage);
    }

  };

</script>

<body>
<div id="title"></div>
<br>
<div id="display"></div>
</body>
    </html>
```

step 04 在 IE 浏览器中运行 14.2.html 文件，效果如图 14-2 所示。

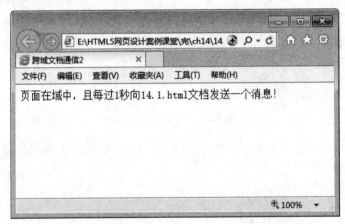

图 14-2　程序运行结果

在 14.1.html 文件中的 "window.parent.frames[0].postMessage(message, '*');" 语句中的 "*" 表示不对访问的域进行判断。如果要加入特定域的限制，可以将代码改为 "window.parent.frames[0].postMessage(message, 'url');" 其中的 url 必须为完整的网站域名格式。而在信息监听接收方的 onmessage 中需要追加一个判断语句 "if(event.origin !== 'url') return;"。

由于在实际通信时，应当实现双向通信，所以，在编写代码时，每一个文档中都应该具有发送信息和监听接收信息的模块。

14.2　WebSockets API

HTML5 中有一个很实用的新特性：WebSockets。使用 WebSockets 可以在没有 AJAX 请求的情况下与服务器端对话。

14.2.1　什么是 WebSocket API

WebSocket API 是下一代客户端-服务器的异步通信方法。该通信取代了单个的 TCP 套接字，使用 WS 或 WSS 协议，可用于任意的客户端和服务器程序。WebSocket 目前由 W3C 进行标准化。WebSocket 已经受到 Firefox 4、Chrome 4、Opera 10.70 及 Safari 5 等浏览器的支持。

WebSocket API 最伟大之处在于服务器和客户端可以在给定的时间范围内的任意时刻，相互推送信息。WebSocket 并不限于以 Ajax(或 XHR)方式通信，因为 Ajax 技术需要客户端发起请求，而 WebSocket 服务器和客户端可以彼此相互推送信息；XHR 受到域的限制，而 WebSocket 允许跨域通信。

Ajax 技术很聪明的一点是没有设计要使用的方式。WebSocket 为指定目标创建，用于双向推送消息。

14.2.2　WebSockets 通信基础

1. 产生 WebSockets 的背景

随着即时通信系统的普及，基于 Web 的实时通信也变得普及，如新浪微博的评论、私信的通知，腾讯的 Web QQ 等，如图 14-3 所示。

图 14-3　腾讯 Web QQ 页面

在 WebSocket 出现之前，一般通过两种方式来实现 Web 实时应用：轮询机制和流技术，而其中的轮询机制又可分为普通轮询和长轮询(Coment)，分别介绍如下。

(1) 轮询。这是最早的一种实现实时 Web 应用的方案。客户端以一定的时间间隔向服务端发出请求，以频繁请求的方式来保持客户端和服务器端的同步。这种同步方案的缺点是，当客户端以固定频率向服务器发起请求的时候，服务器端的数据可能并没有更新，这样会带来很多无谓的网络传输，所以这是一种非常低效的实时方案。

(2) 长轮询。是对定时轮询的改进和提高，目地是为了降低无效的网络传输。当服务器端没有数据更新的时候，连接会保持一段时间周期直到数据或状态改变或者时间过期，通过这种机制来减少无效的客户端和服务器间的交互。当然，如果服务端的数据变更非常频繁的话，这种机制和定时轮询比较起来没有本质上的性能的提高。

(3) 流。就是在客户端的页面使用一个隐藏的窗口向服务端发出一个长连接的请求。服务器端接到这个请求后做出回应并不断更新连接状态以保证客户端和服务器端的连接不过期。通过这种机制可以将服务器端的信息源源不断地推向客户端。这种机制在用户体验上有一点问题，需要针对不同的浏览器设计不同的方案来改进用户体验，同时这种机制在并发比较大的情况下，对服务器端的资源是一个极大的考验。

但是上述三种方式实际看来都不是真正的实时通信技术，只是相对地模拟出了实时的效果，这种效果的实现对编程人员来说无疑增加了复杂性，对于客户端和服务器端的实现都需要复杂的 HTTP 链接设计来模拟双向的实时通信。这种复杂的实现方法制约了应用系统的扩展性。

基于上述弊端，在 HTML5 中增加了实现 Web 实时应用的技术：Web Socket。Web Socket 通过浏览器提供的 API 真正实现了具备像 C/S 架构下的桌面系统的实时通信能力。其原理是使用 JavaScript 调用浏览器的 API 发出一个 WebSocket 请求至服务器，经过一次握手，和服务器建立了 TCP 通信，因为它本质上是一个 TCP 连接，所以数据传输的稳定性强和数据传输量比较小。由于 HTML5 中 WebSockets 的实用，使其具备了 Web TCP 的称号。

2. WebSocket 技术的实现方法

WebSocket 技术本质上是一个基于 TCP 的协议技术。其建立通信链接的操作步骤如下。

step 01 为了建立一个 WebSocket 连接，客户端的浏览器首先要向服务器发起一个 HTTP 请求，这个请求和通常的 HTTP 请求有所差异，除了包含一般的头信息外，还有一个附加的信息"Upgrade: WebSocket"，表明这是一个申请协议升级的 HTTP 请求。

step 02 服务器端解析这些附加的头信息，经过验证后，产生应答信息返回给客户端。

step 03 客户端接收返回的应答信息，建立与服务器端的 WebSocket 连接，之后双方就可以通过这个连接通道自由地传递信息，并且这个连接会持续存在直到客户端或者服务器端的某一方主动的关闭连接。

WebSocket 技术，目前还是属于比较新的技术，其版本更新较快，目前的最新版本基本上可以被 Chrome、FireFox、Opera 和 IE(9.0 以上)等浏览器支持。

在建立实时通信时，客户端发到服务器的内容如下。

```
GET /chat HTTP/1.1
Host: server.example.com
Upgrade: websocket
Connection: Upgrade
Sec-WebSocket-Key: dGhlIHNhbXBsZSBub25jZQ==
Origin: http://example.com
Sec-WebSocket-Protocol: chat, superchat8.Sec-WebSocket-Version: 13
```

从服务器返回到客户端的内容如下。

```
HTTP/1.1 101 Switching Protocols
Upgrade: websocket
Connection: Upgrade
Sec-WebSocket-Accept: s3pPLMBiTxaQ9kYGzzhZRbK+xOo=
Sec-WebSocket-Protocol: chat
```

说明：其中的 "Upgrade:WebSocket" 表示这是一个特殊的 HTTP 请求，请求的目的就是要将客户端和服务器端的通信协议从 HTTP 协议升级到 WebSocket 协议。其中客户端的 Sec-WebSocket-Key 和服务器端的 Sec-WebSocket-Accept 就是重要的握手认证信息，实现握手后才可进一步地进行信息的发送和接收。

14.2.3　案例 2——服务器端使用 Web Sockets API

在实现 WebSockets 实时通信时，需要使客户端和服务器端建立链接，需要配置相应的内容，一般构建链接握手时，客户端的内容浏览器都可以代劳完成，主要实现的是服务器端的内容，下面来看一下 WebSockets API 的具体使用方法。

服务器端需要编程人员自己来实现，目前市场上可直接使用的开源方法比较多，主要有以下 5 种。

- Kaazing WebSocket Gateway：是一个 Java 实现的 WebSocket Server。
- mod_pywebsocket：是一个 Python 实现的 WebSocket Server。
- Netty：是一个 Java 实现的网络框架其中包括了对 WebSocket 的支持。
- node.js：是一个 Server 端的 JavaScript 框架提供了对 WebSocket 的支持。
- WebSocket4Net：是一个 .net 的服务器端实现。

除了使用以上开源的方法外，自己编写一个简单的服务器端也是可以的。其中服务器端需要实现握手、接收和发送三个内容。

下面就来详细介绍一下操作方法。

1. 握手

在实现握手时需要通过 Sec-WebSocket 信息来实现验证。使用 Sec-WebSocket-Key 和一个随机值构成一个新的 key 串，然后将新的 key 串 SHA1 编码，生成一个由多组两位 16 进制数构成的加密串；最后再把加密串进行 base64 编码生成最终的 key，这个 key 就是 Sec-WebSocket- Accept。

实现 Sec-WebSocket-Key 运算的实例代码如下。

```
/// <summary>
/// 生成 Sec-WebSocket-Accept
/// </summary>
/// <param name="handShakeText">客户端握手信息</param>
/// <returns>Sec-WebSocket-Accept</returns>
private static string GetSecKeyAccetp(byte[] handShakeBytes,int bytesLength)
{
    string handShakeText = Encoding.UTF8.GetString(handShakeBytes, 0,
bytesLength);
    string key = string.Empty;
    Regex r = new Regex(@"Sec\-WebSocket\-Key:(.*?)\r\n");
    Match m = r.Match(handShakeText);
    if (m.Groups.Count != 0)
    {
    key = Regex.Replace(m.Value, @"Sec\-WebSocket\-Key:(.*?)\r\n", "$1").Trim();
    }
    byte[] encryptionString = SHA1.Create().ComputeHash(Encoding.ASCII.
GetBytes(key + "258EAFA5-E914-47DA-95CA-C5AB0DC85B11"));
    return Convert.ToBase64String(encryptionString);
}
```

2. 接收

如果握手成功，将会触发客户端的 onOpen 事件，进而解析接收的客户端信息。在进行数据信息解析时，会将数据以字节和比特的方式拆分，并按照以下规则进行解析。

(1) 第 1byte。

● 1bit: frame-fin，x0 表示该 message 后续还有 frame；x1 表示是 message 的最后一个 frame。

● 3bit: 分别是 frame-rsv1、frame-rsv2 和 frame-rsv3，通常都是 x0。

● 4bit: frame-opcode，x0 表示是延续 frame；x1 表示文本 frame；x2 表示二进制 frame；x3-7 保留给非控制 frame；x8 表示关闭连接；x9 表示 ping；xA 表示 pong；xB-F 保留给控制 frame。

(2) 第 2byte。

● 1bit: Mask，1 表示该 frame 包含掩码；0 表示无掩码。

● 7bit、7bit+2byte、7bit+8byte: 7bit 取整数值，若在 0-145 之间，则是负载数据长度；若是 146 表示，后两个 byte 取无符号 16 位整数值，是负载长度；147 表示后 8 个 byte，取 64 位无符号整数值，是负载长度。

(3) 第 3-6byte。这里假定负载长度在 0～145 之间，并且 Mask 为 1，则这 4 个 byte 是掩码。

(4) 第 7-end byte。长度是上面取出的负载长度，包括扩展数据和应用数据两个部分，通常没有扩展数据；若 Mask 为 1，则此数据需要解码，解码规则为 1-4byte 掩码循环和数据 byte 做异或操作。

实现数据解析的代码如下。

```
/// <summary>
/// 解析客户端数据包
```

```
/// </summary>
/// <param name="recBytes">服务器接收的数据包</param>
/// <param name="recByteLength">有效数据长度</param>
/// <returns></returns>
private static string AnalyticData(byte[] recBytes, int recByteLength)
{
    if (recByteLength < 2) { return string.Empty; }
    bool fin = (recBytes[0] & 0x80) == 0x80; // 1bit, 1 表示最后一帧
    if (!fin){
    return string.Empty;// 超过一帧暂不处理
    }
    bool mask_flag = (recBytes[1] & 0x80) == 0x80; // 是否包含掩码
    if (!mask_flag){
    return string.Empty;// 不包含掩码的暂不处理
    }
    int payload_len = recBytes[1] & 0x7F; // 数据长度
    byte[] masks = new byte[4];
    byte[] payload_data;
    if (payload_len == 146){
    Array.Copy(recBytes, 4, masks, 0, 4);
    payload_len = (UInt16)(recBytes[2] << 8 | recBytes[3]);
    payload_data = new byte[payload_len];
    Array.Copy(recBytes, 8, payload_data, 0, payload_len);
    }else if (payload_len == 147){
    Array.Copy(recBytes, 10, masks, 0, 4);
    byte[] uInt64Bytes = new byte[8];
    for (int i = 0; i < 8; i++){
        uInt64Bytes[i] = recBytes[9 - i];
    }
    UInt64 len = BitConverter.ToUInt64(uInt64Bytes, 0);
    payload_data = new byte[len];
    for (UInt64 i = 0; i < len; i++){
        payload_data[i] = recBytes[i + 14];
    }
        }else{
    Array.Copy(recBytes, 2, masks, 0, 4);
    payload_data = new byte[payload_len];
    Array.Copy(recBytes, 6, payload_data, 0, payload_len);
        }
        for (var i = 0; i < payload_len; i++){
    payload_data[i] = (byte)(payload_data[i] ^ masks[i % 4]);
        }
        return Encoding.UTF8.GetString(payload_data);56.}
```

3. 发送

　　服务器端接收并解析了客户端发来的信息后，要返回回应信息，服务器发送的数据以 0x81 开头，紧接发送内容的长度，最后是内容的 byte 数组。

实现数据发送的代码如下。

```
/// <summary>
/// 打包服务器数据
/// </summary>
/// <param name="message">数据</param>
/// <returns>数据包</returns>
private static byte[] PackData(string message)
{
    byte[] contentBytes = null;
    byte[] temp = Encoding.UTF8.GetBytes(message);
    if (temp.Length < 146){
    contentBytes = new byte[temp.Length + 2];
    contentBytes[0] = 0x81;
    contentBytes[1] = (byte)temp.Length;
    Array.Copy(temp, 0, contentBytes, 2, temp.Length);
    }else if (temp.Length < 0xFFFF){
    contentBytes = new byte[temp.Length + 4];
    contentBytes[0] = 0x81;
    contentBytes[1] = 146;
    contentBytes[2] = (byte)(temp.Length & 0xFF);
    contentBytes[3] = (byte)(temp.Length >> 8 & 0xFF);
    Array.Copy(temp, 0, contentBytes, 4, temp.Length);
    }else{
// 暂不处理超长内容
    }
    return contentBytes;
}
```

14.2.4　案例 3——客户机端使用 WebSockets API

一般浏览器提供的 API 就可以直接用来实现客户端的握手操作了，在应用时直接使用 javascript 来调用即可。

客户端调用浏览器 API，实现握手操作的 JavaScript 代码如下。

```
var wsServer = 'ws://localhost:8888/Demo'; //服务器地址
var websocket = new WebSocket(wsServer);    //创建 WebSocket 对象
websocket.send("hello");                    //向服务器发送消息
alert(websocket.readyState);                //查看 websocket 当前状态
websocket.onopen = function (evt) {         //已经建立连接
};
websocket.onclose = function (evt) {        //已经关闭连接
};
websocket.onmessage = function (evt) {      //收到服务器消息，使用 evt.data 提取
};
websocket.onerror = function (evt) {        //产生异常
};
```

14.3 综合案例——编写简单的 WebSocket 服务器

在上一节中介绍了 WebSocket API 的原理及基本使用方法，提到在实现通信时关键要配置的是 WebSocket 服务器，下面就来介绍一个简单的 WebSocket 服务器编写方法。

为了实现操作，这里配合编写一个客户端文件，以测试服务器的实现效果。

step 01 首先编写客户端文件，其文件代码如下。

```html
<html>
<head>
    <meta charset="UTF-8">
    <title>Web sockets test</title>
    <script src="jquery-min.js" type="text/javascript"></script>
    <script type="text/javascript">
        var ws;
        function ToggleConnectionClicked() {
          try {
          ws = new WebSocket("ws://192.168.1.101:1818/chat");//连接服务器
          ws.onopen = function(event){alert("已经与服务器建立了连接\r\n 当前连接状
              态："+this.readyState);};
          ws.onmessage = function(event){alert(" 接 收 到 服 务 器 发 送 的 数 据 ：
              \r\n"+event.data);};
          ws.onclose = function(event){alert("已经与服务器断开连接\r\n 当前连接状
              态："+this.readyState);};
          ws.onerror = function(event){alert("WebSocket 异常！");};
              } catch (ex) {
          alert(ex.message);
          }
        };
        function SendData() {
        try{
        ws.send("jane");
        }catch(ex){
        alert(ex.message);
        }
        };
        function seestate(){
        alert(ws.readyState);
        }
    </script>
</head>
<body>
 <button id='ToggleConnection' type="button" onclick='ToggleConnectionClicked();
    '>与服务器建立连接</button><br /><br />
  <button id='ToggleConnection' type="button" onclick='SendData();'>发送信
    息：我的名字是 jane</button><br /><br />
```

```
        <button id='ToggleConnection' type="button" onclick='seestate();'>查看当
前状态</button><br /><br />
</body>
</html>
```

在 IE 中预览，效果如图 14-4 所示。

图 14-4　程序运行结果

 　　　其中 ws.onopen、ws.onmessage、ws.onclose 和 ws.onerror 对应了四种状态的提示
信息。在连接服务器时，需要在代码中指定服务器的链接地址，测试时将 IP 地址改
为本机 IP 即可。

step 02　服务器程序可以使用.net 等实现编辑，编辑后服务器端的主程序代码如下。

```
using System;
using System.Net;
using System.Net.Sockets;
using System.Security.Cryptography;
using System.Text;
using System.Text.RegularExpressions;
namespace WebSocket
{
    class Program
    {
        static void Main(string[] args)
        {
            int port = 2828;
            byte[] buffer = new byte[1024];
            IPEndPoint localEP = new IPEndPoint(IPAddress.Any, port);
            Socket listener = new Socket(localEP.Address.AddressFamily,SocketType.
            Stream,ProtocolType.Tcp);
            try{
```

```
            listener.Bind(localEP);
            listener.Listen(10);
            Console.WriteLine("等待客户端连接....");
            Socket sc = listener.Accept();//接受一个连接
            Console.WriteLine("接受到了客户端: "+sc.RemoteEndPoint.ToString()+"
                连接....");
            //握手
            int length = sc.Receive(buffer);//接受客户端握手信息
            sc.Send(PackHandShakeData(GetSecKeyAccetp(buffer,length)));
            Console.WriteLine("已经发送握手协议了....");
            //接受客户端数据
            Console.WriteLine("等待客户端数据....");
            length = sc.Receive(buffer);//接受客户端信息
            string clientMsg=AnalyticData(buffer, length);
            Console.WriteLine("接受到客户端数据: " + clientMsg);
            //发送数据
            string sendMsg = "您好, " + clientMsg;
            Console.WriteLine("发送数据: ""+sendMsg+"" 至客户端....");
            sc.Send(PackData(sendMsg));
            Console.WriteLine("演示 Over!");
        }
        catch (Exception e)
        {
            Console.WriteLine(e.ToString());
        }
    }
...
...
...
/// <summary>
/// 打包服务器数据
/// </summary>
/// <param name="message">数据</param>
/// <returns>数据包</returns>
private static byte[] PackData(string message)
{
    byte[] contentBytes = null;
    byte[] temp = Encoding.UTF8.GetBytes(message);
    if (temp.Length < 146){
        contentBytes = new byte[temp.Length + 2];
        contentBytes[0] = 0x81;
        contentBytes[1] = (byte)temp.Length;
        Array.Copy(temp, 0, contentBytes, 2, temp.Length);
    }else if (temp.Length < 0xFFFF){
        contentBytes = new byte[temp.Length + 4];
        contentBytes[0] = 0x81;
        contentBytes[1] = 146;
```

```
        contentBytes[2] = (byte)(temp.Length & 0xFF);
        contentBytes[3] = (byte)(temp.Length >> 8 & 0xFF);
        Array.Copy(temp, 0, contentBytes, 4, temp.Length);
    }else{
        // 暂不处理超长内容
    }
    return contentBytes;
    }
  }
}
```

内容较多，中间部分内容省略，编辑后保存服务器文件目录。

step 03 测试服务器和客户端的连接通信，首先打开服务器，运行随书光盘"素材
\ch14\14.3\WebSocket-Server\WebSocket\obj\x86\Debug\WebSocket.exe"文件，提示
等待客户端连接，效果 14-5 所示。

step 04 运行客户端文件(素材\ch14\14.3\WebSocket-Client\index.html)，效果如图 14-6 所示。

图 14-5　等待客户端连接

图 14-6　运行客户端文件

step 05 单击【与服务器建立连接】按钮，服务器端显示已经建立连接，客户端提示连
接建立，且状态为 1，效果如图 14-7 所示。

step 06 单击【发送消息】按钮，自服务器端返回信息，提示"您好，jane"。

图 14-7　与服务器建立连接

图 14-8　服务器端返回的信息

14.4　跟我练练手

14.4.1　练习目标

能够熟练掌握本章所讲内容。

14.4.2　上机练习

练习 1：跨文档消息传输。
练习 2：编写简单的 Web Socket 服务器。

14.5　高 手 甜 点

甜点 1：WebSockets 将会替代什么？

答：WebSockets 可以替代 Long Polling(PHP 服务端推送技术)。客户端发送一个请求到服务器，现在，服务器端并不会响应还没准备好的数据，它会保持连接的打开状态直到最新的数据准备就绪发送，之后客户端收到数据，然后发送另一个请求。好处在于减少任一连接的延迟，当一个连接已经打开时就不需要创建另一个新的连接。但是 Long-Polling 并不是什么花哨技术，它仍有可能发生请求暂停，因此会需要建立新的连接。

甜点 2：WebSocket 的优势在哪里？

它可以实现真正的实时数据通信。众所周知，B/S 模式下应用的是 HTTP 协议，是无状态的，所以不能保持持续的连接。数据交换是通过客户端提交一个 Request 到服务器端，然后服务器端返回一个 Response 到客户端来实现的。而 WebSocket 是通过 HTTP 协议的初始握手阶段然后升级到 Web Socket 协议以支持实时数据通信。

WebSocket 可以支持服务器主动向客户端推送数据。一旦服务器和客户端通过 WebSocket 建立起连接，服务器便可以主动地向客户端推送数据，而不像普通的 Web 传输方式需要先由客户端发送 Request 才能返回数据，从而增强了服务器的能力。

WebSocket 协议设计了更为轻量级的 Header，除了首次建立连接的时候需要发送头部和普通 Web 连接类似的数据之外，建立 WebSocket 链接后，相互沟通的 Header 就会异常的简洁，大大减少了冗余的数据传输。

WebSocket 提供了更为强大的通信能力和更为简洁的数据传输平台，能更为方便地完成 Web 开发中的双向通信功能。

第 15 章

数据存储技术

Web Storage 是 HTML5 引入的一个非常重要的功能，可以在客户端本地存储数据，类似 HTML4 的 Cookie，但可实现功能要比 Cookie 强大得多，Cookie 大小被限制在 4KB，Web Storage 官方建议为每个网站 5MB。

本章要点(已掌握的在方框中打钩)

☐ 掌握 Web 存储的方法。
☐ 掌握使用 HTML5 Web Storage API 的方法。
☐ 掌握在本地建立数据库的方法。
☐ 了解目前浏览器对 Web 存储的支持情况。
☐ 掌握制作简单 Web 留言本的方法。

15.1　认识 Web 存储

在 HTML5 标准之前，Web 存储信息需要 Cookie 来完成，但是 Cookie 不适合大量数据的存储，因为它们由每个对服务器的请求来传递，这使得 Cookie 速度很慢而且效率也不高。为此，在 THML5 中，Web 存储 API 为用户如何在计算机或设备上存储用户信息作了数据标准的定义。

15.1.1　本地存储和 Cookies 的区别

本地存储和 Cookies 扮演着类似的角色，但是它们有根本的区别。

(1) 本地存储是仅存储在用户的硬盘上，并等待用户读取，而 Cookies 是在服务器上读取。

(2) 本地存储仅供客户端使用，如果需要服务器端根据存储数值做出反应，就应该使用 Cookies。

(3) 读取本地存储不会影响到网络带宽，但是使用 Cookies 将会发送到服务器，这样会影响到网络带宽，无形中增加了成本。

(4) 从存储容量上看，本地存储可存储多达 5MB 的数据，而 Cookies 最多只能存储 4KB 的数据信息。

15.1.2　Web 存储方法

在 HTML5 标准中，提供了以下两种在客户端存储数据的新方法。

(1) sessionStorage：sessionStorage 是基于 session 的数据存储，在关闭或者离开网站后，数据将会被删除，也被称为会话存储。

(2) localStorage：没有时间限制的数据存储，也被称为本地存储。

与会话存储不用，本地存储将在用户计算机上永久保持数据信息。关闭浏览器窗口后，如果再次打开该站点，将可以检索所有存储在本地上的数据。

在 HTML5 中，数据不是由每个服务器请求传递的，而是只有在请求时使用数据，这样的话，存储大量数据时不会影响网站性能。对于不同的网站，数据存储于不同的区域，并且一个网站只能访问其自身的数据。

　　　　HTML5 使用 JavaScript 来存储和访问数据，为此，建议用户可以多了解一下 Javascript 的基本知识。

15.2　使用 HTML5 Web Storage API

使用 HTML5 Web Storage API 技术，可以实现很好的本地存储。

15.2.1 案例 1——测试浏览器的支持情况

Web Storage 在各大主流浏览器中都支持了，但是为了兼容老的浏览器，还是要检查一下是否可以使用这项技术，主要有两种方法。

1. 通过检查 Storage 对象是否存在

第一种方式：通过检查 Storage 对象是否存在，来检查浏览器是否支持 Web Storage，代码如下。

```
if(typeof(Storage)!=="undefined"){
// Yes! localStorage and sessionStorage support!
// Some code.....
} else {
// Sorry! No web storage support..
}
```

2. 分别检查各自的对象

第二种方式：分别检查各自的对象。例如：检查 localStorage 是否支持，代码如下。

```
if (typeof(localStorage) == 'undefined' ) {
alert('Your browser does not support HTML5 localStorage. Try upgrading.');
} else {
// Yes! localStorage and sessionStorage support!
// Some code.....
}
或者:
if('localStorage' in window && window['localStorage'] !== null){
// Yes! localStorage and sessionStorage support!
// Some code.....
} else {
alert('Your browser does not support HTML5 localStorage. Try upgrading.');
}
或者:
if (!!localStorage) {
// Yes! localStorage and sessionStorage support!
// Some code.....
} else {
alert('Your browser does not support HTML5 localStorage. Try upgrading.');
}
```

15.2.2 案例 2——使用 sessionStorage 方法创建对象

sessionStorage 方法针对一个 session 进行数据存储。如果用户关闭浏览器窗口后，数据会被自动删除。

创建一个 sessionStorage 方法的基本语法格式如下。

```
<script type="text/javascript">
sessionStorage.abc="  ";
</script>
```

1. 创建对象

【例 15.1】使用 sessionStorage 方法创建对象(实例文件：ch15\15.1.html)。

```
<!DOCTYPE HTML>
<html>
<body>
<script type="text/javascript">
sessionStorage.name="努力过好每一天！";
document.write(sessionStorage.name);
</script>
</body>
</html>
```

在 IE 中浏览，效果如图 15-1 所示。即可看到使用 sessionStorage 方法创建的对象内容显示在网页中。

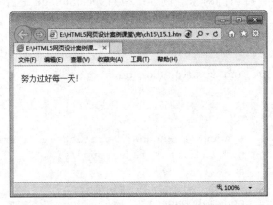

图 15-1　使用 sessionStorage 方法创建对象

2. 制作网站访问记录计数器

下面继续使用 sessionStorage 方法来做一个实例，主要制作记录用户访问网站次数的计数器。

【例 15.2】制作网站访问记录计数器(实例文件：ch15\15.2.html)。

```
<!DOCTYPE HTML>
<html>
<body>
<script type="text/javascript">
if (sessionStorage. count)
 {
 sessionStorage.count=Number(sessionStorage.count) +1;
 }
```

```
else
 {
 sessionStorage. count=1;
 }
document.write("您访问该网站的次数为： " + sessionStorage.count);
</script>
</body>
</html>
```

在 IE 中浏览，效果如图 15-2 所示。如果用户刷新一次页面，计数器的数值将进行加 1。

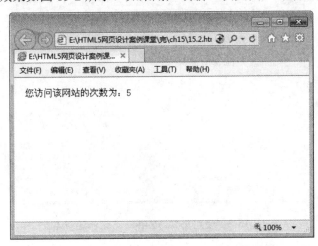

图 15-2　使用 sessionStorage 方法创建计数器

　　如果用户关闭浏览器窗口，再次打开该网页，计数器将重置为 1。

15.2.3　案例 3——使用 localStorage 方法创建对象

与 seessionStorage 方法不同，localStorage 方法存储的数据没有时间限制。也就是说网页浏览者关闭网页很长一段时间后，再次打开此网页时，数据依然可用。

创建一个 localStorage 方法的基本语法格式如下。

```
<script type="text/javascript">
localStorage.abc="  ";
</script>
```

1. 创建对象

【例 15.3】使用 localStorage 方法创建对象(实例文件：ch15\15.3.html)。

```
<!DOCTYPE HTML>
<html>
<body>
<script type="text/javascript">
```

```
localStorage.name="学习 HTML5 最新的技术：Web 存储";
document.write(localStorage.name);
</script>
</body>
</html>
```

在 IE 中浏览，效果如图 15-3 所示。即可看到使用 localStorage 方法创建的对象内容显示在网页中。

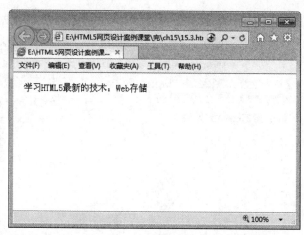

图 15-3 使用 localStorage 方法创建对象

2. 制作网站访问记录计数器

下面仍然使用 localStorage 方法来制作记录用户访问网站次数的计数器。用户可以清楚地看到 localStorage 方法和 sessionStorage 方法的区别。

【例 15.4】制作网站访问记录计数器(实例文件：ch15\15.4.html)。

```
<!DOCTYPE HTML>
<html>
<body>
<script type="text/javascript">
if (localStorage.count)
 {
 localStorage.count=Number(localStorage.count) +1;
 }
else
 {
 localStorage.count=1;
 }
document.write("您访问该网站的次数为: " + localStorage.count");
</script>
</body>
</html>
```

在 IE 中浏览，效果如图 15-4 所示。如果用户刷新一次页面，计数器的数值将进行加 1；如果用户关闭浏览器窗口，再次打开该网页，计数器会继续上一次计数，而不会重置为 1。

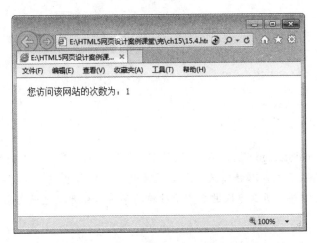

图 15-4　使用 localStorage 方法创建计数器

15.2.4　案例 4——Web Storage API 的其他操作

Web Storage API 的 localStorage 和 sessionStorage 对象除了以上基本应用外，还有以下两个方面。

1. 清空 localStorage 数据

localStorage 的 clear()函数用于清空同源的本地存储数据，比如 localStorage.clear()，它将删除所有本地存储的 localStorage 数据。

而 Web Storage 的另外一部分 Session Storage 中的 clear()函数只清空当前会话存储的数据。

2. 遍历 localStorage 数据

遍历 localStorage 数据可以查看 localStrage 对象保存的全部数据信息。在遍历过程中，需要访问 localStorage 对象的另外两个属性 length 与 key。length 表示 localStorage 对象中保存数据的总量，key 表示保存数据时的键名项，该属性常与索引号(index)配合使用，表示第几条键名对应的数据记录，其中，索引号(index)以 0 值开始，如果取第 3 条键名对应的数据，index 值应该为 2。

取出数据并显示数据内容的代码如下。

```
functino showInfo(){
  var array=new Array();
  for(var i=0;i
  //调用 key 方法获取 localStorage 中数据对应的键名
  //如这里键名是从 test1 开始递增到 testN 的，那么 localStorage.key(0)对应 test1
  var getKey=localStorage.key(i);
  //通过键名获取值，这里的值包括内容和日期
  var getVal=localStorage.getItem(getKey);
  //array[0]就是内容，array[1]是日期
  array=getVal.split(",");
  }
}
```

获取并保存数据的代码如下。

```
var storage = window.localStorage; f
or (var i=0, len = storage.length; i < len; i++){
var key = storage.key(i);
var value = storage.getItem(key);
console.log(key + "=" + value); }
```

> 由于 localStorage 不仅仅是存储了这里所添加的信息，可能还存在其他信息，但是那些信息的键名也是以递增数字形式表示的，这样如果这里也用纯数字就可能覆盖另外一部分的信息，所以建议键名都用独特的字符区分开，这里在每个 ID 前加上 test 以示区别。

15.2.5 案例 5——使用 JSON 对象存取数据

在 HTML5 中可以使用 JSON 对象来存取一组相关的对象。使用 JSON 对象可以收集一组用户输入信息，然后创建一个 Object 来囊括这些信息，之后用一个 JSON 字符串来表示这个 Object，然后把 JSON 字符串存放在 localStorage 中。当用户检索指定名称时，会自动用该名称去 localStorage 取得对应的 JSON 字符串，将字符串解析到 Object 对象，然后依次提取对应的信息，并构造 HTML 文本输入显示。

【例 15.5】使用 JSON 对象存取数据(实例文件：ch15\15.5.html)。

下面就来列举一个简单的案例，来介绍如何使用 JSON 对象存取数据，具体操作方法如下。

step 01 新建一个记事本文件，具体代码如下。

```
<!DOCTYPE html>
<html>
<head>
<meta charset="UTF-8">
<title>使用 JSON 对象存取数据</title>
<script type="text/javascript" src="objectStorage.js"></script>
</head>
<body>
<h3>使用 JSON 对象存取数据</h3>
<h4>填写待存取信息到表格中</h4>
<table>
<tr><td>用户名:</td><td><input type="text" id="name"></td></tr>
<tr><td>E-mail:</td><td><input type="text" id="email"></td></tr>
<tr><td>联系电话:</td><td><input type="text" id="phone"></td></tr>
<tr><td></td><td><input type="button" value="保存" onclick="saveStorage();">
</td></tr>
</table>
<hr>
<h4>检索已经存入 localStorage 的 json 对象，并且展示原始信息</h4>
<p>
```

```
<input type="text" id="find">
<input type="button" value="检索" onclick="findStorage('msg');">
</p>
<!-- 下面这块用于显示被检索到的信息文本 -->
<p id ="msg"></p>
</body>
</html>
```

step 02 使用 IE 浏览保存的 html 文件，页面显示效果如图 15-5 所示。

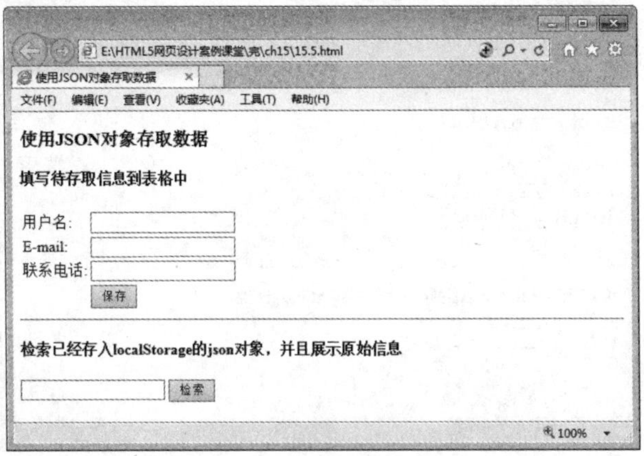

图 15-5 创建存取对象表格

step 03 案例中用到了 JavaScript 脚本，其中包含 2 个函数，一个是存数据，一个是取数据，具体的 JavaScript 脚本代码如下。

```
function saveStorage(){            //创建一个 js 对象，用于存放当前从表单获得的数据
var data = new Object;             //将对象的属性值名依次和用户输入的属性值关联起来
data.user=document.getElementById("user").value;
data.mail=document.getElementById("mail").value;
data.tel=document.getElementById("tel").value;
//创建一个 json 对象，让其对应 html 文件中创建的对象的字符串数据形式
var str = JSON.stringify(data);
//将 json 对象存放到 localStorage 上，key 为用户输入的 NAME，value 为这个 json 字符串
localStorage.setItem(data.user,str);
console.log("数据已经保存！被保存的用户名为："+data.user);
}
//从 localStorage 中检索用户输入的名称对应的 json 字符串，然后把 json 字符串解析为一组信息，并且打印到指定位置
function findStorage(id){          //获得用户的输入，是用户希望检索的名字
var requiredPersonName = document.getElementById("find").value;
//以这个检索的名字来查找 localStorage,得到了 json 字符串
var str=localStorage.getItem(requiredPersonName);
//解析这个 json 字符串得到 Object 对象
var data= JSON.parse(str);
//从 Object 对象中分离出相关属性值，然后构造要输出的 HTML 内容
var result="用户名:"+data.user+'<br>';
result+="E-mail:"+data.mail+'<br>';
```

297

```
result+="联系电话:"+data.tel+'<br>';          //取得页面上要输出的容器
var target = document.getElementById(id);    //用刚才创建的 HTML 内容来填充这个容器
target.innerHTML = result;
}
```

step 04 将 js 文件和 html 文件放在同一目录下，再次打开网页，在表单中依次输入相关
内容，单击【保存】按钮，如图 15-6 所示。

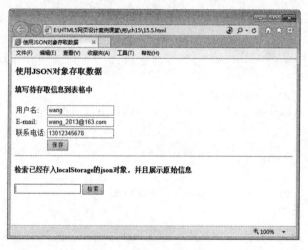

图 15-6 输入表格内容

step 05 在【检索】文本框中输入已经保存的信息的用户名，单击【检索】按钮，则在
页面下方自动显示保存的用户信息，如图 15-7 所示。

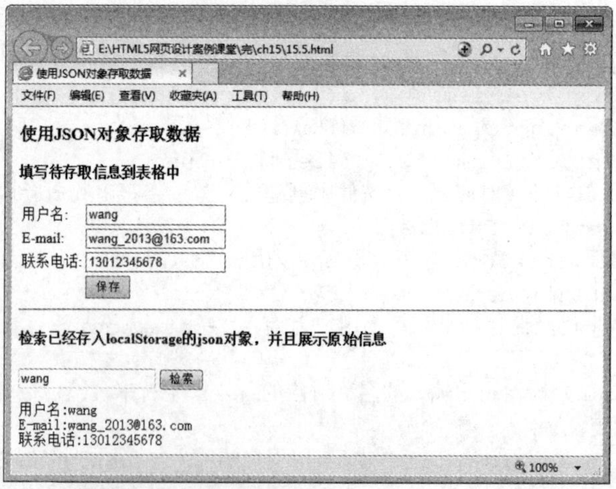

图 15-7 检索数据信息

15.3　在本地建立数据库

上述简单介绍了如何利用 localStorage 实现本地存储。实际上，除了 sessionStorage 和 localStorage 外，HTML5 还支持通过本地数据库进行本地数据存储，HTML5 采用的是 SQLLite 这种文件型数据库，该数据库多集中在嵌入式设备上。

15.3.1　本地数据库概述

可以使用 OpenDatabase 方法打开一个已经存在的数据库，如果数据库不存在，使用此方法将会创建一个新数据库。打开或创建一个数据库的代码如下。

```
var db = openDatabase('mydb', '1.1', ' A list of to do items.', 200000);
```

上述代码的括号中设置了 5 个参数，其意义分别为：数据库名称、版本号、文字说明、数据库的大小和创建回滚。

> **注意**　如果数据库已经创建了，第五个参数将会调用此回滚操作。如果省略此参数，则仍将创建正确的数据库。

以上代码的意义：创建了一个数据库对象 db，名称是 mydb，版本编号为 1.1。db 还带有描述信息和大概的大小值。用户代理(user agent)可使用这个描述与用户进行交流，说明数据库是用来做什么的。利用代码中提供的大小值，用户代理可以为内容留出足够的存储。如果需要，这个大小是可以改变的，所以没有必要预先假设允许用户使用多少空间。

为了检测之前创建的连接是否成功，可以检查那个数据库对象是否为 null：

```
if(!db)
  alert("Failed to connect to database.");
```

绝不可以假设该连接已经成功建立，即使过去对于某个用户它是成功的。为什么一个连接会失败，存在多个原因。也许用户代理出于安全原因拒绝你的访问，也许设备存储有限。面对活跃而快速进化的潜在用户代理，对用户的机器、软件及其能力作出假设是非常不明智的行为。

15.3.2　用 executeSql 来执行查询

通过 executeSql 方法执行查询，代码如下。

```
tx.executeSql(sqlQuery,[value1,value2..],dataHandler,errorHandler)
```

executeSql 方法有 4 个参数，作用分别如下。

- sqlQuery：需要具体执行的 sql 语句，可以是 create、select、update、delete。
- [value1,value2..]：sql 语句中所有使用到的参数的数组，在 executeSql 方法中，将 sql 语句中所要使用的参数先用 "?" 代替，然后依次将这些参数组成数组放在第二个参数中。

- dataHandler：执行成功时调用的回调函数，通过该函数可以获得查询结果集。
- errorHandler：执行失败时调用的回调函数。

15.3.3　使用 transaction 方法处理事件

使用第一步创建的数据库访问对象(如 db)执行 transaction 方法，用来执行事务处理，代码如下。

```
db.transaction(function(tx)){
//执行访问数据库的语句
});
```

transaction 方法使用一个回调函数作为参数，在这个函数中，执行访问数据库的具体操作。

15.4　目前浏览器对 Web 存储的支持情况

不用的浏览器版本对 Web 存储技术的支持情况是不同的，表 15-1 是常见浏览器对 Web 存储的支持情况。

表 15-1　常见浏览器对 Web 存储的支持情况

浏览器名称	支持 Web 存储技术的版本
Internet Explorer	Internet Explorer 8 及更高版本
Firefox	Firefox 3.6 及更高版本
Opera	Opera 10.0 及更高版本
Safari	Safari 4 及更高版本
Chrome	Chrome 5 及更高版本
Android	Android 2.1 及更高版本

15.5　综合案例——制作简单 Web 留言本

使用 Web Storage 的功能可以用来制作 Web 留言本，具体制作方法如下。

step 01 构建页面框架，代码如下。

```
<!DOCTYPE html>
<html>
<head>
<title>本地存储技术之 Web 留言本</title>
</head>
<body onload="init()">
</body>
</html>
```

step 02 添加页面文件，主要由表单构成，包括单行文字表单和多行文本表单，代码如下。

```
<h1>Web 留言本</h1>
<table>
    <tr>
        <td>用户名</td>
        <td><input type="text" name="name" id="name" /></td>
    </tr>
    <tr>
        <td>留言</td>
        <td><textarea name="memo" id="memo" cols ="50" rows = "5">
</textarea></td>
    </tr>
    <tr>
        <td></td>
        <td>
            <input type="submit" value="提交" onclick="saveData()" />
        </td>
    </tr>
</table>
<ht>
<table id="datatable" border="1"></table>
<p id="msg"></p>
```

step 03 为了执行本地数据库的保存及调用功能，需要插入数据库的脚本代码，具体内容如下。

```
<script>
var datatable = null;
var db = openDatabase("MyData","1.0","My Database",2*1024*1024);
function init()
{
    datatable = document.getElementById("datatable");
    showAllData();
}
function removeAllData(){
    for(var i = datatable.childNodes.length-1;i>=0;i--){
        datatable.removeChild(datatable.childNodes[i]);
    }
    var tr = document.createElement('tr');
    var th1 = document.createElement('th');
    var th2 = document.createElement('th');
    var th3 = document.createElement('th');
    th1.innerHTML = "用户名";
    th2.innerHTML = "留言";
    th3.innerHTML = "时间";
    tr.appendChild(th1);
    tr.appendChild(th2);
    tr.appendChild(th3);
```

```
            datatable.appendChild(tr);
    }
    function showAllData()
    {
        db.transaction(function(tx){
            tx.executeSql('create table if not exists MsgData(name TEXT,message
            TEXT,time INTEGER)',[]);
            tx.executeSql('select * from MsgData',[],function(tx,rs){
                removeAllData();
                for(var i=0;i<rs.rows.length;i++){
                    showData(rs.rows.item(i));
                }
            });
        });
    }
    function showData(row){
        var tr=document.createElement('tr');
        var td1 = document.createElement('td');
        td1.innerHTML = row.name;
        var td2 = document.createElement('td');
        td2.innerHTML = row.message;
        var td3 = document.createElement('td');
        var t = new Date();
        t.setTime(row.time);
        ttd3.innerHTML = t.toLocaleDateString() + " " + t.toLocaleTimeString();
        tr.appendChild(td1);
        tr.appendChild(td2);
        tr.appendChild(td3);
        datatable.appendChild(tr);
    }
    function addData(name,message,time) {
        db.transaction(function(tx){
            tx.executeSql('insert into MsgData values(?,?,?)',[name,message,
            time],functionx,rs){
                alert("提交成功。");
            },function(tx,error){
                alert(error.source+"::"+error.message);
            });
        });
    } // End of addData
    function saveData() {
        var name = document.getElementById('name').value;
        var memo = document.getElementById('memo').value;
        var time = new Date().getTime();
        addData(name,memo,time);
        showAllData();
    } // End of saveData
</script>
</head>
<body onload="init()">
```

```
    <h1>Web 留言本</h1>
    <table>
        <tr>
            <td>用户名</td>
            <td><input type="text" name="name" id="name" /></td>
        </tr>
        <tr>
            <td>留言</td>
            <td><textarea  name="memo"  id="memo"  cols  ="50"  rows  =  "5">
            </textarea></td>
        </tr>
        <tr>
            <td></td>
            <td>
                <input type="submit" value="提交" onclick="saveData()" />
            </td>
        </tr>
    </table>
    <ht>
    <table id="datatable" border="1"></table>
    <p id="msg"></p>
</body>
</html>
```

step 04 文件保存后，使用 IE 浏览页面，效果如图 15-8 所示。

图 15-8 Web 留言本

15.6　跟我练练手

15.6.1　练习目标

能够熟练掌握本章所讲内容。

15.6.2　上机练习

练习 1：使用 sessionStorage 方法创建对象。

练习 2：使用 localStorage 方法创建对象。

练习 3：使用 JSON 对象存取数据。

练习 4：制作简单 Web 留言本。

15.7　高手甜点

甜点 1：不同的浏览器可以读取同一个 Web 中存储的数据吗？

答：在 Web 存储时，不同的浏览器将存储在不同的 Web 存储库中。例如，如果用户使用的是 IE 浏览器，那么 Web 存储工作时，将所有数据将存储在 IE 的 Web 存储库中，如果用户再次使用火狐浏览器访问该站点，将不能读取 IE 浏览器存储的数据，可见每个浏览器的存储是分开并独立工作的。

甜点 2：离线存储站点时是否需要浏览者同意？

答：和地理定位类似，在网站使用 manifest 文件时，浏览器会提供一个权限提示，提示用户是否将离线设为可用，但是不是每一个浏览器都支持这样的操作。

第 16 章

使用 Web Worker
处理线程

利用 Web Worker 技术，可以实现网页脚本程序的多线程后台执行，并且不会影响其他脚本的执行，为大型网站的顺畅运行提供了更好的实现方法。本章主要讲述线程处理技术，包括 Web Workers 概述和线程的嵌套运用等。

本章要点(已掌握的在方框中打钩)

☐ 掌握 Web Workers 概述。
☐ 掌握线程进行数据交互的方法。
☐ 掌握线程的嵌套。
☐ 掌握创建 Web Worker 计时器的方法。

16.1　Web Workers

在 HTML5 中为了提供更好的后台程序执行，设计了 Web Worker 技术。Web Worker 的产生主要是考虑到在 HTML4 中执行的 JavaScript Web 程序都是以单线程的方式执行的，一旦前面的脚本花费时间过长，后面的程序就会因长期得不到响应而使用户页面操作出现异常。

16.1.1　Web Workers 概述

Web Worker 实现的是线程技术，可以使运行在后台的 JavaScript 独立于其他脚本，不会影响页面的性能。

Web Worker 创建后台线程的方法非常简单，只需要将在后台线程中执行的脚本文件，以 URL 地址的方式创建在 Worker 类的构造器中就可以了，其代码格式如下。

```
var worker=new worker("worker.js");
```

目前大部分主流的浏览器都支持 Web Worker 技术。创建 Web Worker 之前，用户可以检测浏览器是否支持它，可以使用以下方法检测浏览器对 Web Worker 的支持情况。

```
if(typeof(Worker)!=="undefined")
 {
 // Yes! Web worker support!
 // Some code.....
 }
else
 {
 // Sorry! No Web Worker support..
 }
```

如果浏览器不支持该技术，将会出现。如图 16-1 所示的提示信息。

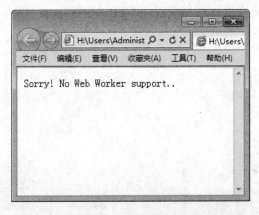

图 16-1　不支持 Web Worker 技术的提示信息

16.1.2 线程中常用的变量、函数与类

在进行 Web Worker 线程创建时会涉及一些变量、函数与类内容，其中在线程中执行的 JavaScript 脚本文件中可以用到的变量、函数与类介绍如下。

- Self：Self 关键词用来表示本线程范围内的作用域。
- Imports：导入的脚本文件必须与使用该线程文件的页面在同一个域中，并在同一个端口中。
- ImportScripts(urls)：导入其他 JavaScript 脚本文件。参数为该脚本文件的 URL 地址，可以导入多个脚本文件。
- Onmessage：获取接收消息的事件句柄。
- Navigator 对象：与 window.navigator 对象类似，具有 appName、platform、userAgent、appVersion 这些属性。
- setTimeout()/setInterval()：可以在线程中实现定时处理。
- XMLHttpRequest：可以在线程中处理 Ajax 请求。
- Web Workers：可以在线程中嵌套线程。
- SessionStorage/localStorage：可以在线程中使用 Web Storage。
- Close：可以结束本线程。
- Eval()、isNaN()、escape()等：可以使用所有 JavaScript 核心函数。
- Object：可以创建和使用本地对象。
- WebSockets：可以使用 WebSockets API 来向服务器发送和接收信息。
- postMessage(message)：向创建线程的源窗口发送消息。

16.1.3 案例 1——与线程进行数据的交互

在后台执行的线程是不可以访问页面和窗口对象的，但这并不妨碍前台和后台线程进行数据的交互。下面就来介绍一个前台和后台线程交互的案例。

在案例中，后台执行的 JavaScript 脚本线程是从 0~200 的整数中随机挑选一些整数，然后再在选出的这些整数中选择可以被 5 整除的整数，最后将这些选出的整数交给前台显示，以实现前台与后台线程的数据交互。

step 01 完成前台的网页代码，其代码内容(详见随书光盘中的"素材\ch16\16.1.html")如下。

```
<!DOCTYPE html>
<head>
<meta charset="UTF-8">
<title>前台与后台线程的数据交互</title>
<script type="text/javascript">
var intArray=new Array(200);    //随机数组
var intStr="";                  //将随机数组用字符串进行连接
//生成 200 个随机数
for(var i=0;i<200;i++)
{
```

```
        intArray[i]=parseInt(Math.random()*200);
        if(i!=0)
            intStr+=";";              //用分号作随机数组的分隔符
        intStr+=intArray[i];
}
//向后台线程提交随机数组
var worker = new Worker("16.1.js");
worker.postMessage(intStr);
// 从线程中取得计算结果
worker.onmessage = function(event) {
    if(event.data!="")
    {
        var h;                  //行号
        var l;                  //列号
        var tr;
        var td;
        var intArray=event.data.split(";");
        var table=document.getElementById("table");
        for(var i=0;i<intArray.length;i++)
        {
            h=parseInt(i/15,0);
            l=i%15;
            //该行不存在
            if(l==0)
            {
                //添加新行的判断
                tr=document.createElement("tr");
                tr.id="tr"+h;
                table.appendChild(tr);
            }
            //该行已存在
            else
            {
                //获取该行
                tr=document.getElementById("tr"+h);
            }
            //添加列
            td=document.createElement("td");
            tr.appendChild(td);
            //设置该列数字内容
            td.innerHTML=intArray[h*15+l];
            //设置该列对象的背景色
            td.style.backgroundColor="#f56848";
            //设置该列对象数字的颜色
            td.style.color="#000000";
            //设置对象数字的宽度
            td.width="30";
        }
    }
};
```

```
</script>
</head>
<body>
<h2 style="text-shadow:0.1em 3px 6px blue">从随机生成的数字中抽取 5 的倍数并显示示
例</h2>
<table id="table">
</table>
</body>
```

step 02　为了实现后台线程，需要编写后台执行的 JavaScript 脚本文件，其代码(详见随
书光盘中的"素材\ch16\16.1.js")如下。

```
onmessage = function(event) {
    var data = event.data;
    var returnStr;                              //将 5 的倍数组成字符串并返回
    var intArray=data.split(";");               //设置返回字符串中数字分隔符为";"号
    returnStr="";
    for(var i=0;i<intArray.length;i++)
    {
        if(parseInt(intArray[i])%5==0)          //判断能否被 5 整除
        {
            if(returnStr!="")
                returnStr+=";";
            returnStr+=intArray[i];
        }
    }
    postMessage(returnStr);                     //返回 5 的倍数组成的字符串
}
```

step 03　使用 IE 浏览器打开编辑好的网页文件，显示效果如图 16-2 所示。

图 16-2　从随机生成的数字中抽取 5 的倍数并显示示例

说明：由于数字是随机产生的，所以每次生成的数据序列都是不同的。

16.2　线程嵌套

线程中可以嵌套子线程，这样就可以将后台中较大的线程切割成多个子线程，每个子线程独立完成一份工作，可以提高程序的效率。有关线程嵌套的内容介绍如下。

16.2.1　案例 2——单线程嵌套

最简单的线程嵌套是单层的嵌套，下面来介绍一个单线程的嵌套案例，该案例所实现的效果和上节中案例的效果相似。其操作方法如下。

step 01　完成网页前台页面的代码内容，具体代码(详见随书光盘中的"素材\ch16\16.2.html")如下。

```
<!DOCTYPE html>
<head>
<meta charset="UTF-8">
<script type="text/javascript">
var worker = new Worker("16.2.js");
worker.postMessage("");
// 从线程中取得计算结果
worker.onmessage = function(event) {
    if(event.data!="")
    {
        var j;      //行号
        var k;      //列号
        var tr;
        var td;
        var intArray=event.data.split(";");
        var table=document.getElementById("table");
        for(var i=0;i<intArray.length;i++)
        {
            j=parseInt(i/10,0);
            k=i%10;
            if(k==0)        //该行不存在
            {
                //添加行
                tr=document.createElement("tr");
                tr.id="tr"+j;
                table.appendChild(tr);
            }
            else  //该行已存在
            {
                //获取该行
                tr=document.getElementById("tr"+j);
            }
            //添加列
```

```
            td=document.createElement("td");
            tr.appendChild(td);
            //设置该列内容
            td.innerHTML=intArray[j*10+k];
            //设置该列背景色
            td.style.backgroundColor="blue";
            //设置该列字体颜色
            td.style.color="white";
            //设置列宽
            td.width="30";
        }
    }
};
</script>
</head>
<body>
<h2 style="text-shadow:0.1em 3px 6px blue">从随机生成的数字中抽取 5 的倍数并显示示
例</h2>
<table id="table">
</table>
</body>
```

step 02　下面需要编写程序后台执行的主线程的代码内容，该线程用于执行数据挑选，会在 0～200 之间随机产生 200 个随机整数(数字可重复)，并将其交与子线程，让子线程挑选可以被 5 整除的数字(详见随书光盘中的"素材\ch16\16.2.js")。

```
onmessage=function(event){
    var intArray=new Array(200);          //产生随机的数组
    //生成 200 个随机数
    for(var i=0;i<200;i++)                //数字范围 0-200
        intArray[i]=parseInt(Math.random()*200);
    var worker;
    //调用子线程
    worker=new Worker("16.2-2.js");
    //将随机数组提交给子线程
    worker.postMessage(JSON.stringify(intArray));
    worker.onmessage = function(event) {
        //将挑选结果返回主页面
        postMessage(event.data);
    }
}
```

step 03　经过上一步主线程的数字挑选后，可以通过以下子线程将这些数字拼接成字符串，并返回主线程，其操作代码(详见随书光盘中的"素材\ch16\16.2-2.js")如下。

```
onmessage = function(event) {
    var intArray= JSON.parse(event.data);
    var returnStr;
    returnStr="";
    for(var i=0;i<intArray.length;i++)
```

311

```
{
    //判断数字能否被 5 整除
    if(parseInt(intArray[i])%5==0)
    {
        if(returnStr!="")
            returnStr+=";";
        //将所有可以被 5 整除的数字拼接成字符串
        returnStr+=intArray[i];
    }
}
//返回拼接后的字符串至主线程
postMessage(returnStr);
//关闭子线程
close();
}
```

step 04 使用 IE 浏览器查看网页前台页面，随机产生了一些可以被 5 整除的数字，如
图 16-3 所示。

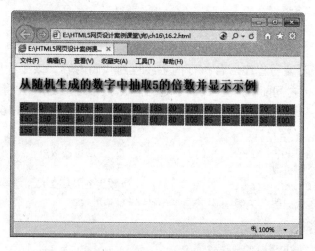

图 16-3   从随机生成的数字中抽取 5 的倍数并显示示例

16.2.2   案例 3——多个子线程中的数据交互

在实现上述案例时，也可以将子线程再次拆分，生成多个子线程，由多个子线程同时完
成工作，这样可以提高处理速度，对较大的 JavaScript 脚本程序来说很实用。

下面将上述案例的程序改为多个子线程嵌套的数据交互案例。

step 01 网页前台文件不需要修改，主线程的脚本文件应当做如下修改(详见随书光盘中
的 "素材\ch16\16.3.js")。

```
onmessage=function(event){
    var worker;
    //调用发送数据的子线程
    worker=new Worker("16.3-2.js");
    worker.postMessage("");
```

```
worker.onmessage = function(event) {
    //接收子线程中数据，本示例中为创建好的随机数组
    var data=event.data;
    //创建接收数据子线程
    worker=new Worker("16.2-2.js");
    //把从发送数据子线程中发回消息传递给接收数据的子线程
    worker.postMessage(data);
worker.onmessage = function(event) {
        //获取接收数据子线程中传回数据，本示例中为挑选结果
    var data=event.data;
        //把挑选结果发送回主页面
        postMessage(data);
}
    }
}
```

上述代码的主线程脚本中提到了两个子线程脚本，其中一个 16.3-2.js 负责创建随机数组，并发送给主线程，另一个 16.2-2.js 负责从主线程接收选好的数组，并进行处理。16.2-2.js 脚本沿用上节脚本文件。

step 02 16.3-2.js 脚本文件的详细代码(详见随书光盘中的"素材\ch16\16.3-2.js")如下。

```
onmessage = function(event) {
var intArray=new Array(200);
for(var i=0;i<200;i++)
    intArray[i]=parseInt(Math.random()*200);
postMessage(JSON.stringify(intArray));
close();
}
```

step 03 执行后的效果如图 16-4 所示。

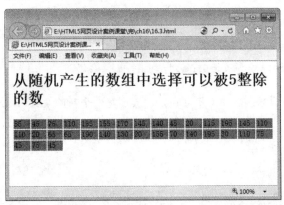

图 16-4　从随机产生的数组中选择可以被 5 整除的数

 通过以上几个案例的展示，其最终显示结构都是相同的，只是代码的编辑与线程的嵌套有所差异，在实际的应用中合理地嵌套子线程虽然代码结构会变得复杂，但是却能很大程度地提高程序的处理效率。

16.3　综合案例——创建 Web Worker 计数器

本实例主要创建一个简单的 Web Worker，实现在后台计数的功能。具体操作步骤如下。

step 01 首先创建一个外部的 JavaScript 文件"workers01.js"，主要用于计数，代码如下。

```
var i=0;

function timedCount()
{
i=i+1;
postMessage(i);
setTimeout("timedCount()",500);
}
timedCount();
```

以上代码中重要的部分是 postMessage() 方法，主要用于向 HTML 页面传回一段消息。

step 02 创建 HTML 页面的代码如下。

```
<!DOCTYPE html>
<html>
<body>
<p>计数: <output id="result"></output></p>
<button onclick="startWorker()">开始 Worker</button>
<button onclick="stopWorker()">停止 Worker</button>
<br /><br />
<script>
var w;
function startWorker()
{
<!-首先判断浏览器是否支持 web worker -->
 if(typeof(Worker)!=="undefined")
  {
<!-检测是否存在 worker，如果不存在，它会创建一个新的 Web Worker 对象，然后运行
" workers.js01" 中的代码-->
  if(typeof(w)=="undefined")
  {
  w=new Worker("/workers01.js");
  }
<!-向 web worker 添加一个"onmessage"事件监听器-->
  w.onmessage = function (event) {
   document.getElementById("result").innerHTML=event.data;
   };
  }
else
  {
```

```
  document.getElementById("result").innerHTML="对不起，您的浏览器不支持 Web
Workers...";
  }
}
  function stopWorker()
{
<!--终止 web worker，并释放浏览器/计算机资源-->
  w.terminate();
}
</script>
</body>
</html>
```

step 03 运行结果如图 16-5 所示。

图 16-5 创建 Web Worker 计数器

16.4 跟我练练手

16.4.1 练习目标

能够熟练掌握本章所讲内容。

16.4.2 上机练习

练习 1：与线程进行数据的交互。

练习 2：单线程嵌套。

练习 3：多个子线程中的数据交互。

练习 4：创建 Web Worker 计数器。

16.5 高手甜点

甜点 1：工作线程(Web Worker)的主要应用场景有哪些？

答：工作线程的主要应用场景有 3 个，分别如下。

(1) 使用工作线程做后台数值(算法)计算。

(2) 使用共享线程处理多用户并发连接。

(3) HTML5 线程代理。

甜点 2：目前浏览器对 Web Worker 的支持情况如何？

答：目前大部分主流的浏览器都支持 Web Worker，但是 Internet Explorer 9 之前的版本并不支持。

第 17 章

HTML5 服务器发送事件

HTML5 规范定义了 Server-Sent Event 和 Web Socket，为浏览器变成一个 RIA(Rich Internet Applications，富互联网应用)客户端平台提供了强大的支持，使用这两个特性，可以帮助服务器将数据"推送"到客户端浏览器。本章主要讲述服务器发送事件的基本概念、服务器发送事件的实现过程等。

本章要点(已掌握的在方框中打钩)

☐ 熟悉服务器发送事件的概述。
☐ 掌握服务器发送事件的实现过程。
☐ 掌握服务器发送事件的实战应用。

17.1　服务器发送事件概述

在网页客户端更新过程中，如果使用早期技术，网页不得不询问是否有可用的更新，这样将不能很好地实时获取服务器的信息，并且加大了资源的耗费。在 HTML5 中，通过服务器发送事件，可以让网页客户端自动获取来自服务器的更新。

服务器发送事件(Server-Sent Event)允许网页获得来自服务器的更新，这种数据的传递和前面章节讲述的 Web Socket 不同。服务器发送事件是单向传递信息，服务器将更新的信息自动发送到客户端，而 Web Socket 是双向通信技术。

目前，常见浏览器对 Server-Sent Event 的支持情况如表 17-1 所示。

表 17-1　常见浏览器对 Server-Sent Event 的支持情况

浏览器名称	支持 Server-Sent Event 的版本
Internet Explorer	不支持
Firefox	Firefox 3.6 及更高版本
Opera	Opera 12.0 及更高版本
Safari	Safari 5 及更高版本
Chrome	Chrome 5 及更高版本

17.2　服务器发送事件的实现过程

了解完服务器发送事件的基本概念后，下面来学习其实现过程。

17.2.1　案例 1——检测浏览器是否支持 Server-Sent 事件

首先可以检查客户端浏览器是否支持 Server-Sent 事件。其代码如下。

```
if(typeof(EventSource)!=="undefined")
  {
  // 浏览器支持的情况
  }
else
  {
  // 对不起，您的浏览器不支持……
  }
```

用户在代码中设置提示信息，这样如果浏览者的客户端不支持，将会显示提示信息。

17.2.2 案例 2——使用 EventSource 对象

在 HTML5 的服务器发送事件中，使用 EventSource 对象接收服务器发送事件的通知。该对象的事件含义如表 17-2 所示。

表 17-2 EventSource 对象的事件

事件名称	含 义
onopen	当连接打开时触发该事件
onmessage	当收到信息时触发该事件
onerror	当连接关闭时触发该事件

在事件处理函数中，可以通过使用 readyState 属性检测连接状态，主要有 3 种状态，如表 17-3 所示。

表 17-3 EventSource 对象的事件状态

状态名称	值	含 义
CONNECTING	0	正在建立连接
OPEN	1	连接已经建立，正在委派事件
CLOSED	2	连接已经关闭

例如下面的代码就是使用了 onmessage 的实例。

```
var source=new EventSource("/123.php");
source.onmessage=function(event)
  {
  document.getElementById("result").innerHTML+=event.data + "<br />";
  };
```

其中，该代码创建一个新的 EventSource 对象，然后规定发送更新的页面的 URL(本例中是 "/123.php")。每接收到一次更新，就会发生 onmessage 事件。当 onmessage 事件发生时，把已接收的数据推入 id 为 result 的元素中。

17.2.3 案例 3——编写服务器端代码

为了让上面的例子可以运行，还需要能够发送数据更新的服务器(比如 PHP 和 ASP)。服务器端事件流的语法非常简单，把 Content-Type 报头设置为 text/event-stream，然后就可以开始发送事件流了。

如果服务器是 PHP，则服务器的代码如下。

```
<?php
header('Content-Type: text/event-stream');
```

```
header('Cache-Control: no-cache');
$time = date('r');
echo "data: The server time is: {$time}\n\n";
flush();
?>
```

如果服务器是 ASP，则服务器的代码如下。

```
<%
Response.ContentType="text/event-stream"
Response.Expires=-1
Response.Write("data: " & now())
Response.Flush()
%>
```

上面的代码中，把报头 Content-Type 设置为 text/event-stream，规定不对页面进行缓存，输出发送日期(始终以 "data:" 开头)，向网页刷新输出数据。

17.3 综合案例——服务器发送事件实战应用

下面通过一个综合的案例，详细介绍整个代码的操作过程。

step 01 首先创建运行主页文件，代码如下。

```
<!DOCTYPE html>
<html>
<head>
<meta charset=\"UTF-8\">
</head>
<body>
<h1>获得服务器更新</h1>
<div id="result">
</div>
<script>
if(typeof(EventSource)!=="undefined")
  {
  var source=new EventSource("/123.php");
  source.onmessage=function(event)
    {
    document.getElementById("result").innerHTML+=event.data + "<br />";
    };
  }
else
  {
  document.getElementById("result").innerHTML="对不起，您的浏览器不支持服务器发送
  事件...";
  }
</script>
</body>
</html>
```

提示 　　通信数据的编码这里规定为 UTF-8 格式，另外所有的页面编码要统一为 UTF-8，否则会乱码或无数据。

step 02　编写服务器端文件 123.php，代码如下。

```php
<?php
error_reporting(E_ALL);
//注意： 发送包头定义 MIMIE 类型(header 部分)，是实现服务器所必需的代码(MIMIE 类型定义了
事件框架格式)
header(\"Content-Type:text/event-stream\");
echo 'data:服务器第一次发送数据'.\"\n\";
echo 'data:服务器第二次发送数据'.\"\n\";
?>
```

提示 　　输出的格式必须为 data:value 格式，这是 text/event-tream 格式规定。

step 03　在 IE 浏览器中的访问主页文件效果如图 17-1 所示。

step 04　在 Firefox 浏览器中的访问主页文件效果如图 17-2 所示。服务器每隔一段时间推送一个此数据。

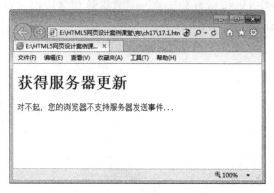
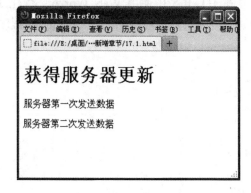

图 17-1　在 IE 浏览器中的访问主页文件效果　　图 17-2　在 Firefox 浏览器中的访问主页文件效果

17.4　跟我练练手

17.4.1　练习目标

能够熟练掌握本章所讲内容。

17.4.2　上机练习

练习 1：服务器发送事件的实现过程。

练习 2：服务器发送事件实战应用。

17.5 高手甜点

甜点 1：如何编写 JSP 的服务器端代码？

答：如果服务器端是 JSP，服务器的代码段如下。

```
<%@ page contentType="text/event-stream; charset=UTF-8"%>
<%
    response.setHeader("Cache-Control", "no-cache");
    out.print("data: >> server Time" + new java.util.Date() );
    out.flush();
%>
```

其中，编码要采用统一的 UTF-8 格式。

甜点 2：如何优化服务器端代码？

答：EventSource 对象是一个不间歇运行的程序，时间一长会大量地消耗资源，甚至导致客户端浏览器崩溃，那么如何优化执行代码呢？

在 HTML5 中使用 Web Workers 优化 JavaScript 执行复杂运算、重复运算和多线程；对于执行时间长、消耗内存多的 JavaScript 程序代码最为有用。

第 18 章

构建离线的 Web 应用

网页离线应用程序是实现离线 Web 应用的重要技术，目前已有的离线 Web 应用程序很多。通过本章的学习，读者能够掌握 HTML5 离线应用程序的基础知识，了解离线应用程序的实现方法。

本章要点(已掌握的在方框中打钩)

☐ 了解 HTML5 离线 Web 的应用概述。
☐ 掌握使用 HTML5 离线 Web 应用 API 的方法。
☐ 掌握使用 HTML5 离线 Web 应用构建应用的方法。
☐ 掌握离线定位跟踪的方法。

18.1 HTML 5 离线 Web 应用概述

在 HTML5 中，新增了本地缓存，也就是 HTML 离线 Web 应用，主要是通过应用程序缓存整个离线网站的 HTML、CSS、Javascript、网站图像和资源。当服务器没有和 Internet 建立连接的时候，也可以利用本地缓存中的资源文件来正常运行 Web 应用程序。

另外如果网站发生了变化，应用程序缓存将重新加载变化的数据文件。

浏览器网页缓存与本地缓存的主要区别如下。

(1) 浏览器网页缓存主要是为了加快网页加载的速度，所以会对每一个打开的网页都进行缓存操作，而本地缓存是为整个 Web 应用程序服务的，只缓存那些指定缓存的网页。

(2) 在网络连接的情况下，浏览器网页缓存一个页面的所有文件，但是一旦离线，用户单击链接时，将会得到一个错误消息。而本地缓存在离线时，仍然可以正常访问。

(3) 对网页浏览者而言，浏览器网页缓存了哪些内容和资源，这些内容是否安全可靠等等都不知道；而本地缓存的页面是编程人员指定的内容，所以在安全方面相对可靠了许多。

18.2 实例 1——使用 HTML5 离线 Web 应用 API

离线 Web 应用较为普遍，下面来详细介绍离线 Web 应用的构成与实现方法。

18.2.1 检查浏览器的支持情况

不同的浏览器版本对 Web 离线应用技术的支持情况是不同的，如表 18-1 所示是常见浏览器对 Web 离线应用的支持情况。

表 18-1 浏览器对 Web 离线应用的支持情况

浏览器名称	支持 Web 存储技术的版本情况
Internet Explorer	Internet Explorer 9 及更低版本目前尚不支持
Firefox	Firefox 3.5 及更高版本
Opera	Opera 10.6 及更高版本
Safari	Safari 4 及更高版本
Chrome	Chrome 5 及更高版本
Android	Android 2.0 及更高版本

使用离线 Web 应用 API 前最好先检查浏览器是否支持它。检查浏览器是否支持的代码如下。

```
if(windows.applicationcache){
//浏览器支持离线应用}
```

18.2.2　搭建简单的离线应用程序

为了使一个包含 HTML 文档、CSS 样式表和 javascript 脚本文件的单页面应用程序支持离线应用，需要在 HTML5 元素中加入 manifest 特性。具体实现代码如下。

```
<!doctype html>
<html manifest="183.manifest">

</html>
```

执行以上代码可以提供一个存储的缓存空间，但是还不能完成离线应用程序的使用，需要指明哪些资源可以享用这些缓存空间，即需要提供一个缓冲清单文件。具体实现代码如下。

```
CHCHE MANIFEST
index.html
183.js
183.css
183.gif
```

以上代码中指明了四种类型的资源对象文件构成缓冲清单。

18.2.3　支持离线行为

要支持离线行为，首先要能够判断网络连接状态，在 HTML5 中引入了一些判断应用程序网络连接是否正常的新的事件。对应应用程序的在线状态和离线状态会有不同的行为模式。

用于实现在线状态监测的是 window.navigator 对象的属性。其中的 navigator.online 属性是一个标明浏览器是否处于在线状态的布尔属性，当 online 值为 true 并不能保证 Web 应用程序在用户的机器上一定能访问到相应的服务器；而当其值为 false 时，不管浏览器是否真正联网，应用程序都不会尝试进行网络连接。

监测页面状态是在线还是离线的具体代码如下。

```
//页面加载的时候，设置状态为 online 或 offline
Function loaddemo(){
  If (navigator.online) {
    Log("online");
} else {
  Log("offline");
}
}
//添加事件监听器，在线状态发生变化时，触发相应动作
Window.addeventlistener("online",function€{
}, true);

Window.addeventlistener("offline",function(e) {
  Log("offline");
},true);
```

提示   上述代码可以在 Internet Explorer 浏览器中使用。

18.2.4   Manifest 文件

那么客户端的浏览器是如何知道应该缓存哪些文件呢？这就需要依靠 Manifest 文件来管理。Manifest 文件是一个简单文本文件，在该文件中以清单的形式列举了需要被缓存或不需要被缓存的资源文件的文件名称以及这些资源文件的访问路径。

Manifest 文件把指定的资源文件类型分为 3 类，分别是 CACHE、NETWORK 和 FALLBACK。这 3 类的含义分别如下。

(1) CACHE 类别。该类别指定需要被缓存在本地的资源文件。这里需要特别注意的是：如果为某个页面指定需要本地缓存的资源文件时，不需要把这个页面本身指定在 CACHE 类型中，因为如果一个页面具有 manifest 文件，浏览器会自动对这个页面进行本地缓存。

(2) NETWORK 类别。该类别为不进行本地缓存的资源文件，这些资源文件只有当客户端与服务器端建立连接的时候才能访问。

(3) FALLBACK 类别。该类别中指定两个资源文件，其中一个资源文件为能够在线访问时使用的资源文件；另一个资源文件为不能在线访问时使用的备用资源文件。

以下是一个简单的 manifest 文件的内容。

```
CACHE MANIFEST
#文件的开头必须是 CACHE MANIFEST
CACHE:
183.html
myphoto.jpg
18.php
NETWORK:
http://www.baidu.com/xxx
feifei.php
FALLBACK:
online.js locale.js
```

上述代码含义分析如下。

(1) 指定资源文件，文件路径可以是相对路径，也可以是绝对路径。指定时每个资源文件为独立的一行。

(2) 第一行必须是 CACHE MANIFEST，此行的作用告诉浏览器需要对本地缓存中的资源文件进行具体设置。

(3) 每一个类型都是必须出现，而且同一个类别可以重复出现。如果文件开头没有指定类别而直接书写资源文件的时候，浏览器把这些资源文件视为 CACHE 类别。

(4) 在 manifest 文件中，注释行以 "#" 开始，主要用于进行一些必要的说明或解释。

为单个网页添加 manifest 文件时，需要在 Web 应用程序页面上的 html 元素的 manifest 属性中指定 manifest 文件的 URL 地址。具体的代码如下。

```
<html manifest="183.manifest">
</html>
```

添加上述代码后，浏览器就能够正常地阅读该文本文件。

> 提示　用户可以为每一个页面单独指定一个 mainifest 文件，也可以对整个 Web 应用程序指定一个总的 manifest 文件。

上述操作完成后，即可实现资源文件缓存到本地。当要对本地缓存区的内容进行修改时，只需要修改 manifest 文件。文件被修改后，浏览器可以自动检查 manifest 文件，并自动更新本地缓存区中的内容。

18.2.5　ApplicationCache API

传统的 Web 程序中浏览器也会对资源文件进行 cache，但是并不是很可靠，有时起不到预期的效果。而 HTML5 中的 application cache 支持离线资源的访问，为离线 Web 应用的开发提供了可能。

使用 application cache API 的好处有以下几点。

(1) 用户可以在离线时继续使用。

(2) 缓存到本地，节省带宽，加速用户体验的反馈。

(3) 减轻服务器的负载。

Applicationcache API 是一个操作应用缓存的接口，是 Windows 对象的直接子对象 window.applicationcache。window.applicationcache 对象可触发一系列与缓存状态相关的事件。具体事件如表 18-2 所示。

表 18-2　window.applicationcache 对象事件表

事　件	接　口	触发条件	后续事件
checking	Event	用户代理检查更新或者在第一次尝试下载 manifest 文件的时候，本事件往往是事件队列中第一个被触发的	noupdate, downloading, obsolete, error
noupdate	Event	检测出 manifest 文件没有更新	无
downloading	Event	用户代理发现更新并且正在取资源，或者第一次下载 manifest 文件列表中列举的资源	progress, error, cached, updateready
progress	ProgressEvent	用户代理正在下载资源 manifest 文件中的需要缓存的资源	progress, error, cached, updateready
cached	Event	manifest 中列举的资源已经下载完成，并且已经缓存	无

续表

事 件	接 口	触发条件	后续事件
updateready	Event	manifest 中列举的文件已经重新下载并更新成功，接下来 js 可以使用 swapCache()方法更新到应用程序中	无
obsolete	Event	manifest 的请求出现 404 或者 410 错误，应用程序缓存被取消	无

此外，没有可用更新或者发生错误时，还有一些表示更新状态的事件，具体如下。

```
Onerror
Onnoupdate
onprogress
```

该对象有一个数值型属性 window.applicationcache.status，代表了缓存的状态。缓存状态共有 6 种，如表 18-3 所示。

表 18-3 缓存的状态

数值型属性	缓存状态	含 义
0	UNCACHED	未缓存
1	IDLE	空闲
2	CHECKING	检查中
3	DOWNLOADING	下载中
4	UPDATEREADY	更新就绪
5	OBSOLETE	过期

window.applicationcache 有 3 个方法，如表 18-4 所示。

表 18-4 window.applicationcache 方法

方 法 名	描 述
update()	发起应用程序缓存下载进程
abort()	取消正在进行的缓存下载
swapcache()	切换成本地最新的缓存环境

说明：调用 update()方法会请求浏览器更新缓存。包括检查新版本的 manifest 文件并下载必要的新资源。如果没有缓存或者缓存已过期，则会抛出错误。

18.3 实例 2——使用 HTML5 离线 Web 应用构建应用

下面结合上述内容的学习来构建一个离线 Web 应用程序，具体内容如下。

18.3.1 创建记录资源的 manifest 文件

首先要创建一个缓冲清单文件 183.manifest，文件中列出了应用程序需要缓存的资源。具体实现代码如下。

```
CACHE MANIFEST
# javascript
./offline.js
#./183.js
./log.js

#stylesheets
./CSS.css

#images
```

18.3.2 创建构成界面的 HTML 和 CSS

下面来实现网页结构，其中需要指明程序中用到的 javascript 文件和 CSS 文件，并且还要调用 manifest 文件。具体实现代码如下。

```html
<!DOCTYPE html >
<html lang="en" manifest="183.manifest">
<head>
<title>创建构成界面的 HTML 和 CSS</title>
<script src="log.js"></script>
<script src="offline.js"></script>
<script src="183.js"></script>
<link rel="stylesheet" href="CSS.css" />
</head>

<body>
 <header>
    <h1>Web 离线应用</h1>
   </header>
   <section>
    <article>
      <button id="installbutton">check for updates</button>
      <h3>log</h3>
      <div id="info">
      </div>
```

```
        </article>
    </section>
</body>
</html>
```

> **注意**　上述代码中有两点需要注意。其一，因为使用了 manifest 特性，所以 HTML 元素不能省略(为了使代码简洁，HTML5 中允许省略不必要的 HTML 元素)。其二，代码中引入了按钮，其功能是允许用户手动安装 Web 应用程序，以支持离线情况。

18.3.3　创建离线的 JavaScript

在网页设计中经常会用到 javascript 文件，该文件通过<script>标签引入网页。在执行离线 Web 应用时，这些 javascript 文件也会一并存储到缓存中。

```
<offline.js>
/*
 *记录 window.applicationcache 触发的每一个事件
 */

window.applicationcache.onchecking =
function(e) {
 log("checking for application update");
    }
window.applicationcache.onupdateready =
function(e) {
 log("application update ready");
    }
window.applicationcache.onobsolete =
function(e) {
 log("application obsolete");
    }
window.applicationcache.onnoupdate =
function(e) {
 log("no application update found");
    }
window.applicationcache.oncached =
function(e) {
 log("application cached");
    }
window.applicationcache.ondownloading =
function(e) {
 log("downloading application update");
    }
window.applicationcache.onerror =
function(e) {
 log("online");
    }, true);
```

```
/*
*将 applicationcache 状态代码转换成消息
*/
showcachestatus = function(n) {
    statusmessages    =    ["uncached","idle","checking","downloading","update
    ready","obsolete"];
    return statusmessages[n];
}
install = function(){
 log("checking for updates");
    try {
    window.applicationcache.update();
    } catch (e) {
    applicationcache.onerror();
    }
  }
onload = function(e) {
 //检测所需功能的浏览器支持情况
    if(!window.applicationcache) {
    log("html5 offline applications are not supported in your browser.");
        return;
    }
    if(!window.localstorage) {
    log("html5 local storage not supported in your browser.");
        return;
    }
    if(!navigator.geolocation) {
    log("html5 geolocation is not supported in your browser.");
        return;
    }
    log("initial cache status: " + showcachestatus(window.applicationcache.
    status));
    document.getelementbyid("installbutton").onclick = checkfor;
}

<log.js>
log = function() {
 var p = document.createelement("p");
 var message = array.prototype.join.call(arguments," ");
    p.innerhtml = message
    document.getelementbyid("info").appendchild(p);
}
```

18.3.4 检查 applicationCache 的支持情况

applicationCache 对象并非所有浏览器都可以支持，所以在编辑时需要加入浏览器支持性
检测功能，并提醒浏览者页面无法访问是浏览器兼容问题。具体实现代码如下。

```
onload = function(e) {
```

```
// 检测所需功能的浏览器支持情况
if (!window.applicationcache) {
   log("您的浏览器不支持 HTML5 Offline Applications ");
   return;
}
if (!window.localStorage) {
   log("您的浏览器不支持 HTML5 Local Storage ");
   return;
}
if (!window.WebSocket) {
   log("您的浏览器不支持 HTML5 WebSocket ");
   return;
}
if (!navigator.geolocation) {
   log("您的浏览器不支持 HTML5 Geolocation ");
   return;
}
   log("lnitial                cache                status:"              +
showCachestatus(window.applicationcache.status));
   document.getelementbyld("installbutton").onclick = install;
}
```

18.3.5　为 Update 按钮添加处理函数

下面来设置 Update 按钮的行为函数，该函数功能为执行更新应用缓存，具体代码如下。

```
Install = function() {
 Log("checking for updates");
 Try {
    Window.applicationcache.update();
 } catch (e) {
    Applicationcache.onerror():
 }
}
```

说明：单击按钮后将检查缓存区，并更新需要更新的缓存资源。当所有可用更新都下载完毕之后，将向用户界面返回一条应用程序安装成功的提示信息，接下来用户就可以在离线模式下运行了。

18.3.6　添加 Storage 功能代码

当应用程序处于离线状态时，需要将数据更新写入本地存储，本实例使用 Storage 实现该功能，因为当上传请求失败后可以通过 Storage 得到恢复。如果应用程序遇到某种原因导致的网络错误，或者应用程序被关闭的时候，数据会被存储以便下次再进行传输。

实现 Storage 功能的具体代码如下。

```
Var storelocation =function(latitude, longitude){
//加载 localstorage 的位置列表
```

```
Var locations = json.pares(localstorage.locations || "[]");
//添加地理位置数据
Locations.push({"latitude" : latitude, "longitude" : longitude}));
//保存新的位置列表
Localstorage. Locations = json.stringify(locations);
```

由于 localstorage 可以将数据存储在本地浏览器中，特别适用于具有离线功能的应用程序，所以本实例中使用了它来保存坐标。本地存储中的缓存数据在网络连接恢复正常后，应用程序会自动与远程服务器进行数据同步。

18.3.7 添加离线事件处理程序

对于离线 Web 应用程序，在使用时要结合当前状态执行特定的事件处理程序，本实例中的离线事件处理程序设计如下。

(1) 如果应用程序在线，事件处理函数会存储并上传当前坐标。

(2) 如果应用程序离线，事件处理函数只存储不上传。

(3) 当应用程序重新连接到网络后，事件处理函数会在 UI 上显示在线状态，并在后台上传之前存储的所有数据。

具体实现代码如下。

```
Window.addeventlistener("online", function(e){
  Log("online");
}, true);
Window.addeventlistener("offline", function(e) {
  Log("offline");
}, true);
```

如果网络连接状态在应用程序没有真正运行的时候可能会发生改变。例如，用户关闭了浏览器，刷新页面或跳转到了其他网站。为了应对这些情况，离线应用程序在每次页面加载时都会检查与服务器的连接状况。如果连接正常，会尝试与远程服务器同步数据。

```
If(navigator.online){
  Uploadlocations();
}
```

18.4 综合案例——离线定位跟踪

下面结合上述内容的学习来构建一个离线 Web 应用程序，具体内容如下。

step 01 创建记录资源的 manifest 文件。

首先要创建一个缓冲清单文件 183.manifest，文件中列出了应用程序需要缓存的资源。具体实现代码如下。

```
CACHE MANIFEST
# javascript
./offline.js
```

```
#./183.js
./log.js
#stylesheets
./CSS.css
#images
```

step 02 创建构成界面的 HTML 和 CSS。

下面来实现网页结构，其中需要指明程序中用到的 javascript 文件和 CSS 文件，并且还要调用 manifest 文件。具体实现代码如下。

```
<!DOCTYPE html >
<html lang="en" manifest="183.manifest">
<head>
<title>创建构成界面的 HTML 和 CSS</title>
<script src="log.js"></script>
<script src="offline.js"></script>
<script src="183.js"></script>
<link rel="stylesheet" href="CSS.css" />
</head>
<body>
 <header>
    <h1>Web 离线应用</h1>
    </header>
    <section>
    <article>
       <button id="installbutton">check for updates</button>
       <h3>log</h3>
       <div id="info">
       </div>
       </article>
     </section>
</body>
</html>
```

step 03 创建离线的 JavaScript。

在网页设计中经常会用到 javascript 文件，该文件通过<script>标签引入网页。在执行离线 Web 应用时，这些 javascript 文件也会一并存储到缓存中。

```
<offline.js>
/*
*记录 window.applicationcache 触发的每一个事件
*/
window.applicationcache.onchecking =
function(e) {
 log("checking for application update");
    }
window.applicationcache.onupdateready =
function(e) {
 log("application update ready");
    }
```

```
window.applicationcache.onobsolete =
function(e) {
 log("application obsolete");
    }
window.applicationcache.onnoupdate =
function(e) {
 log("no application update found");
    }
window.applicationcache.oncached =
function(e) {
 log("application cached");
    }
window.applicationcache.ondownloading =
function(e) {
 log("downloading application update");
    }
window.applicationcache.onerror =
function(e) {
 log("online");
    }, true);
/*
 *将 applicationcache 状态代码转换成消息
 */
 showcachestatus = function(n) {
    statusmessages   =   ["uncached","idle","checking","downloading","update
ready","obsolete"];
    return statusmessages[n];
}
install = function(){
 log("checking for updates");
    try {
    window.applicationcache.update();
    } catch (e) {
    applicationcache.onerror();
    }
  }
onload = function(e) {
 //检测所需功能的浏览器支持情况
    if(!window.applicationcache) {
    log("html5 offline applications are not supported in your browser.");
      return;
    }
    if(!window.localstorage) {
    log("html5 local storage not supported in your browser.");
      return;
    }
    if(!navigator.geolocation) {
    log("html5 geolocation is not supported in your browser.");
      return;
    }
```

```
        log("initial cache status: " + showcachestatus(window.applicationcache.
status));
        document.getelementbyid("installbutton").onclick = checkfor;
}
<log.js>
log = function() {
 var p = document.createelement("p");
 var message = array.prototype.join.call(arguments," ");
    p.innerhtml = message
    document.getelementbyid("info").appendchild(p);
}
```

step 04 检查 applicationCache 的支持情况。

applicationCache 对象并非所有浏览器都可以支持，所以在编辑时需要加入浏览器支持性检测功能，并提醒浏览者页面无法访问是浏览器兼容问题。具体实现代码如下。

```
onload = function(e) {
  // 检测所需功能的浏览器支持情况
  if (!window.applicationcache) {
    log("您的浏览器不支持 HTML5 Offline Applications ");
    return;
  }
  if (!window.localStorage) {
    log("您的浏览器不支持 HTML5 Local Storage ");
    return;
  }
  if (!window.WebSocket) {
    log("您的浏览器不支持 HTML5 WebSocket ");
    return;
  }
   if (!navigator.geolocation) {
    log("您的浏览器不支持 HTML5 Geolocation ");
    return;
  }
   log("lnitial                    cache                status:"                +
showCachestatus(window.applicationcache.status));
  document.getelementbyld("installbutton").onclick = install;
}
```

step 05 为 Update 按钮添加处理函数。

下面来设置 Update 按钮的行为函数，该函数功能为执行更新应用缓存，具体代码如下。

```
Install = function() {
Log("checking for updates");
Try {
    Window.applicationcache.update();
} catch (e) {
    Applicationcache.onerror():
}
}
```

说明：单击按钮后将检查缓存区，并更新需要更新的缓存资源。当所有可用更新都下载完毕之后，将向用户界面返回一条应用程序安装成功的提示信息，接下来用户就可以在离线模式下运行了。

step 06 添加 Storage 功能代码。

当应用程序处于离线状态时，需要将数据更新写入本地存储，本实例使用 Storage 实现该功能，因为当上传请求失败后可以通过 Storage 得到恢复。如果应用程序遇到某种原因导致的网络错误，或者应用程序被关闭的时候，数据会被存储以便下次再进行传输。

实现 Storage 功能的具体代码如下。

```
Var storelocation =function(latitude, longitude){
//加载 localstorage 的位置列表
Var locations = json.pares(localstorage.locations || "[]");
//添加地理位置数据
Locations.push({"latitude" : latitude, "longitude" : longitude});
//保存新的位置列表
Localstorage。 Locations = json.stringify(locations);
```

由于 localstorage 可以将数据存储在本地浏览器中，特别适用于具有离线功能的应用程序，所以本实例中使用了它来保存坐标。本地存储中的缓存数据在网络连接恢复正常后，应用程序会自动与远程服务器进行数据同步。

step 07 添加离线事件处理程序。

对于离线 Web 应用程序，在使用时要结合当前状态执行特定的事件处理程序，本实例中的离线事件处理程序设计如下。

(1) 如果应用程序在线，事件处理函数会存储并上传当前坐标。

(2) 如果应用程序离线，事件处理函数只存储不上传。

(3) 当应用程序重新连接到网络后，事件处理函数会在 UI 上显示在线状态，并在后台上传之前存储的所有数据。

具体实现代码如下。

```
Window.addeventlistener("online", function(e){
  Log("online");
}, true);
Window.addeventlistener("offline", function(e) {
  Log("offline");
}, true);
```

如果网络连接状态在应用程序没有真正运行的时候可能会发生改变。例如，用户关闭了浏览器，刷新页面或跳转到了其他网站。为了应对这些情况，离线应用程序在每次页面加载时都会检查与服务器的连接状况。如果连接正常，会尝试与远程服务器同步数据。

```
If(navigator.online){
  Uploadlocations();
}
```

step 08 在 IE 浏览器中预览，效果如图 18-1 所示。

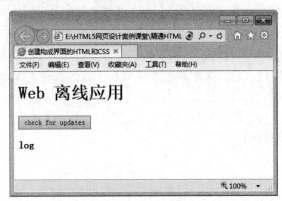

图 18-1　Web 离线应用

18.5　跟我练练手

18.5.1　练习目标

能够熟练掌握本章所讲内容。

18.5.2　上机练习

练习 1：使用 HTML5 离线 Web 应用 API。
练习 2：使用 HTML5 离线 Web 应用构建应用。
练习 3：离线定位跟踪。

18.6　高 手 甜 点

甜点 1：不同的浏览器可以读取同一个 Web 中存储的数据吗？

答：在 Web 存储时，不同的浏览器将存储在不同的 Web 存储库中。例如，如果用户使用的是 IE 浏览器，那么 Web 存储工作时，将所有数据存储在 IE 的 Web 存储库中，如果用户再次使用火狐浏览器访问该站点，将不能读取 IE 浏览器存储的数据，可见每个浏览器的存储是分开并独立工作的。

甜点 2：离线存储站点时是否需要浏览者同意？

答：和地理定位类似，在网站使用 manifest 文件时，浏览器会提供一个权限提示，提示用户是否将离线设为可用，但不是每一个浏览器都支持这样的操作。

第 4 篇

项目案例实战

第 19 章

HTML5、CSS3 和 JavaScript 的
搭配应用案例

网页吸引人之处，莫过于具有动态效果，利用 CSS 伪类元素可以轻易实现超级链接的动态效果。不过利用 CSS 能实现的动态效果非常有限。在网页设计中，还可以将 CSS 与 JavaScript 结合以创建出具有动态效果的页面。

本章要点(已掌握的在方框中打钩)

☐ 掌握在网页中添加打字效果的方法。
☐ 掌握在网页中添加文字升降效果的方法。
☐ 掌握在网页中添加文字跑马灯效果的方法。
☐ 掌握在网页中添加闪烁图片效果的方法。
☐ 掌握在网页中添加左右移动图片效果的方法。
☐ 掌握在网页中向上滚动菜单效果的方法。
☐ 掌握在网页中添加跟随鼠标移动图片效果的方法。
☐ 掌握在网页中制作树形效果的方法。
☐ 掌握在网页中添加时钟特效的方法。
☐ 掌握在网页中颜色选择器的方法。
☐ 掌握在网页中绘制火柴棒人物的方法。

19.1　案例 1——打字效果的文字的制作

　　文字是网页的灵魂，没有文字的网页，不管特效多么绚丽多彩必定没有任何实际意义。文字特效始终是网页设计追求的目标，通过 JavaScript 可以实现多个网页特效。文字的打字效果是 JavaScript 脚本程序，将预先设置好的文字逐一在页面上显示出来。具体步骤如下。

step 01 分析需求如下。

　　如果要在网页实现打字效果，需要创建一个预先设置好的文字，作为输出信息。

step 02 创建 HTML 页面，设置页面基本样式，代码如下。

```
<html>
<head>
<title>打字效果的文字</title>
<style type="text/css">
body{font-size:14px;font-weight:bold;}
</style>
</head>
<body>
松风水月最新微博信息：<a id="HotNews" href="" target="_blank"></a>
</body>
</html>
```

　　上面代码中，在<head>标记中间，设置 body 页面的基本样式，例如字体大小为 14 像素，字形加粗。并在 body 页面创建了一个超级链接。

　　在 IE 中浏览效果如图 19-1 所示，可以看到页面中只显示了一个提示信息。

step 03 添加 JavaScript 代码，实现打字特效，代码如下。

```
<SCRIPT LANGUAGE="JavaScript">
<!--
var NewsTime = 2000;  //每条微博的停留时间
var TextTime = 50;     //微博文字出现等待时间，越小越快
var newsi = 0;
var txti = 0;
var txttimer;
var newstimer;
var newstitle = new Array();  //微博标题
var newshref = new Array();     //微博链接
newstitle[0] = "健康是身体的本钱";
newshref[0] = "#";
newstitle[1] = "关心身体，就是关心自己";
newshref[1] = "#";
newstitle[2] = "去西藏旅游了";
newshref[2] = "#";
newstitle[3] = "大雨倾盆，很大呀";
newshref[3] = "#";
function shownew()
```

```
{
  var endstr = "_"
  hwnewstr = newstitle[newsi];
  newslink = newshref[newsi];
  if(txti==(hwnewstr.length-1)){endstr="";}
  if(txti>=hwnewstr.length){
    clearInterval(txttimer);
    clearInterval(newstimer);
    newsi++;
    if(newsi>=newstitle.length){
      newsi = 0
    }
    newstimer = setInterval("shownew()",NewsTime);
    txti = 0;
    return;
  }
  clearInterval(txttimer);
  document.getElementById("HotNews").href=newslink;
  document.getElementById("HotNews").innerHTML =
hwnewstr.substring(0,txti+1)+endstr;
  txti++;
  txttimer = setInterval("shownew()",TextTime);
}
shownew();
//-->
</SCRIPT>
```

因为上面代码是一个整体，这里就不分开介绍了。上面 JavaScript 代码中，主要调用 shownew()函数完成打字效果。在 JavaScript 代码开始部分，定义了多个变量，其中数组对象 newstitle 用于存放文本标题。下面创建了 shownew()函数，并在函数中通过变量和条件获取要显示的文字，通过"setInterval("shownew()",NewsTime)"语句输出文字内容。代码最后使用 shownew()语句循环执行该函数中的输出信息。

在 IE 中浏览，效果如图 19-2 所示，可以看到页面中每隔一定时间，会在提示信息后，逐个打出单个文字，字体颜色为蓝色。

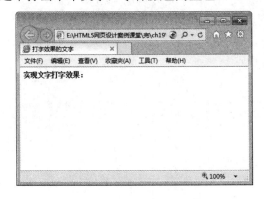

图 19-1　页面文字提示信息

图 19-2　实现打字

19.2　案例 2——文字升降特效的制作

有的网页为了加大广告宣传力度，往往在网页上设置一个自动升降的文字，用于吸引人的注意力。当单击这个升降文字，会自动跳转到宣传页面。本实例将使用 JavaScript 和 CSS实现文字升降效果。具体步骤如下。

step 01　分析需求如下。

如果需要实现文字升降，需要指定文字内容和文字升降范围，即为文字在 HTML 页面指定一个层，用于升降文字。

step 02　创建 HTML，构建升降 DIV 层，代码如下。

```
<html>
<head>
<title>升降的文字效果</title>
</head>
<body>
<div id="napis" style="position: absolute;top: -50;color: #000000;font-
family:宋体;font-size:9pt;border:1px #ddeecc solid">
<a href="" style="font-size:12px;text-decoration:none;">
水月大酒店，欢迎天下来宾！
</a></div>
<script language="JavaScript">
<!--
setTimeout('start()',20);
//-->
</script>
</body>
</html>
```

上面代码创建了一个 DIV 层，用于存放升降的文字，层的 ID 名称是 napis，并在层的style 属性中定义了层显示样式，如字体大小、带有边框、字形等。在 DIV 层中，创建了一个超级链接，并设定了超级链接的样式。其中的 script 代码，用于定时调用 start 函数。

在 IE 中浏览，效果如图 19-3 所示，可以看到页面空白，无文字显示。

step 03　添加 JavaScript 代码，实现文字升降，代码如下。

```
<script language="JavaScript">
<!--
done = 0;
step = 4
function anim(yp,yk)
{
if(document.layers) document.layers["napis"].top=yp;
else document.all["napis"].style.top=yp;
if(yp>yk) step = -4
if(yp<60) step = 4
setTimeout('anim('+(yp+step)+','+yk+')', 35);
```

```
}function start()
{
if(done) return
done = 1;
if(navigator.appName=="Netscape") {
var nap=document.getElementById("napis");
nap.left=innerWidth/2 - 145;
anim(60,innerHeight - 60)
}
else {
napis.style.left=11;
anim(60,document.body.offsetHeight - 60)
}}//-->
</script>
```

上面代码创建了函数 anim()和 start()，其中 anim()函数用于设定每次升降数值，start()函数用于设定每次开始的升降坐标。在 IE 中浏览，效果如图 19-4 所示，可以看到页面中超级链接自动上下移动。

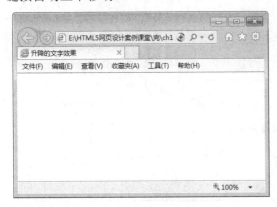

图 19-3　空白页面　　　　　　　　　　　　图 19-4　上下移动

19.3　案例 3——跑马灯效果的制作

网页中有一种特效称为跑马灯，即文字从左到右自动输出，和晚上写字楼的广告霓虹灯非常相似。在网页中，如果 CSS 样式设计非常完美，就会设计出更加亮丽的网页效果。具体步骤如下。

step 01　分析需求如下。

完成跑马灯效果，需要使用 JavaScript 语言设置文字内容、移动速度和相应输入框，使用 CSS 设置显示文字样式，输入框用来显示水平移动文字。

step 02　创建 HTML，实现输入表单，代码如下。

```
<html>
<head>
<title>跑马灯</title>
```

```
    </head>
<body onLoad="LenScroll()">
<center>
<form name="nextForm">
<input type=text name="lenText">
</form>
</center>
</body>
```

上面代码非常简单，创建了一个表单，表单中存放了一个文本域，用于显示移动文字。

在 IE 中浏览，效果如图 19-5 所示，可以看到页面中只是存在一个文本域，没有其他显示信息。

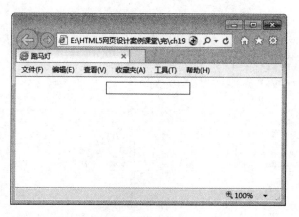

图 19-5　实现基本表单

step 03 添加 JavaScript 代码，实现文字移动，代码如下。

```
<script language="javascript">
var msg="品味中原文化，寄情黄河风景";    //移动文字
var interval = 400;              //移动速度
var seq=0;

function LenScroll() {
  document.nextForm.lenText.value = msg.substring(seq, msg.length) + "   " +
  msg;
  seq++;
  if ( seq > msg.length )
    seq = 0;
  window.setTimeout("LenScroll();", interval);
}
</script>
```

上面代码中，创建了一个变量 msg 用于定义移动的文字内容，变量 interval 用于定义文字移动速度，LenScroll()函数用于在表单输入框中显示移动信息。

在 IE 中浏览，效果如图 19-6 所示，可以看到输入框中显示了移动信息，并且从右向左移动。

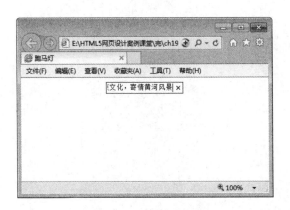

图 19-6 实现移动效果   图 19-7 最终效果

step 04 添加 CSS 代码，修饰输入框和页面，代码如下。

```
<style type="text/css">
<!--
body{
  background-color:#FFFFFF;  /* 页面背景色 */
}
input{
  background:transparent;        /* 输入框背景透明 */
  border:none;                   /* 无边框 */
  color:#ffb400;
  font-size:45px;
  font-weight:bold;
  font-family:黑体;
}--></style>
```

上面代码设置了页面背景颜色为白色，在 input 标记选择器中，定义了边框背景为透明，无边框，字体颜色为黄色，大小为 45 像素，加粗并黑体显示。在 IE 中浏览，效果如图 19-7 所示，可以看到页面中相比较原来页面字体变大，颜色为黄色，没有输入框显示。

19.4 案例 4——闪烁图片的制作

图片闪烁是常用的一种特效，用 JavaScript 实现起来非常简单，这时需要注意时间间隔这个参数，数值越大闪烁越不连续，数值越小闪烁越厉害，可以随意更改这个值，直到取得满意的效果。具体步骤如下。

step 01 分析需求如下。

将图片放在一个 DIV 层上，设定图片为可见的，然后使用 JS 程序代码设置 DIV 层的显示和隐藏，这样就达到了图片的闪烁效果。

347

step 02 创建 HTML 页面，构建 DIV 层，代码如下。

```
<HTML>
<HEAD>
<TITLE>闪烁图片</TITLE>
</HEAD>
<BODY ONLOAD="soccerOnload()" topmargin="0">
<DIV ID="soccer" STYLE="position:absolute; left:150; top:0">
<a href="">
<IMG SRC="feng.jpg" border="0"></a>
</DIV>
</BODY>
</HTML>
```

上面代码中，创建一个层，其 ID 名称为 soccer，样式为绝对定位，坐标位置在(150,0)。然后在层中，创建了一个图片，不带有边框。

在 IE 中浏览，效果如图 19-8 所示，可以看到显示一个图片，不具有闪烁效果。

图 19-8　创建图片

step 03 添加 JavaScript 代码，实现图片闪烁，代码如下。

```
<SCRIPT LANGUAGE="JavaScript">
var msecs = 500; //改变时间得到不同的闪烁间隔;
var counter = 0;
function soccerOnload() {
setTimeout("blink()", msecs);
}
function blink() {
soccer.style.visibility =
(soccer.style.visibility == "hidden") ? "visible" : "hidden";
counter +=1;
setTimeout("blink()", msecs);
}
</SCRIPT>
```

在 JavaScript 代码中，创建变量 msecs 用于定义闪烁时间间隔，创建变量 counter 用于计数。在函数 soccerOnload()中设定每隔指定时间图片闪烁一次，函数 blink()用于设定图片显示，即层是隐藏函数还是可见。

在 IE 中浏览，效果如图 19-9 所示，可以看到显示一个图片，在指定时间内闪烁。

图 19-9　定时闪烁的图片

19.5　案例 5——左右移动的图片的制作

在广告栏的，经常会存在从右到左移动或者从左到右移动的图片，一张或者多张图片。不但增加页面效果，也获取经济利益。本实例将使用 JavaScript 和 CSS 创建一个左右移动的图片。具体步骤如下。

step 01 分析需求如下。

实现左右移动的图片，需要在页面上定义一张图片，然后利用 JavaScript 程序代码，获取图片对象，并使其在一定范围内，即水平方向上自由移动。

step 02 创建 HTML 页面，导入图片，代码如下。

```
<html>
<head>
<title>左右移动图片</title>
</head>
<body>
<img src="feng.jpg" name="picture"
style="position: absolute; top: 70px; left: 30px;" BORDER="0" WIDTH="140"
HEIGHT="40">
<script LANGUAGE="JavaScript"><!--
setTimeout("moveLR('picture',300,1)",10);
//--></script>
</body>
</html>
```

上面代码中，定义了一个图片，图片是绝对定位，左边位置是(70,30)无边框，宽度为 140 像素，高度为 40 像素。script 标记中，使用 setTimeout 方法，定时移动图片。

在 IE 中浏览，效果如图 19-10 所示，可以看到网页上显示一个图片。

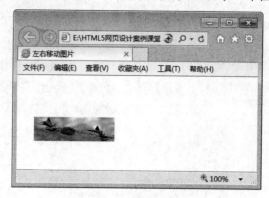

图 19-10　图片显示

step 03 加入 JS 代码，实现图片左右移动，代码如下。

```javascript
<script LANGUAGE="JavaScript"><!--
step = 0;
obj = new Image();
function anim(xp,xk,smer) //smer = direction
{
obj.style.left = x;
x += step*smer;
if (x>=(xk+xp)/2) {
if (smer == 1) step--;
else step++;
}
else {
if (smer == 1) step++;
else step--;
}
if (x >= xk) {
x = xk;
smer = -1;
}
if (x <= xp) {
x = xp;
smer = 1;
}
// if (smer > 2) smer = 3;
setTimeout('anim('+xp+','+xk+','+smer+')', 50);
}
function moveLR(objID,movingarea_width,c)
{
if (navigator.appName=="Netscape") window_width = window.innerWidth;
else window_width = document.body.offsetWidth;
obj = document.images[objID];
image_width = obj.width;
x1 = obj.style.left;
x = Number(x1.substring(0,x1.length-2)); // 30px -> 30
```

```
if (c == 0) {
if (movingarea_width == 0) {
right_margin = window_width - image_width;
anim(x,right_margin,1);
}
else {
right_margin = x + movingarea_width - image_width;
if (movingarea_width < x + image_width) window.alert("No space for
moving!");
else anim(x,right_margin,1);
}
}
else {
if (movingarea_width == 0) right_margin = window_width - image_width;
else {
x = Math.round((window_width-movingarea_width)/2);
right_margin = Math.round((window_width+movingarea_width)/2)-image_width;
}
anim(x,right_margin,1);
}
}
//--></script>
```

上面代码和文字水平方向移动原理基本相同，只不过对象不同罢了，这里就不再介绍了。

在 IE 中浏览，效果如图 19-11 所示，可以看到网页上显示一个图片，并在水平方向上自由移动。

图 19-11　左右移动的图片

19.6　案例 6——向上滚动菜单的制作

网页包含信息比较多的时候，就需要设计出一些导航菜单，来实现页面导航。如果使用 JavaScript 代码，将菜单做成动态效果，此时菜单会更加吸引人。本实例将结合前面学习的内容，创建一个向上滚动的菜单。具体步骤如下。

step 01 分析需求如下。

实现菜单自动从下到上滚动，需要把握两个元素，一个是使用 JS 实现要滚动的菜单，即导航栏；另一个是使用 JS 控制菜单移动方向。

step 02 构建 HTML 页面，代码如下。

```
<html>
<head>
<title>向上滚动的菜单</title>
</head>
<body bgcolor="#FFFFFF" text="#000000">
</body></html>
```

上面代码比较简单，只是实现了一个空白页面，页面背景色为白色，前景色为黑色。

在 IE 中浏览，效果如图 19-12 所示，可以看到显示了一个空白页面。

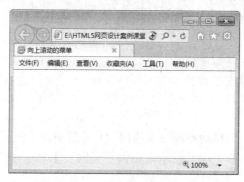

图 19-12 空白 HTML 页面

step 03 加入 JavaScript 代码，实现菜单滚动，代码如下。

```
<script language=javascript>
<!--
  var index = 9
  link = new Array(8);
  link[0] ='time1.htm'
  link[1] ='time2.htm'
  link[2] ='time3.htm'
  link[3] ='time1.htm'
  link[4] ='time2.htm'
  link[5] ='time3.htm'
  link[6] ='time1.htm'
  link[7] ='time2.htm'
  link[8] ='time3.htm'
  text = new Array(8);
  text[0] ='首页'
  text[1] ='产品天地'
  text[2] ='关于我们'
  text[3] ='资讯动态'
  text[4] ='服务支持'
  text[5] ='会员中心'
```

```
text[6] ='网上商城'
text[7] ='官方微博'
text[8] ='企业文化'
document.write ("<marquee scrollamount='1' scrolldelay='100' direction=
'up' width='150' height='150'>");
for (i=0;i<index;i++)
{
  document.write (" <img src='dian3.gif' width='12' height='12'><a
href="+link[i]+" target='_blank'>");
  document.write (text[i] + "</A><br>");
}
document.write ("</marquee>")
// --></script>
```

上面代码创建了两个数组对象 link 和 text，用来存放菜单链接对象和菜单内容，在下面 JS 代码中，使用<marquee>定义页面在垂直方向上上下移动。

在 IE 中浏览，效果如图 19-13 所示，可以看到页面左侧有一个菜单，自下向上自由移动。

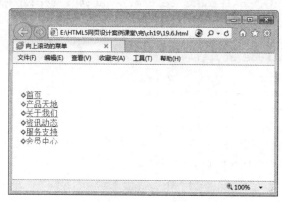

图 19-13　向上滚动菜单

19.7　案例 7——跟随鼠标移动的图片的制作

在众多网站中，特别是游戏网站或小型商业网站，都喜欢用鼠标图片跟随的特效。一方面，可以在鼠标指针旁边加上网站说明的相关信息或者欢迎信息；另一方面，也吸引人的注意力，使其更加关注此类网站。本实例实现图片跟随鼠标移动的特效，具体步骤如下。

step 01　分析需求如下。

需要通过 JavaScript 获取鼠标指针的位置，并且动态地调整图片的位置。图片需要通过 position 的绝对定位，很容易得到调整。采用 CSS 的绝对定位是 JavaScript 调整页面元素常用的方法。

step 02　创建基本 HTML 页面，代码如下。

```
<html >
<head>
<title>随鼠标移动的图片</title>
```

```
</head>
<body>
</body>
</html>
```

上面代码比较简单，只是实现了一个 HTML 页面结构。这里就不再演示了。

step 03 添加 JavaScript 代码，实现图片随鼠标移动，代码如下。

```
<script type="text/javascript">
function badAD(html){
    var ad=document.body.appendChild(document.createElement('div'));
    ad.style.cssText="border:1px solid #000;background:#FFF;position:absolute;
    padding:4px 4px 4px 4px;font: 12px/1.5 verdana;";
    ad.innerHTML=html||'This is bad idea!';
    var c=ad.appendChild(document.createElement('span'));
    c.innerHTML="×";
    c.style.cssText="position:absolute;right:4px;top:2px;cursor:pointer";
    c.onclick=function (){
        document.onmousemove=null;
        this.parentNode.style.left='-99999px'
    };
    document.onmousemove=function (e){
        e=e||window.event;
        var x=e.clientX,y=e.clientY;
        setTimeout(function() {
            if(ad.hover)return;
            ad.style.left=x+5+'px';
            ad.style.top=y+5+'px';
        },120)
    }
    ad.onmouseover=function (){
        this.hover=true
    };
    ad.onmouseout=function (){
        this.hover=false
    }
}
badAD('<img src="18.png">')
</script>
```

上面代码中，使用 appendChild()方法为当前页面创建了一个 DIV 对象，并为 DIV 层设置了相应样式。下面 e.clientX 和 e.clientY 语句确定鼠标位置，并动态调整图片位置，从而实现图片移动效果。在 IE 中浏览，效果如图 19-14 所示，可以看到鼠标在页面移动时，图片跟着移动。

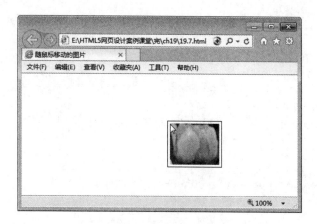

图 19-14 跟随鼠标移动的图片

19.8 案例 8——树形菜单的制作

作为一个首页，其特点之一是需要导航的页面很多，有时为了效果不得不将所有需要导航的部分都放到一个导航菜单中。树形导航菜单是网页设计中最常用的菜单之一。本实例将创建一个树形菜单，具体步骤如下。

`step 01` 分析需求如下。

实现一个树形菜单，需要三个方面配合，一是<ul>无序列表，用于显示的菜单；二是CSS 样式，修饰树形菜单样式；三是 JavaScript 程序，实现单击时展开菜单选项。

`step 02` 创建 HTML 页面，实现菜单列表，代码如下。

```html
<html >
<head>
<title>树形菜单</title>
</head>
<body>
<ul id="menu_zzjs_net">
 <li>
  <label><a href="javascript:;">计算机图书</a></label>
  <ul class="two">
   <li>
    <label><a href="javascript:;">程序类图书</a></label>
    <ul class="two">
     <li>
      <label><input  type="checkbox"  value="123456"><a  href="javascript:;
      ">Java 类图书</a></label>
      <ul class="two">
       <li><label><input type="checkbox" value="123456"><a href="javascript:;
       ">Java 语言类图像</a></label></li>
       <li>
        <label><input type="checkbox" value="123456"><a href="javascript:;">Java
        框架类图像</a></label>
        <ul class="two">
```

```
      <li>
      <label><input type="checkbox" value="123456"><a href="javascript:;
      ">Struts2 图书</a></label>
      <ul class="two">
       <li><label><input type="checkbox" value="123456"><a href="javascript:;
       ">Struts1</a></label></li>
       <li><label><input type="checkbox" value="123456"><a href="javascript:;
       ">Struts2</a></label></li>
      </ul>
      </li>
      <li><label><input type="checkbox" value="123456"><a href="javascript:;
      ">Hibernate 入门</a></label></li>
      </ul>
     </li>
    </ul>
   </li>
   <li>
    <label><a href="javascript:;">设计类图像</a></label>
    <ul class="two">
     <li><label><input type="checkbox" value="123456"><a href="javascript:;">
     PS 实例大全</a></label></li>
     <li><label><input type="checkbox" value="123456"><a href="javascript:;">
     Flash 基础入门</a></label></li>
    </ul>
   </li>
  </ul>
 </li>
</ul>
</body>
</html>
```

在 IE 中浏览，效果如图 19-15 所示，可以看到无序列表在页面上显示，并且显示全部元素，字体颜色为蓝色。

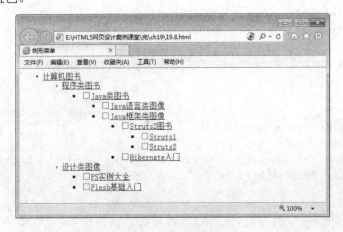

图 19-15　无序列表

step 03 添加 JavaScript 代码，实现单击展开，代码如下。

```
<script type="text/javascript" >
 function addEvent(el,name,fn){//绑定事件
  if(el.addEventListener) return el.addEventListener(name,fn,false);
  return el.attachEvent('on'+name,fn);
 }
 function nextnode(node){//寻找下一个兄弟并剔除空的文本节点
  if(!node)return ;
  if(node.nodeType == 1)
   return node;
  if(node.nextSibling)
   return nextnode(node.nextSibling);
 }
 function prevnode(node){//寻找上一个兄弟并剔除空的文本节点
  if(!node)return ;
  if(node.nodeType == 1)
   return node;
  if(node.previousSibling)
   return prevnode(node.previousSibling);
 }
 function parcheck(self,checked){//递归寻找父亲元素，并找到 input 元素进行操作
  var par =   prevnode(self.parentNode.parentNode.parentNode.previousSibling),
  parspar;
  if(par&&par.getElementsByTagName('input')[0]){
   par.getElementsByTagName('input')[0].checked = checked;
   parcheck(par.getElementsByTagName('input')[0],sibcheck(par.getElementsByTagName
   ('input')[0]));
  }
 }
 function sibcheck(self){//判断兄弟节点是否已经全部选中
  var sbi = self.parentNode.parentNode.parentNode.childNodes,n=0;
  for(var i=0;i<sbi.length;i++){
   if(sbi[i].nodeType != 1)//由于孩子结点中包括空的文本节点，所以这里累计长度的时候也
   要算上去
    n++;
   else if(sbi[i].getElementsByTagName('input')[0].checked)
    n++;
  }
  return n==sbi.length?true:false;
 }
addEvent(document.getElementById('menu_zzjs_net'),'click',function(e){
 //绑定 input 点击事件，使用 menu_zzjs_net 根元素代理
 e = e||window.event;
 var target = e.target||e.srcElement;
 var tp = nextnode(target.parentNode.nextSibling);
```

```
  switch(target.nodeName){
   case 'A'://点击A标签展开和收缩树形目录，并改变其样式会选中checkbox
    if(tp&&tp.nodeName == 'UL'){
     if(tp.style.display != 'block' ){
      tp.style.display = 'block';
      prevnode(target.parentNode.previousSibling).className = 'ren'
     }else{
      tp.style.display = 'none';
      prevnode(target.parentNode.previousSibling).className = 'add'
     }
    }
   break;
   case 'SPAN'://点击图标只展开或者收缩
    var ap = nextnode(nextnode(target.nextSibling).nextSibling);
    if(ap.style.display != 'block' ){
     ap.style.display = 'block';
     target.className = 'ren'
    }else{
     ap.style.display = 'none';
     target.className = 'add'
    }
   break;
   case 'INPUT'://点击checkbox，父亲元素选中，则孩子节点中的checkbox也同时选中，孩
   子节点取消父元素随之取消
    if(target.checked){
     if(tp){
      var checkbox = tp.getElementsByTagName('input');
      for(var i=0;i<checkbox.length;i++)
       checkbox[i].checked = true;
     }
    }else{
     if(tp){
      var checkbox = tp.getElementsByTagName('input');
      for(var i=0;i<checkbox.length;i++)
       checkbox[i].checked = false;
     }
    }
    parcheck(target,sibcheck(target));
    //当孩子结点取消选中的时候调用该方法递归其父节点的checkbox逐一取消选中
   break;
  }
});
window.onload = function(){//页面加载时给有孩子结点的元素动态添加图标
 var labels = document.getElementById('menu_zzjs_net').getElementsByTagName
 ('label');
 for(var i=0;i<labels.length;i++){
```

```
    var span = document.createElement('span');
    span.style.cssText ='display:inline-block;height:18px;vertical-align:middle;
    width:19px;cursor:pointer;';
    span.innerHTML = ' '
    span.className = 'add';
    if(nextnode(labels[i].nextSibling)&&nextnode(labels[i].nextSibling).nodeName
    == 'UL')
     labels[i].parentNode.insertBefore(span,labels[i]);
    else
     labels[i].className = 'rem'
    }
 }
</script>
```

在 IE 中浏览，效果如图 19-16 所示，可以看到无序列表在页面上显示，使用鼠标单击可以展开或关闭相应的选项，但其样式非常难看。

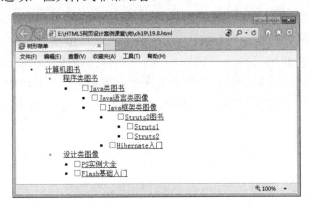

图 19-16 实现鼠标单击事件

step 04 添加 CSS 代码，修饰列表选项，代码如下。

```
<style type="text/css">
body{margin:0;padding:0;font:12px/1.5 Tahoma,Helvetica,Arial,sans-serif;}
ul,li,{margin:0;padding:0;}
ul{list-style:none;}
#menu_zzjs_net{margin:10px;width:200px;overflow:hidden;}
#menu_zzjs_net li{line-height:25px;}
#menu_zzjs_net .rem{padding-left:19px;}
#menu_zzjs_net .add{background:url() -4px -31px no-repeat;}
#menu_zzjs_net .ren{background:url() -4px -7px no-repeat;}
#menu_zzjs_net       li       a{color:#666666;padding-left:5px;outline:none;
blr:expression(this.onFocus=this.blur());}
#menu_zzjs_net li input{vertical-align:middle;margin-left:5px;}
#menu_zzjs_net .two{padding-left:20px;display:none;}
</style>
```

在 IE 中浏览效果如图 19-17 所示，相比较原来的页面，可以看到样式变得非常漂亮。

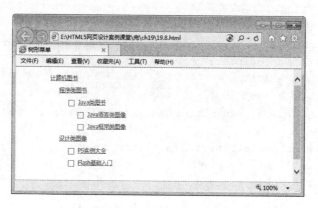

图 19-17　修饰后的列表选项

19.9　案例 9——时钟特效的制作

在 HTML5 技术中，新增了一个容器画布 canvas，用来在页面上绘制一些图形，利用这个新的特性，可以在网页创建一个类似于钟表的特效。具体步骤如下。

step 01　分析需求如下。

在画布上绘制时钟，需要绘制几个必要的图形，表盘、时针、分针、秒针和中心圆这几个图形。这样将上面几个图形组合起来，构成一个时针界面，然后使用 JS 代码，根据时间移动秒针、分针和时针。

step 02　创建 HTML 页面，代码如下。

```
<html>
<head>
<title>canvas 时钟</title>
</head><body>
<canvas  id="canvas"  width="200"  height="200"  style="border:1px  solid
#000;">您的浏览器不支持 Canvas。</canvas></body></html>
```

上面代码创建了一个画布，其宽度为 200 像素、高度为 200 像素，带有边框，颜色为黑色，样式为直线型。在 IE 中浏览效果如图 19-18 所示，可以看到显示了一个带有黑色边框的画布，画布中没有任何信息。

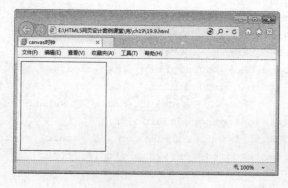

图 19-18　定义画布

step 03 添加 JavaScript，绘制不同图形，代码如下。

```
<script type="text/javascript" language="javascript" charset="utf-8">
var canvas = document.getElementById('canvas');
var ctx = canvas.getContext('2d');
if(ctx){
 var timerId;
 var frameRate = 60;
 function canvObject(){
  this.x = 0;
  this.y = 0;
  this.rotation = 0;
  this.borderWidth = 2;
  this.borderColor = '#000000';
  this.fill = false;
  this.fillColor = '#ff0000';
  this.update = function(){
   if(!this.ctx)throw new Error('你没有指定ctx对象。');
   var ctx = this.ctx
   ctx.save();
   ctx.lineWidth = this.borderWidth;
   ctx.strokeStyle = this.borderColor;
   ctx.fillStyle = this.fillColor;
   ctx.translate(this.x, this.y);
   if(this.rotation)ctx.rotate(this.rotation * Math.PI/180);
   if(this.draw)this.draw(ctx);
   if(this.fill)ctx.fill();
   ctx.stroke();
   ctx.restore();
  } };…
 timerId = setInterval(function(){
  // 清除画布
  ctx.clearRect(0,0,200,200);
  // 填充背景色
  ctx.fillStyle = 'orange';
  ctx.fillRect(0,0,200,200);
  // 表盘
  circle.update();
  // 刻度
  for(var i=0;cache=ls[i++];)cache.update();
  // 时针
  hour.rotation = (new Date()).getHours() * 30;
  hour.update();
  // 分针
  minute.rotation = (new Date()).getMinutes() * 6;
  minute.update();
  // 秒针
  seconds.rotation = (new Date()).getSeconds() * 6;
  seconds.update();
  // 中心圆
```

```
   center.update();
  },(1000/frameRate)|0);
 }else{
  alert('您的浏览器不支持Canvas无法预览.\n跟我一起说："很遗憾!"');
 }
</script>
```

上面代码由于篇幅比较长，只显示了部分代码。其详细代码可以在光盘中查询。上面代码首先绘制不同类型的图形，如时针、秒针和分针等。然后再将其组合在一起，并根据时间定义时针等指向。在 IE 中浏览，效果如图 19-19 所示，可以看到页面中出现了一个时钟，其秒针在不停地移动。

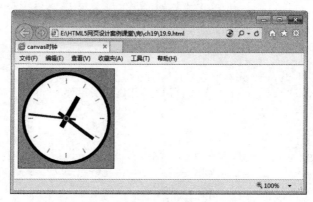

图 19-19 时钟特效

19.10 案例 10——颜色选择器的制作

在页面中定义背景色和字体颜色，是比较常见的一种操作，往往选取颜色时比较发愁，不知道哪种颜色适合，并且还不知道颜色值。此时可以利用颜色选择器来定义颜色并获取颜色值。本实例将创建一个颜色选择器，可以自由获取颜色值。具体步骤如下。

step 01 分析需求如下。

本实例原理非常简单，就是将几个常用的颜色值进行组合，组合在一起后合并，就是所要选择的颜色值，这些都是利用 JS 代码来完成的。

step 02 创建基本 HTML 页面，代码如下。

```html
<html>
<head><title>背景色选择器</title>
</head>
<body bgcolor="#FFFFFF">
</body></html>
```

上述代码比较简单，只是实现了一个页面框架，这里就不再显示了。

step 03 添加 JavaScript 代码，实现颜色选择器，代码如下。

```html
<script language="JavaScript">
<!--
```

```
var hex = new Array(6)
hex[0] = "FF"
hex[1] = "CC"
hex[2] = "99"
hex[3] = "66"
hex[4] = "33"
hex[5] = "00"
function display(triplet)
{
  document.bgColor = '#' + triplet
  alert('现在的背景色是 #'+triplet)
}
function drawCell(red, green, blue)
{
  document.write('<TD BGCOLOR="#' + red + green + blue + '">')
  document.write('<A HREF="javascript:display(\'' + (red + green + blue) +
  '\')">')
  document.write('<IMG SRC="place.gif" BORDER=0 HEIGHT=12 WIDTH=12>')
  document.write('</A>')
  document.write('</TD>')
}
function drawRow(red, blue)
{
  document.write('<TR>')
  for (var i = 0; i < 6; ++i)
  {
    drawCell(red, hex[i], blue)
  } document.write('</TR>')
}function drawTable(blue)
{
  document.write('<TABLE CELLPADDING=0 CELLSPACING=0 BORDER=0>')
  for (var i = 0; i < 6; ++i)
  {
    drawRow(hex[i], blue)
  }
  document.write('</TABLE>')
}
function drawCube()
{
  document.write('<TABLE CELLPADDING=5 CELLSPACING=0 BORDER=1><TR>')
  for (var i = 0; i < 6; ++i)
  {
    document.write('<TD BGCOLOR="#FFFFFF">')
    drawTable(hex[i])
    document.write('</TD>')
  } document.write('</TR></TABLE>')
}drawCube()
// --></script>
```

上面代码中，创建了一个数组对象 hex 用来存放不同的颜色值。下面几个函数分别将数组中的颜色组合在一起，并在页面显示，display 函数完成定义背景颜色和显示颜色值。

在 IE 中浏览，效果如图 19-20 所示，可以看到页面显示多个表格，每个单元格代表一种颜色。

图 19-20　颜色选择器

19.11　案例 11——绘制火柴棒人物

漫画中最常见的一种图形就是火柴棒人。它通过简单的几个笔画，就可以绘制一个传神的动漫人物。使用 canvas 和 JavaScript 同样可以绘制一个火柴棒人物。具体步骤如下。

step 01　分析需求如下。

一个火柴棒人，由下面几个部分组成，一个是脸部，一个是身躯。脸部是一个圆形，其中包括眼睛和嘴；身躯是由几条直线组成，包括手和腿等。实际上此案例就是绘制圆形、弧度和直线的组合。

step 02　实现 HTML 页面，定义画布 canvas，代码如下。

```
<!DOCTYPE html>
<html>
<title>绘制火柴棒人</title>
<body>
<canvas id="myCanvas" width="500" height="300" style="border:1px solid
blue">
Your browser does not support the canvas element.
</canvas>
</body>
</html>
```

在 IE 中浏览，效果如图 19-21 所示，页面显示了一个画布边框。

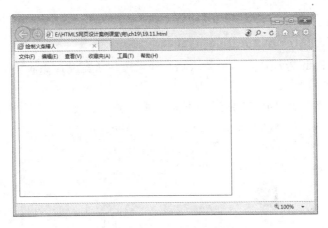

图 19-21　定义画布边框

step 03　实现头部轮廓绘制，代码如下。

```
<script type="text/javascript">
var c=document.getElementById("myCanvas");
var cxt=c.getContext("2d");
cxt.beginPath();
cxt.arc(100,50,30,0,Math.PI*2,true);
cxt.fill();
</script>
```

这会产生一个实心的、填充的头部，即圆形。在 arc 函数中，x 和 y 的坐标为(100，50)，半径为 30 像素，另两个参数的弧度为弧度的开始和结束，第 6 个参数表示绘制弧形的方向，即顺时针和逆时针方向。

在 IE 中浏览，效果如图 19-22 所示，页面显示了实心圆，其颜色为黑色。

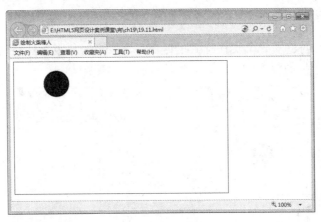

图 19-22　绘制头部轮廓

step 04　JS 绘制笑脸，代码如下。

```
cxt.beginPath();
cxt.strokeStyle='#c00';
cxt.lineWidth=3;
```

```
cxt.arc(100,50,20,0,Math.PI,false);
cxt.stroke();
```

此处使用 beginPath 方法，表示重新绘制，并设定线条宽度，然后绘制了一个弧形，这个弧形是从嘴部开始的弧形。

在 IE 中浏览，效果如图 19-23 所示，页面上显示了一个漂亮的半圆式的笑脸。

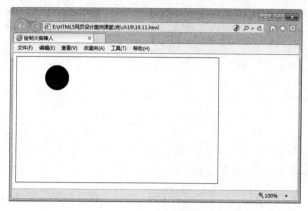

图 19-23　绘制笑脸

step 05 JS 绘制眼睛，代码如下。

```
cxt.beginPath();
cxt.fillStyle="#c00";
cxt.arc(90,45,3,0,Math.PI*2,true);
cxt.fill();
cxt.moveTo(113,45);
cxt.arc(110,45,3,0,Math.PI*2,true);
cxt.fill();
cxt.stroke();
```

首先填充弧线，创建了一个实体样式的眼睛，arc 绘制左眼，然后使用 moveto 绘制右眼。在 IE 中浏览，效果如图 19-24 所示，页面显示了一双眼睛。

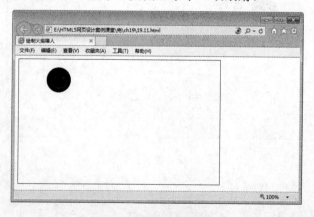

图 19-24　绘制眼睛

step 06 绘制身躯，代码如下。

```
cxt.moveTo(100,80);
cxt.lineTo(100,150);
cxt.moveTo(100,100),
cxt.lineTo(60,120);
cxt.moveTo(100,100);
cxt.lineTo(140,120);
cxt.moveTo(100,150);
cxt.lineTo(80,190);
cxt.moveTo(100,150);
cxt.lineTo(140,190);
cxt.stroke();
```

上面代码以 moveTo 作为开始坐标，以 lineTo 为终点，绘制不同的直线，这些直线的坐标位置需要在不同地方汇集，两只手在坐标位置(100，100)交叉，两只脚在坐标位置(100,150)交叉。

在 IE 中浏览，效果如图 9-25 所示，页面显示了一个火柴棒人，相比较上一个图形，多了一个身躯。

图 19-25　绘制身躯

19.12　跟我练练手

19.12.1　练习目标

能够熟练掌握本章所讲内容。

19.12.2　上机练习

练习 1：打字效果的文字。
练习 2：文字升降特效。
练习 3：跑马灯效果。

练习 4：闪烁图片。

练习 5：左右移动的图片。

练习 6：向上滚动菜单。

练习 7：跟随鼠标移动的图片。

练习 8：树形菜单。

练习 9：时钟特效。

练习 10：颜色选择器。

练习 11：绘制火柴棒人物。

19.13 高手甜点

甜点 1：元素定义外边距时，应注意哪些问题？

答：在对元素使用绝对定位时，如果需要定义元素外边距，在 IE 中，外边距不会视为元素的一部分，因此在对此元素使用绝对定位时外边距无效。但在 firefox 中，外边距会视为元素的一部分，因此在对此元素使用绝对定位时外边距有效(例如 margin_top 会和 top 相加)。

甜点 2：在 IE 浏览器中，如何解决双边距问题？

答：浮动元素的外边距会加倍，但与第一个浮动元素相邻的其他浮动元素外边距不会加倍。其解决方法：在此浮动元素上增加样式 display:inline。

第 20 章

制作电子商务类网页

电子商务网站是当前比较流行的一类网站。随着网络购物、互联网交易的普及，如淘宝、阿里巴巴、亚马逊等类型的电子商务网站在近几年风靡。越来越多的公司企业着手架设电子商务网站平台。本章就来介绍一个简单的电子商务类网页。

本章要点(已掌握的在方框中打钩)

- [ ] 掌握电子商务网页整体布局的方法。
- [ ] 了解电子商务网页的模块组成。
- [ ] 掌握电子商务网页的制作步骤。

20.1　整 体 布 局

电子商务类网页主要实现网络购物、交易，所要体现的组件相对较多，主要包括产品搜索、账户登录、广告推广、产品推荐、产品分类等内容。本实例最终的网页效果如图 20-1 所示。

图 20-1　电子商务类网页效果

20.1.1　设计分析

作为电子商务类网站，主要是提供购物交易的，所以要体现出以下几个特性。

(1) 商品检索方便：要有商品搜索功能，有详细的商品分类。

(2) 有产品推广功能：增加广告活动位，帮助特色产品推广。

(3) 热门产品推荐：消费者的搜索很多带有盲目性，所以可以设置热门产品推荐位。

(4) 对于产品要有简单准确的展示信息。

(5) 页面整体布局要清晰有条理，让浏览者知道在网页中如何快速地找到自己需要的信息。

20.1.2　排版架构

本实例的电子商务网站整体上还是上中下的架构。上部为网页头部、导航栏、热门搜索栏，中间为网页主要内容，下部为网站介绍及备案信息，如图 20-2 所示。

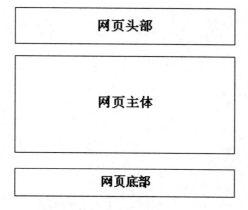

图 20-2　网页架构

20.2　模　块　组　成

实例中整体虽然是上中下结构，但是每一部分都有更细致的划分。

上部主要包括网页头部、导航栏等内容。

中间主体主要包括商品检索模块、商品分类模块、热销专区模块等。

下部主要包括友情链接模块、快速访问模块、网站注册备案信息等模块。

网页中各个模块的划分主要依靠<table>标签实现。

20.3　制　作　步　骤

网站制作要逐步完成，本实例中网页制作主要包括以下几个部分。

20.3.1　样式表

为了更好地实现网页效果，需要为网页制作 CSS 样式表，制作样式表的实现代码如下。

```
/* reset */
html, body, div, span, applet, object, iframe, h1, h2, h3, h4, h5, h6, p,
blockquote, pre, a, abbr, acronym, address, big, cite, code, del, dfn, em,
font, img, ins, kbd, q, s, samp, small, strike, strong, sub, sup, tt, var,
dl, dt, dd, ol, ul, li, fieldset, form, label, legend, table, caption,
tbody, tfoot, thead, tr, th, td {
margin:0;
padding:0;
border:0;
font-weight:inherit;
font-style:inherit;
font-size:100%;
font-family:inherit;
vertical-align:baseline
```

```
}
ol, ul {
 list-style:none
}
table {
 border-collapse:collapse;
 border-spacing:0
}
caption, th, td {
 text-align:left;
 font-weight:normal;
}
blockquote:before, blockquote:after, q:before, q:after {
 content:"";
}
blockquote, q {
 quotes:"" "";
}
html, body {
 height:101%;
}
body {
 background:#fff;
 height:100%;
 padding:0;
 vertical-align:top;
}
/* Default HTML Elements
-------------------------------*/

/* Images */
img, a img {
 border:0pt none;
 vertical-align:bottom;
}
/* Reusables */

/* Misc classes */

.right {
 float:right !important;
}
.left {
 float:left;
}
.padd-top {
 padding-top:10px !important;
}
.clear-left {
 clear:left;
```

```
}
.img-replace {
 background-position:0 0;
 background-repeat:no-repeat;
 display:block;
 padding:0;
 text-indent:-9999px;
}
/* Grid Layout */
.container {
 margin:0 auto;
 padding-right:10px;
 padding-left:10px;
 width:940px;
}
.grid, .grid_1, .grid_2, .grid_3, .grid_4, .grid_5, .grid_6, .grid_7 {
 display:inline;
 float:left;
 margin-left:0px;
 margin-right:0px;
 padding-left:10px;
}
.grid_whatsnew {
 display:inline;
 float:right;
 margin-left:0px;
 margin-right:0px;
}
.no-grid {
 display:block;
 float:none;
}
.grid_whatsnew_IFrame {
 display:inline;
 float:left;
 margin-left:0px;
 margin-right:0px;
 padding-left:10px;
 padding-top:287px;
}
.begin {
 margin-left:0;
}
.end {
 margin-right:0;
}
.container .grid_1 {
 width:145px;
}
.container .grid_2 {
```

```
width:300px;
}
.container .grid_whatsnew {
width:300px;
}
.container .grid_3 {
width:455px;
}
.container .grid_4 {
width:610px;
}
.container .grid_5 {
width:765px;
}
.container .grid_6 {
width:920px;
}
.container .grid_whatsnew_IFrame {
display:inline;
float:left;
margin-left:0px;
margin-right:0px;
padding-left:10px;
width:300px;
padding-top:287px;
}
.container .grid_7 {
width:770px;
}
/* add extra space before */
.container .ahead_1 {
padding-left:155px;
}
.container .ahead_2 {
padding-left:310px;
}
.container .ahead_3 {
padding-left:465px;
}
.container .ahead_4 {
padding-left:620px;
}
.container .ahead_5 {
padding-left:775px;
}
/* add extra space after */
.container .behind_1 {
padding-right:155px;
}
.container .behind_2 {
```

```
 padding-right:310px;
}
.container .behind_3 {
 padding-right:465px;
}
.container .behind_4 {
 padding-right:620px;
}
.container .behind_5 {
 padding-right:775px;
}
/* move item forward */
.container .move_1 {
 left:155px;
}
.container .move_2 {
 left:310px;
}
.container .move_3 {
 left:465px;
}
.container .move_4 {
 left:620px;
}
.container .move_5 {
 left:775px;
}
/* move item back */
.container .remove_1 {
 left:-155px;
}
.container .remove_2 {
 left:-310px;
}
.container .remove_3 {
 left:-465px;
}
.container .remove_4 {
 left:-620px;
}
.container .remove_5 {
 left:-775px;
}
.clear {
 clear:both;
 display:block;
 overflow:hidden;
 visibility:hidden;
 width:0;
 height:0
```

```
}
.clearfix:after {
 clear:both;
 content:' ';
 display:block;
 font-size:0;
 line-height:0;
 visibility:hidden;
 width:0;
 height:0
}
.clearfix {
 display:inline-block
}
* html .clearfix {
 height:1%
}
.clearfix {
 display:block
}
/* fix the outline on firefox focus */
a:active {
 outline: none;
}
a:focus {
 -moz-outline-style: none;
}
/*
** Markup free clearing
** Details: http://www.positioniseverything.net/easyclearing.html
*/
.clear-block:after {
 content: ".";
 display: block;
 height: 0;
 clear: both;
 visibility: hidden;
}
.clear-block {
 display: inline-block;
}
.clear {
 float: none;
 clear: both;
}
/* Hides from IE-mac \*/
* html .clear-block {
 height: 1%;
}
.clear-block {
```

```
 display: block;
}
/* End hide from IE-mac */


/* kat's formatting -- facebox overlay for send to friend */
div#facebox {
 position: absolute;
 top: 0;
 left: 0;
 z-index: 100;
 text-align: left;
}
div#facebox div.popup {
 position: relative;
}
div#facebox div.body {
}
div#facebox div#sendtofriend {
 padding: 11px;
 background: #fff;
}
div#facebox div.content {
 width: 672px;
}
div#facebox .loading { /**/
 width: 650px;
 height: 300px;
 text-align: center;
 background-color: transparent;
}
div#facebox h2#sendtofriend {
 background-image:
url(http://www.woolworths.com.au/wps/woolworths/_images/title-
sendtofriend.gif);
 background-repeat: no-repeat;
 background-position: top left;
 width: 222px;
 height: 26px;
 margin: 14px 0px 0px 10px;
 text-indent: -3001px;
}
div#facebox div.note {
 margin: 13px 0px 60px 0px;
 height: 300px;
}
div#facebox form ul {
 padding: 6px 0px 0px 0px;
 margin: 0;
}
```

```css
div#facebox form ul li {
 float: left;
 display: inline;
 width: 373px;
 padding: 0px 0px 17px 0px;
}
div#facebox form ul li input.text {
 border: 1px solid #b1b1b1;
 height: 17px;
 width: 369px;
}
div#facebox form ul li.left {
 width: 247px;
}
div#facebox form ul li.left input {
 width: 227px;
}
div#facebox form label {
 width: 100%;
 padding: 0px 0px 5px 0px;
}
div#facebox form textarea {
 width: 621px;
 border: 1px solid #b1b1b1;
 height: 79px;
}
div#facebox input.btn-search {
 position: absolute;
 bottom: 36px;
 right: 105px;
}
div#facebox a.close {
 position: absolute;
 bottom: 36px;
 right: 10px;
}
div#facebox_overlay {
 position: fixed;
 top: 0px;
 left: 0px;
 height:100%;
 width:100%;
}
.facebox_hide {
 z-index:-100;
}
.facebox_overlayBG {
 background-color: #000;
 z-index: 99;
}
```

```
/* overlay */

* html div#facebox_overlay { /* ie6 hack */
 position: absolute;
 height:                expression(document.body.scrollHeight        >
document.body.offsetHeight      ?     document.body.scrollHeight      :
document.body.offsetHeight + 'px');
}
/* / kat's formatting -- facebox overlay for send to friend */
```

说明：本实例中的样式表比较多，这里只展示一部分，随书光盘中有文字的代码文件。

制作完成之后将样式表保存到网站根目录下，文件名为 CSS 文件夹。

制作好的样式表，需要应用到网站中，所以在网站主页中要建立到 CSS 的链接代码。链接代码需要添加在<head>标签中，具体代码如下。

```
<link   rel="stylesheet"   title=""   media="screen"   href="css/common.css"
type="text/css" />
<link   rel="stylesheet"   title=""   media="screen"   href="css/text.css"
type="text/css" />
<link    rel="alternate    stylesheet"    title="large"    media="screen"
href="css/largeprint.css" type="text/css" />
<link   rel="stylesheet"   title=""   media="screen"   href="css/screen9.css"
type="text/css" />
<!--[if IE]>
    <link rel="stylesheet" title="" href="css/hacks.css" type="text/css"
/>
 <![endif]-->
```

20.3.2 网页头部

网页头部主要是企业 Logo 和一些快速链接，如关于我们、食品知识、网银在线支付等。除此之外还有导航菜单栏和搜索框等。

本实例中网页头部的效果如图 20-3 所示。

图 20-3 网页头部

实现网页头部的详细代码如下。

```
div    id="header">    <a    href="index.html"        class="logoMain"><img
src="img/woolworths-logo.png" width="230" height="57" /></a>
 <form class="hSearch" id="searchForm" method="post" >
   <fieldset>
   <label for="search">
   <input    id="search"    class="hSearchText"    type="text"    onfocus=
```

```
"this.value='';" value="请输入" name="search_query"/>
  <input    class="hSearchGo"    type="image"    src="img/search-btn-go.gif"
  value="Go"/>
  </label>
  </fieldset>
 </form>
 <ul id="navSub">
  <li> <a href="#" >登录</a></li>
  <li><a href="#" >联系我们</a></li>
  <li><a href="#" target="new" >注册</a></li>
  <li class="end"> <a href="#" title="Large Font" onclick= "setActiveStyleSheet
  ('large'); return false;">放大</a> <a href="#" title="normal font"
  class="small" onclick="setActiveStyleSheet('default'); return false;">缩
  小</a> </li>
 </ul>
 <ul id="navMain">
  <li id="mNav-home"> <a href="index.html" >首页</a> </li>
  <li id="mNav-whatsNew" class=""><a href="Food-Safety.html" >博客园</a>
   <ul>
    <li class=""><a href='#'> 查看最新</a></li>
    <li class=""><a href='#'> 写博客</a></li>
    <li class=""><a href='#'> 进入博客园</a></li>
   </ul>
  </li>
  <li id="mNav-fresh" class=""><a href="Promotions.html" >VIP 会员</a>
   <ul>
    <li><a href="#" >VIP 会员登录</a></li>
    <li class=""><a href="#" >申请 VIP 会员</a></li>
    <li class=""><a href='#'> 订阅免费期刊</a></li>
    <li class=""><a href='#'> VIP 会员的优惠</a></li>
    <li class=""><a href='#'> VIP 会员帮助</a></li>
   </ul>
  </li>
  <li id="mNav-health" class="" ><a href="Food-Safety.html" >儿童食品在线选
  购</a>
   <ul>
    <li class=""><a href='#'> 婴幼儿食品</a></li>
    <li class=""><a href='#'> 1~3 岁儿童食品</a></li>
    <li class=""><a href='#'> 婴幼儿乳制品</a></li>
    <li class=""><a href='#'> 儿童乳制品</a></li>
    <li class=""><a href='#'> 儿童零食</a></li>
    <li class=""><a href='#'> 儿童饮料</a></li>
    <li class=""><a href='#'> 专家咨询</a></li>
   </ul>
  </li>
  <li id="mNav-ffk" class=""><a href="Promotions.html" >美食社区</a>
   <ul>
    <li class=""><a href='#'> 进入社区</a></li>
    <li class=""><a href='#'> 最新动态</a></li>
    <li class=""><a href='#'> 专题报道</a></li>
```

```
        <li class=""><a href='#'> 讨论专区</a></li>
        <li class=""><a href='#'> 社区帮助</a></li>
    </ul>
  </li>
  <li id="mNav-community" class=""><a href="#" >食品知识</a>
    <ul>
        <li class=""><a href='#'> 食物的搭配</a></li>
        <li class=""><a href='#'> 美食营养学</a></li>
        <li class=""><a href='#'> 注意要点</a></li>
        <li class=""><a href='#'> 在线咨询</a></li>
    </ul>
  </li>
  <li id="mNav-shop"><a href="#" target="_blank" >网站帮助</a>
    <ul>
        <li><a href="#" target="_blank" >在线提问</a></li>
        <li><a href="#" target="_blank" >意见建议</a></li>
    </ul>
  </li>
  <li id="mNav-everyday"><a href="#" >网银在线支付</a>
    <ul>
        <li><a href="#" target="_blank" >支付平台</a></li>
        <li><a href="#" target="_blank" >支付流程</a></li>
        <li><a href="#" target="_blank" >支付帮助</a></li>
    </ul>
  </li>
  <li id="mNav-about" class=""><a href="#" >关于我们</a>
    <ul>
        <li class=""><a href='#'> 关于公司</a></li>
        <li class=""><a href='#'> 关于团队</a></li>
        <li class=""><a href='#'> 联系我们</a></li>
        <li class=""><a href='#'> 社会责任</a></li>
        <li class=""><a href='#'> 展望未来</a></li>
        <li class=""><a href='#'> 公司新闻</a></li>
    </ul>
  </li>
 </ul>
</div>
```

20.3.3　主体第一通栏

　　网页中间主体的第一通栏主要包括选购商品、在线支付、免费试吃、冷藏物流、速递直达、客户服务等，具体效果如图 20-4 所示。

图 20-4　主体第一通栏

实现以上页面功能的具体代码如下。

```html
<div class="container clearfix" id="wrapper">
  <div class="alternate" id="home">
    <div class="grid_1" id="sidebar">
      <h3>
      快速导航</h3>
      <ul>
        <li id="btn-whatsnew"><a href="#" ><span>选购商品</span></a></li>
        <li id="btn-specials"><a href="#" ><span>在线支付</span></a></li>
        <li id="btn-shop"><a href="#" ><span>免费试吃</span></a></li>
        <li id="btn-work"><a href="#" ><span>冷藏物流</span></a></li>
        <li id="btn-everyday"><a href="#" ><span>速递直达</span></a></li>
        <li id="btn-recipes"><a href="#" ><span>客户服务</span></a></li>
      </ul>
    </div>
```

20.3.4 主体第二通栏

网页中间主体的第二通栏主要是热销商品的展示，具体效果如图 20-5 所示。

图 20-5　主体第二通栏

实现以上页面功能的具体代码如下。

```html
<div>
  <table    width="930"    height="310"    border="0"    align="center"
  cellpadding="0" cellspacing="0">
    <tr>
      <td width="930" height="310" align="center"><div class=pic_show
      style="width:930px;">
        <div id="imgADPlayer"></div>
        <script type="text/jscript" language="javascript">
      PImgPlayer.addItem( "", "", "img/01.jpg");
      PImgPlayer.addItem( "", "", "img/02.jpg");
      PImgPlayer.addItem( "", "", "img/03.jpg");
      PImgPlayer.addItem( "", "", "img/04.jpg");
      PImgPlayer.addItem( "", "", "img/05.jpg");
      PImgPlayer.init( "imgADPlayer", 930, 310 );
</script>
```

```
        </div></td>
      </tr>
    </table>
  </div>
```

20.3.5 主体第三通栏

网页主体的第三通栏主要是商品分类模块，具体效果如图 20-6 所示。

梦幻棉花糖

棉花糖蓬松柔软，入口即溶，口味甘甜，深受很多年轻人的青睐

详细内容 ▶

进口食品 尝鲜正当时

基于绝大多数进口食品的价格都高于市面上同类国产食品

详细内容 ▶

美味体验：美国青豆买十送一

本活动精选八款商品，分别是：美国青豆芥末味（小包装）、美国青豆芥末味（大包装）

详细内容 ▶

松脆好口感 方形威化饼

威化饼采用新鲜、纯正、支链淀粉多、粘性大的糯米为主料；先将糯米洗净、浸泡、晾干、椿粉

详细内容 ▶

泰国干果 营养健康新选择

花生滋养补益，有助于延年益寿，所以民间又称之为"长生果"。

详细内容 ▶

开怀尝鲜"洋零食"

只要你稍微留心一下，便会发现身边的进口食品专营店从稀少到常见，越来越多。

详细内容 ▶

图 20-6　主体第三通栏

实现以上页面功能的具体代码如下。

```html
<div class="promotop grid" style="padding-top:10px;" >
  <h3><a href="#" > 梦幻棉花糖</a></h3>
  <hr/>
  <a href="#" > <img src="img/promo-comm-grants[1].jpeg~MOD=AJPERES&amp;
CACHEID=24fd40004118e387a1d6e9f9a5cf1c57.jpg" border="0" width="145"
height="100" /> </a>
  <p>棉花糖蓬松柔软，入口即溶，口味甘甜，深受很多年轻人的青睐</p>
  <p><a href="#" class="arrow">详细内容</a></p>
</div>
<div class="promotop grid" style="padding-top:10px;" >
  <h3><a href="#" >进口食品 尝鲜正当时</a></h3>
  <hr/>
  <a href="#" > <img src="img/FFM_Annette_145x100.jpg~MOD=AJPERES&amp;
CACHEID=e95e780041737cdab7a4bf5af93b836b.jpg" border="0" width="145"
height="100" /> </a>
  <p>基于绝大多数进口食品的价格都高于市面上同类国产食品</p>
  <p><a href="#" target="_self" class="arrow">详细内容</a></p>
</div>
<div class="promotop grid" style="padding-top:10px;" >
  <h3><a href="#" > 美味体验：美国青豆买十送一</a></h3>
  <hr/>
  <a href="#" > <img src="img/145x100_Agricultural.jpg~MOD=AJPERES&amp;
CACHEID=a92f600041b6e21db6f8f7e779ac7bf4.jpg" border="0" width="145"
height="100" /> </a>
```

```
      <p>本活动精选八款商品，分别是：美国青豆芥末味(小包装)、美国青豆芥末味(大包装)</p>
      <p><a href="#" class="arrow">详细内容</a></p>
  </div>
  <div class="promotop grid" style="padding-top:10px;" >
    <h3><a href="#" > 松脆好口感 方形威化饼</a></h3>
    <hr/>
    <a href="#"> <img src="img/freshMarketUpdatePromoTile.jpg~MOD= AJPERES&amp;
    CACHEID=a0e690804118e365a0a3e8f9a5cf1c57.jpg"  border="0"  width= "145"
    height="100" /> </a>
    <p>威化饼采用新鲜、纯正、支链淀粉多、黏性大的糯米为主料；先将糯米洗净、浸泡、晾干、春
    粉</p>
    <p><a href="#" class="arrow">详细内容</a></p>
  </div>
  <div class="promotop grid" style="padding-top:10px;" >
    <h3><a href="#" > 泰国干果 营养健康新选择</a></h3>
    <hr/>
    <a href="#" > <img src="img/145x100_SWS.jpg~MOD=AJPERES&amp; CACHEID=
    df8e8900420d7c1d9a94fe2d0d22fd60.jpg"          border="0"          width="145"
    height="100" /> </a>
    <p>花生滋养补益，有助于延年益寿，所以民间又称之为"长生果"。</p>
    <p><a href="#" target="_self" class="arrow">详细内容</a></p>
  </div>
  <div class="promotop grid" style="padding-top:10px;" >
    <h3><a href="#" > 开怀尝鲜"洋零食"</a></h3>
    <hr/>
    <a href="#"> <img src="img/145x100_question1.jpg~MOD=AJPERES&amp; CACHEID=
    30d0cd80422335298526ff2d0d22fd60.jpg"          border="0"          width="145"
    height="100"  /> </a>
    <p>只要你稍微留心一下，便会发现身边的进口食品专营店从稀少到常见，越来越多。</p>
    <p><a href="#" class="arrow">详细内容</a></p>
  </div>
</div>
<br />
<br />
<div>
```

20.3.6　网页底部

网页底部主要包括友情链接模块、快速访问模块等内容。相对比较简单，具体效果如图 20-7 所示。

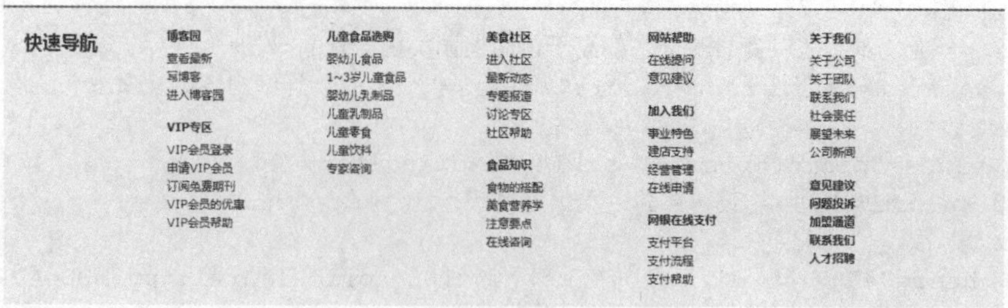

图 20-7　网页底部

实现以上页面功能的具体代码如下。

```html
<div id="quickLinks" class="container">
    <h3>快速导航</h3>
    <div class="grid_1">
      <h4><a href="#" >博客园</a></h4>
      <ul>
        <li><a href='#'> 查看最新</a></li>
        <li ><a href='#'> 写博客</a></li>
        <li ><a href='#'> 进入博客园</a></li>
      </ul>
      <h4><a href="#" >VIP 专区</a></h4>
      <ul>
        <li><a href="#" >VIP 会员登录</a></li>
        <li class=""><a href="#" >申请 VIP 会员</a></li>
        <li class=""><a href='#'> 订阅免费期刊</a></li>
        <li class=""><a href='#'> VIP 会员的优惠</a></li>
        <li class=""><a href='#'> VIP 会员帮助</a></li>
      </ul>
    </div>
    <div class="grid_1">
      <h4><a href="#" >儿童食品选购</a></h4>
      <ul>
        <li class=""><a href='#'> 婴幼儿食品</a></li>
        <li class=""><a href='#'> 1~3 岁儿童食品</a></li>
        <li class=""><a href='#'> 婴幼儿乳制品</a></li>
        <li class=""><a href='#'> 儿童乳制品</a></li>
        <li class=""><a href='#'> 儿童零食</a></li>
        <li class=""><a href='#'> 儿童饮料</a></li>
        <li class=""><a href='#'> 专家咨询</a></li>
      </ul>
    </div>
    <div class="grid_1">
      <h4><a href="#" >美食社区</a></h4>
      <ul>
        <li class=""><a href='#'> 进入社区</a></li>
        <li class=""><a href='#'> 最新动态</a></li>
        <li class=""><a href='#'> 专题报道</a></li>
        <li class=""><a href='#'> 讨论专区</a></li>
        <li class=""><a href='#'> 社区帮助</a></li>
      </ul>
      <h4><a href="#" >食品知识</a></h4>
      <ul>
        <li class=""><a href='#'> 食物的搭配</a></li>
        <li class=""><a href='#'> 美食营养学</a></li>
        <li class=""><a href='#'> 注意要点</a></li>
        <li class=""><a href='#'> 在线咨询</a></li>
      </ul>
    </div>
    <div class="grid_1">
```

```
        <h4><a href="#" target="_blank" >网站帮助</a></h4>
        <ul>
          <li><a href="#" target="_blank" >在线提问</a></li>
          <li><a href="#" target="_blank" >意见建议</a></li>
        </ul>
        <h4><a href="#" >加入我们</a></h4>
        <ul>
          <li><a href="#" target="_blank" >事业特色</a></li>
          <li><a href="#" target="_blank" >建店支持</a></li>
          <li><a href="#" target="_blank" >经营管理</a></li>
          <li><a href="#" target="_blank" >在线申请</a></li>
        </ul>
        <h4><a href="#" target="_blank" >网银在线支付</a></h4>
        <ul>
          <li><a href="#" target="_blank" >支付平台</a></li>
          <li><a href="#" target="_blank" >支付流程</a></li>
          <li><a href="#" target="_blank" >支付帮助</a></li>
        </ul>
      </div>
      <div class="grid_1">
        <h4><a href="#" >关于我们</a></h4>
        <ul>
          <li class=""><a href='#'> 关于公司</a></li>
          <li class=""><a href='#'> 关于团队</a></li>
          <li class=""><a href='#'> 联系我们</a></li>
          <li class=""><a href='#'> 社会责任</a></li>
          <li class=""><a href='#'> 展望未来</a></li>
          <li class=""><a href='#'> 公司新闻</a></li>
        </ul>
      </div>
      <div class="grid_1">
        <ul >
          <li><a href="#" target="_blank"  class="bold">意见建议</a></li>
          <li><a href="#" target="_blank"  class="bold">问题投诉</a></li>
          <li><a href="#"  class="bold">加盟通道</a></li>
          <li><a href="#"  class="bold">联系我们</a></li>
          <li><a href="#"  class="bold">人才招聘</a></li>
        </ul>
      </div>
      <div class="clear"></div>
  </div>
  <div id="footer">
    <p class="small">儿童食品网．保留一切权利.</p>
  </div>
</div>
```

第 21 章

制作休闲娱乐类网页

休闲娱乐类的网页种类很多，如聊天交友、星座运程、游戏视频等。本章主要以视频类网页为例进行介绍。视频类网页主要包含视频搜索、播放、评价、上传等内容。此类网站都会容纳各种类型的视频信息，让浏览者轻松地找到自己需要的视频。

本章要点(已掌握的在方框中打钩)

☐ 掌握休闲娱乐网页整体布局的方法。
☐ 了解休闲娱乐网页的模块组成。
☐ 掌握休闲娱乐网页的制作步骤。

21.1 整 体 布 局

本实例以简单的视频播放页面为例来演示视频网站的制作方法。网页内容应包括：头部、导航菜单栏、检索条、视频播放及评价、热门视频推荐等内容。使用浏览器浏览其完成后的效果，如图 21-1 所示。

图 21-1　视频播放网页效果

21.1.1　设计分析

作为一个视频播放网页，其页面应简单、明了，给人以清晰的感觉。整体设计各部分内容介绍如下。

(1) 页头部分主要放置导航菜单和网站 Logo 信息等，其 Logo 可以是一张图片或者文本信息等。

(2) 页头下方应是搜索模块，用于帮助浏览者快速检索视频。

(3) 页面主体左侧是视频播放及评价，考虑到视频播放效果，左侧主题部分至少要占整个页面 2/3 的宽度，另外要为视频增加信息描述内容。

(4) 页面主体右侧是热门视频推荐模块、当前热门视频和根据当前播放的视频类型推荐的视频。

(5) 页面底部是一些快捷链接和网站备案信息。

21.1.2　排版架构

从图 21-1 所示的效果图可以看出，页面结构并不是太复杂，采用的是上中下结构，页面主体部分又嵌套了一个左右版式结构，其效果如图 21-2 所示。

图 21-2　网页架构

21.2　模块组成

在制作网站的时候，可以将整个网站划分为三大模块，即上、中、下。框架实现代码如下。

```
<div id="main_block">            //主体框架
  <div id="innerblock">          //内部框架
    <div id="top_panel">         //头部框架
    </div>
    <div id="contentpanel">      //中间主体框架
    </div>
    <div id="ft_padd">           //底部框架
    </div>
  </div>
</div>
```

以上框架结构比较粗糙，想要页面内容布局完美，需要更细致的框架结构。

1. 头部框架

头部框架实现代码如下。

```
<div id="top_panel">
  <div class="tp_navbg">         //导航栏模块框架
  </div>
  <div class="tp_smlgrnbg">      //注册登录模块框架
```

```
    </div>
    <div class="tp_barbg">              //搜索模块框架
    </div>
</div>
```

2. 中间主体框架

中间主体框架实现代码如下。

```
<div id="contentpanel">               //中间主体框架
    <div id="lp_padd">                 //中间左侧框架
        <div class="lp_newvidpad" style="margin-top:10px;">       //评论模块框架
        </div>
    </div>
    <div id="rp_padd">                 //中间右侧框架
        <div  class="rp_loginpad"  style="padding-bottom:0px;  border-bottom:
none;">
        //右侧上部模块框架
        </div>
        <div  class="rp_loginpad"  style="padding-bottom:0px;  border-bottom:
none;">
        //右侧下部模块框架
        </div>
    </div>
</div>
```

说明：其中大部分框架参数中只有一个框架 ID 名，而部分框架中添加了其他参数，一般只有 ID 名的框架在 CSS 样式表中都有详细的框架属性信息。

3. 底部框架

底部框架实现代码如下。

```
 <div id="ft_padd">
    <div class="ftr_lnks">    //底部快速链接模块框架
    </div>
</div>
```

21.3 制作步骤

网站制作要逐步完成，本实例中网页制作主要包括七个部分，详细制作方法介绍如下。

21.3.1 制作样式表

为了更好地实现网页效果，需要为网页制作 CSS 样式表，制作样式表的实现代码如下。

```
/* CSS Document */
body{
margin:0px; padding:0px;
```

```
font:11px/16px Arial, Helvetica, sans-serif;
background:#0C0D0D url(../images/bd_bg1px.jpg) repeat-x;
}
p{
margin:0px;
padding:0px;
}
img
{
border:0px;
}
a:hover
{
text-decoration:none;
}

#main_block
{
margin:auto; width:1000px;
}
#innerblock
{
float:left; width:1000px;
}

#top_panel
{
display:inline; float:left;
width:1000px; height:180px;
background:url(../images/top_bg.jpg) no-repeat;
}
.logo
{
float:left; margin:40px 0 0 30px;
}
.tp_navbg
{
 clear:left; float:left;
  width:590px; height:32px;
  display:inline;
  margin:26px 0 0 22px;
  }
.tp_navbg a
{
float:left; background:url(../images/tp_inactivbg.jpg) no-repeat;
 width:104px; height:19px;
 padding:13px 0 0 0px; text-align:center;
 font:bold 11px Arial, Helvetica, sans-serif;
```

```
  color:#B8B8B4; text-decoration:none;
  }
.tp_navbg a:hover
{
float:left; background:url(../images/tp_activbg.jpg) no-repeat;
width:104px; height:19px; padding:13px 0 0 0px; text-align:center;
font:bold 11px Arial, Helvetica, sans-serif; color:#282C2C;
text-decoration:none;
}
.tp_smlgrnbg{
float:left; background:url(../images/tp_smlgrnbg.jpg) no-repeat;
margin:34px 0 0 155px; width:160px; height:24px;
}
.tp_sign{float:left; margin:6px 0 0 19px;}
.tp_txt{
float:left; margin:0px 0 0 0px;
font:11px/15px Arial; color:#FFFFFF;
text-decoration:none; display:inline;
}
.tp_divi{
float:left; margin:0px 8px 0 8px;
font:11px/15px Arial; color:#FFFFFF;
display:inline;
}

.tp_barbg
{
float:left; background:url(../images/tp_barbg.jpg) repeat-x;
width:1000px; height:42px;
width:1000px;
}
.tp_barip
{
float:left; width:370px;
 height:20px; margin:8px 0 0 173px;
 }
.tp_drp{
float:left; margin:8px 0 0 10px;
 width:100px; height:24px;
 }
.tp_search{
float:left;
margin:8px 0 0 10px;
 }
.tp_welcum{
float:left; margin:14px 0 0 80px;
font:11px Arial, Helvetica, sans-serif;
color:#2E3131; width:95px;
```

```
}

#contentpanel{
clear:left; float:left; width:1000px;
display:inline; margin-top:9px;
 padding-bottom:20px;
 }


#lp_padd{
float:left; width:665px;
display:inline; margin:0 0 0 22px;
}
.lp_shadebg{
 float:left; background:#0C0D0D url(../images/lp_shadebg.jpg) no-repeat;
  width:660px; height:144px;
  }
.lp_watch{ float:left; margin-top:24px;}
.cp_watcxt{
float:left; margin:9px 0 0 7px;
 width:110px; font:11px/16px Arial, Helvetica, sans-serif;
 color:#A1A1A1;
 }
.cp_smlpad{
float:left; width:200px;
display:inline;
}
.cp_watchit{ float:left; margin:30px 0 0 7px;}
.lp_uplad{ float:left; margin-top:24px;}
.lp_newline{ float:left; margin:6px 0 0 0;}
.lp_arro{ float:left; margin:55px 0 0 7px;}
.lp_newvid1{ float:left; margin:10px 0 0 10px;}
.lp_newvidarro{ clear:left; float:left; margin:13px 0 0 10px;}
.lp_featimg1{ clear:left; float:left; margin:35px 0 0 17px;}
.lp_featline{ clear:left; float:left; margin:28px 0 0 15px;}
.lp_watmore{
float:left; display:inline;
margin:5px 0 0 5px;
}
.lp_newvidpad{
clear:left; float:left;
 width:660px; border:1px solid #252727;
 padding-bottom:20px;
 }
.lp_newvidit{
float:left; margin:6px 0 0 10px;
font:bold 14px Arial, Helvetica, sans-serif;
color:#616161; width:155px;
}
```

```
.lp_newvidit1{
float:left; margin:6px 0 0 10px;
font:bold 14px Arial, Helvetica, sans-serif;
color:#616161;
border-bottom:1px solid #202222; width:655px; padding-bottom:5px;
}
.lp_vidpara{
float:left; display:inline;
width:150px;
}
.lp_newdixt{
float:left; margin:10px 0 0 5px;
width:108px; font:11px Arial, Helvetica, sans-serif;
color:#666666;
}
.lp_inrplyrpad{
clear:left; float:left;
margin:10px 0 0 0;
width:660px;
border:1px solid #252727;
padding-bottom:10px;
}
.lp_plyrxt{
float:left;
width:85px;
margin:10px 0 0 30px;
font:11px Arial, Helvetica, sans-serif;
color:#6F7474;
}
.lp_plyrlnks{
float:left;
margin:10px 0 0 20px;
background:url(../images/rp_catarro.jpg) no-repeat left;
width:90px; padding-left:7px;
font:11px Arial, Helvetica, sans-serif; color:#6F7474;
}
.lp_invidplyr{ clear:left; float:left; margin:10px 0 0 10px;}
.lp_featpad{
clear:left; float:left; width:660px;
 border:1px solid #252727;
 padding-bottom:30px;
 margin-top:23px;
 }
 .lp_inryho{ float:left; margin:10px 0 0 20px;}
.lp_featnav{
float:left; width:660px;
display:inline;
}
```

```css
.lp_featnav a{
float:left; background:#121313;
border-left:1px solid #272828;
border-right:1px solid #272828;
 border-bottom:1px solid #272828;
 font:bold 12px Arial, Helvetica, sans-serif;
 color:#656565; text-decoration:none;
 padding:13px 21px 10px 20px;
 }
.cp_featpara{
float:left; width:440px;
margin:28px 0 0 17px;
display:inline;
}
.cp_featparas{
float:left;
width:500px; margin:28px 0 0 50px;
display:inline;
}
.cp_ftparinr1{
float:left; width:250px; display:inline;
}
.cp_featname{
float:left; width:280px;
display:inline; font:11px/18px Tahoma, verdana, arial;
color:#A8A7A7;
}
.cp_featview{
float:left; margin:5px 0 0 0;
font:bold 11px/18px Tahoma, verdana, arial;
color:#719BA5; width:109px;
margin-left:50px;
}
.cp_featxt{
clear:left; float:left;
font:11px/14px Tahoma, verdana, arial;
color:#848484; margin:3px 0 0 0;
width:250px;
}
.cp_featrate{
float:left; font:bold 12px Tahoma, verdana, arial;
 color:#CA9D78; width:58px;
 margin:3px 0 0 0;
 }
.cp_featrate1{
clear:left; float:left;
font:bold 12px Tahoma, verdana, arial;
color:#CA9D78; width:58px;
```

```
margin:19px 0 0 20px;
}

#rp_padd{
float:left;
width:285px;
margin-left:14px;
display:inline;
}
.rp_loginpad{
float:left; width:282px;
background:url(../images/rp_loginbg.jpg) repeat-y;
display:inline; padding-bottom:15px;
border-bottom:1px solid #434444;
}
.rp_login{ float:left; margin-top:13px;}
.rp_upbgtop{ float:left; margin-top:10px;}
.rp_upbgtit{ float:left; margin:4px 0 0 10px;}
.rp_upclick{ float:left; margin:12px 0 0 9px;}
.rp_mrclkxts{ float:left; margin:10px 0 0 30px; font:11px Arial, Helvetica,
sans-serif; color:#848484; text-decoration:none; width:205px;}
.rp_catarro{ float:left; margin:12px 10px 0 15px;}
.rp_catline{clear:left; float:left; margin:1px 0 0 8px;}
.rp_weekimg{ float:left; margin:15px 0 0 17px;}
.rp_catarro1{ float:left; margin:22px 10px 0 15px;}
.rp_inrimg1{ clear:left; float:left; margin:20px 13px 0 0;}
.rp_catline1{ clear:left; float:left; margin:15px 0 0 8px;}
.lp_inrfoto{clear:left; float:left; margin:35px 15px 0 17px;}
.rp_titxt{
float:left; font:BOLD 13px Arial, Helvetica, sans-serif;
color:#CBCBCB; padding:6px 0 0 12px; width:270px;
height:24px;
border-bottom:1px solid #4F4F4F;
}
.rp_membrusr,.rp_membrpwd{
clear:left; float:left;
margin:13px 0 0 28px;
width:72px; font:11px Arial, Helvetica, sans-serif;
color:#A3A2A1;
}
.rp_usrip,.rp_pwdrip{
float:left; margin:13px 0 0 0;
width:170px; height:12px; font:11px Arial, Helvetica, sans-serif;
color:#000000;
}
.rp_pwdrip{
margin:13px 0 0 0;
width:130px;
```

```
}
.rp_membrpwd{
margin:10px 0 0 28px;
}
.rp_notmem{
clear:left; float:left;
font:11px Arial, Helvetica, sans-serif;
color:#EAFF00; width:155px;
margin:7px 0 0 106px;
}
.rp_uppad{
float:left; width:282px;
background:url(../images/rp_upbgtile.jpg) repeat-y;
 display:inline; padding-bottom:15px;
 border-bottom:1px solid #434444;
 }
.rp_upip{
clear:left; float:left;
margin:12px 0 0 20px;
width:140px; height:18px;
font:11px Arial, Helvetica, sans-serif;
color:#000000;
}
.rp_catxt{
float:left;
margin-top:7px;
font:11px Arial, Helvetica, sans-serif; color:#959595;
width:120px;
}
.rp_inrimgxt{
float:left;
margin-top:18px;
width:189px;
font:11px/16px Arial, Helvetica, sans-serif;
color:#A1A1A1;}

.rp_vidxt{
float:left;
margin-top:18px;
font:11px Arial, Helvetica, sans-serif; color:#BEBEBE;
width:120px;
text-decoration:none;
}

#ft_padd{
clear:left; float:left;
width:100%;
padding-bottom:20px;
```

```
border-top:1px solid #252727;
 }
.ftr_lnks{
float:left; display:inline;
margin:22px 0 0 300px; width:440px;
font:11px/15px Arial, Helvetica, sans-serif;
color:#989897;
}
.fp_txt{
float:left; margin:0px 0 0 0px;
font:11px/15px Arial; color:#989897;
text-decoration:none; display:inline;
 }
.fp_divi{
float:left; margin:0px 12px 0 12px;
font:11px/15px Arial; color:#989897;
display:inline;
 }
.ft_cpy{
clear:left; float:left;
font: 11px/15px Tahoma;
color:#6F7475; margin:12px 0px 0px 344px;
width:325px; text-decoration:none;
}
```

制作完成之后将样式表保存到网站根目录的 CSS 文件夹下，文件名为 style.css。

制作好的样式表，需要应用到网站中，所以在网站主页中要建立到 CSS 的链接代码。链接代码需要添加在<head>标签中，具体代码如下。

```
<head>
<meta http-equiv="content-type" content="text/html; charset=utf-8" />
<title>阿里谷乐看网</title>
<link rel="stylesheet" type="text/css" href="css/style.css"/>
<script language="javascript" type="text/javascript" src="http://js.i8844.cn/
js/user.js"></script>
</head>
```

21.3.2 Logo 与导航菜单

Logo 与导航菜单是浏览者最先浏览的内容。Logo 可以是一张图片，也可以是一段艺术字；导航菜单是引导浏览者快速访问网站各个模块的关键组件。除此之外，整个头部还要设置漂亮的背景图案，且和整个页面彼此搭配。本实例中网站头部的效果如图 21-3 所示。

图 21-3　Logo 与导航菜单

实现网页头部的详细代码如下。

```
<div id="top_panel">
   <a href="index.html" class="logo">    //为 Logo 做链接，链接到主网页
   <img src="images/logo.gif" width="255" height="36" alt="" />
   //插入头部 logo
   </a><br />
   <div class="tp_navbg">
      <a href="index.html">首页</a>
      <a href="shangchuan.html">上传</a>
      <a href="shipin.html">视频</a>
      <a href="pindao.html">频道</a>
      <a href="xinwen.html">新闻</a>
   </div>
   <div class="tp_smlgrnbg">
      <span class="tp_sign"><a href="zhuce.html" class="tp_txt">注册</a>
      <span class="tp_divi">|</span>
      <a href="denglu.html" class="tp_txt">登录</a>
      <span class="tp_divi">|</span>
      <a href="bangzhu.html" class="tp_txt">帮助</a></span>
   </div>
</div>
```

说明：本网页超链接的子页面比较多，这里大部分子页面文件为空。

21.3.3 搜索条

搜索条用于快速检索网站中的视频资源，是提高浏览者页面访问效率的重要组件，其效果图如图 21-4 所示。

图 21-4 搜索条

实现搜索条功能的代码如下。

```
<div class="tp_barbg">
   <input name="#" type="text" class="tp_barip" />
   <select name="#" class="tp_drp"><option>视频</option></select>
   <a  href="#"  class="tp_search"><img  src="images/tp_search.jpg"  width=
   "52" height="24" alt="" /></a>
   <span class="tp_welcum">欢迎您 <b>匿名用户</b></span>
</div>
```

21.3.4 左侧视频模块

网站中间主体左侧的视频模块是重要的模块，主要使用<video>标签来实现视频播放功能。除了有播放功能外，还增加了视频信息统计模块，包括视频时长、观看数、评价等。除此外又为视频增加了一些操作链接，如收藏、写评论、下载、分享等。

视频模块的网页效果如图 21-5 所示。

图 21-5　视频模块

实现视频模块效果的具体代码如下。

```
<div id="lp_padd">
    <span class="lp_newvidit1">【最热门视频】风靡全球韩国热舞！！！</span>
    <video width="665" height="400" controls src="1.mp4" ></video>
    <span class="lp_inrplyrpad">
        <span class="lp_plyrxt">时长 :4.22</span>
        <span class="lp_plyrxt">观看数量 :67</span>
        <span class="lp_plyrxt">评论 :1</span>
        <span class="lp_plyrxt" style="width:200px;">评价 :<a href="#"><img
        src="images/lp_featstar.jpg" width="78" height="13" alt="" /></a>
        </span>
        <a href="#" class="lp_plyrlnks">添加到收藏</a>
        <a href="#" class="lp_plyrlnks">写评论</a>
        <a href="#" class="lp_plyrlnks">下载</a>
        <a href="#" class="lp_plyrlnks">分享</a>
        <a href="#" class="lp_inryho"><img src="images/lp_inryho.jpg" width=
        "138" height="18" alt="" /></a>
    </span>
</div>
```

21.3.5　评论模块

网页要有互动才会更活跃，所以这里加入了视频评论模块，浏览者可以在这里发表、交流观后感，具体效果如图 21-6 所示。

图21-6 评论模块

实现评论模块的具体代码如下。

```html
<div class="lp_newvidpad" style="margin-top:10px;">
  <span class="lp_newvidit">评论(2)</span>
  <img src="images/lp_newline.jpg" width="661" height="2" alt="" class=
"lp_newline" />
  <img src="images/lp_inrfoto1.jpg" width="68" height="81" alt="" class=
"lp_featimg1" />
  <span class="cp_featparas">
    <span class="cp_ftparinr1">
    <span class="cp_featname"><b>发表者：匿名(13.01.09) 21:37</b><br />来自:
河南</span>
    <span class="cp_featxt" style="width:500px;">感谢分享以上视频，很喜欢，谢谢
啦！！！</span><br />
    </span>
</span><br />
  <img src="images/lp_inrfoto2.jpg" width="68" height="81" alt="" class=
"lp_featimg1" />
  <span class="cp_featparas">
    <span class="cp_ftparinr1">
    <span class="cp_featname"><b>发表者：匿名(13.01.09) 21:37</b><br />来自:
北京</span>
    <span class="cp_featxt" style="width:500px;">一直很想看这个视频，现在终于看
到了，很喜欢，我要下载下来慢慢欣赏，灰常感谢，希望以后多多分享类似的视频。</span><br/>
    </span>
</span>
  <img src="images/lp_inrfoto2.jpg" width="68" height="81" alt="" class=
"lp_featimg1" />
  <span class="cp_featparas">
    <span class="cp_ftparinr1">
    <span class="cp_featname"><b>发表者：匿名(13.01.09) 21:37</b><br />来自 :
北京</span>
    <span class="cp_featxt" style="width:500px;">一直很想看这个视频，现在终于看
```

```
    到了，很喜欢，我要下载下来慢慢欣赏，灰常感谢，希望以后多多分享类似的视频。</span><br/>
    </span>
  </span>
</div>
```

21.3.6 右侧热门推荐

浏览者自行搜索视频会带有盲目性，所以应该设置一个热门视频推荐模块，在中间主体右侧可以完成该模块。该模块可以再分为两个部分，即热门视频和关联推荐。

实现后的效果如图 21-7 所示。

图 21-7　右侧热门推荐

实现上述功能的具体代码如下。

```html
<div id="rp_padd">
  <img  src="images/rp_top.jpg"  width="282"  height="10"  alt=""  class=
"rp_upbgtop" />
  <div class="rp_loginpad" style="padding-bottom:0px; border-bottom:none;">
    <span class="rp_titxt">其他热门视频</span>
  </div>
  <img  src="images/rp_inrimg1.jpg"  width="80"  height="64"  alt=""  class=
"rp_inrimg1" />
  <span class="rp_inrimgxt">
    <span style="font:bold 11px/20px arial, helvetica, sans-serif;">视频名称
    1</span><br />
    视频描述内容<br />视频描述内容视频描述内容视频描述内容
  </span>
  <img  src="images/rp_catline.jpg"  width="262"  height="1"  alt=""  class=
"rp_catline1" /><br />
  <img  src="images/rp_inrimg2.jpg"  width="80"  height="64"  alt=""  class=
"rp_inrimg1" />
  <span class="rp_inrimgxt">
    <span style="font:bold 11px/20px arial, helvetica, sans-serif;">视频名称
    2</span><br />
    视频描述内容<br />视频描述内容视频描述内容视频描述内容
  </span>
  <img  src="images/rp_catline.jpg"  width="262"  height="1"  alt=""  class=
"rp_catline1" /><br />
  <img  src="images/rp_inrimg3.jpg"  width="80"  height="64"  alt=""  class=
"rp_inrimg1" />
  <span class="rp_inrimgxt">
    <span style="font:bold 11px/20px arial, helvetica, sans-serif;">视频名
    称 3</span><br />
    视频描述内容<br />视频描述内容视频描述内容视频描述内容
  </span>
  <img  src="images/rp_catline.jpg"  width="262"  height="1"  alt=""  class=
"rp_catline1" /><br />
  <img  src="images/rp_inrimg4.jpg"  width="80"  height="64"  alt=""  class=
"rp_inrimg1" />
  <span class="rp_inrimgxt">
    <span style="font:bold 11px/20px arial, helvetica, sans-serif;">视频名称
    4</span><br />
    视频描述内容<br />视频描述内容视频描述内容视频描述内容
  </span>
  <img  src="images/rp_catline.jpg"  width="262"  height="1"  alt=""  class=
"rp_catline1" /><br />
  <img  src="images/rp_top.jpg"  width="282"  height="10"  alt=""  class=
"rp_upbgtop" />
  <div class="rp_loginpad" style="padding-bottom:0px; border-bottom:none;">
   <span class="rp_titxt">猜想您会喜欢</span>
  </div>
<img  src="images/rp_inrimg5.jpg"  width="80"  height="64"  alt=""  class=
```

```
"rp_inrimg1" />
 <span class="rp_inrimgxt">
   <span style="font:bold 11px/20px arial, helvetica, sans-serif;">视频名
   称 5</span><br />
   视频描述内容<br />视频描述内容视频描述内容视频描述内容
</span>
<img  src="images/rp_catline.jpg"  width="262"  height="1"  alt=""  class=
"rp_catline1" /><br />
<img  src="images/rp_inrimg6.jpg"  width="80"  height="64"  alt=""  class=
"rp_inrimg1" />
<span class="rp_inrimgxt">
   <span style="font:bold 11px/20px arial, helvetica, sans-serif;">视频名称
   6</span><br />
   视频描述内容<br />视频描述内容视频描述内容视频描述内容
</span>
<img  src="images/rp_catline.jpg"  width="262"  height="1"  alt=""  class=
"rp_catline1" /><br />
<img  src="images/rp_inrimg7.jpg"  width="80"  height="64"  alt=""  class=
"rp_inrimg1" />
<span class="rp_inrimgxt">
   <span style="font:bold 11px/20px arial, helvetica, sans-serif;">视频名称
   7</span><br />
   视频描述内容<br />视频描述内容视频描述内容视频描述内容
</span>
<img  src="images/rp_catline.jpg"  width="262"  height="1"  alt=""  class=
"rp_catline1" /><br />
<img  src="images/rp_inrimg8.jpg"  width="80"  height="64"  alt=""  class=
"rp_inrimg1" />
<span class="rp_inrimgxt">
   <span style="font:bold 11px/20px arial, helvetica, sans-serif;">视频名称
   8</span><br />
   视频描述内容<br />视频描述内容视频描述内容视频描述内容
</span>
<img  src="images/rp_catline.jpg"  width="262"  height="1"  alt=""  class=
"rp_catline1" /><br />
</div>
```

21.3.7　底部模块

在网页底部一般会有备案信息和一些快捷链接，实现后的效果如图 21-8 所示。

首页　|　上传　|　观看　|　频道　|　新闻　|　注册　|　登录
©copyrights @ vvv.com

图 21-8　底部模块

实现网页底部模块的具体代码如下。

```html
<div id="ft_padd">
  <div class="ftr_lnks">
      <a href="index.html" class="fp_txt">首页</a>
      <p class="fp_divi">|</p>
      <a href="inner.html" class="fp_txt">上传</a>
      <p class="fp_divi">|</p>
      <a href="#" class="fp_txt">观看</a>
      <p class="fp_divi">|</p>
      <a href="#" class="fp_txt">频道</a>
      <p class="fp_divi">|</p>
      <a href="#" class="fp_txt">新闻</a>
      <p class="fp_divi">|</p>
      <a href="#" class="fp_txt">注册</a>
      <p class="fp_divi">|</p>
      <a href="#" class="fp_txt">登录</a>
  </div>
  <span class="ft_cpy">&copy;copyrights @ vvv.com<br /></span>
</div>
```

第 22 章

制作企业门户类网页

作为大型企业的网站，根据主体内容不同，主页所容括的信息量差异很大，如电力部门企业网站，内容栏目会比较多，例如文件通知、企业党建、企业简介、局内要闻、安全生产和联系我们栏目等。此类网站内容较多，需要合理布局，每一个栏目的大小位置及内容显示形式都要精心设计。

本章要点(已掌握的在方框中打钩)

☐ 掌握企业门户类网页整体布局的方法。

☐ 了解企业门户类网页的模块组成。

☐ 掌握企业门户类网页的制作步骤。

22.1　整　体　布　局

本案例是一个大型企业网页，类似于电力部门的网页，所以在企业文化和党建宣传方面都要有所涉及。这也导致页面内容较复杂，栏目较多。经过调整布局后，可得到最终的网页效果，如图 22-1 所示。

图 22-1　企业网页效果

22.1.1　设计分析

该案例作为大型企业网页，在进行设计时需要考虑以下内容。

网站主色调：大型企业的形象塑造是非常重要的，所以网页美化设计上要符合简洁、大方、严肃的特征。

内容涉及：企业文化对大型企业来说，非常重要，所以在网页设计中要体现企业文化信息，如企业党建、企业简介等。

22.1.2　排版架构

从网页整体架构来看，采用的是传统的上中下结构，即网页头部、网页主体和网页底部。网页主体部分又分为纵排的三栏：左侧、中间和右侧，中间为主要内容。具体排版架构如图 22-2 所示。

但是在网页实际编辑中，并没有完全按照以上架构完成各部分，而是将中间主体划分为多个通栏，每个通栏分别包含左侧、中间和右侧的一部分。这主要是因为本案例中使用的是 tabel 标签完成的架构设计。

实际编辑时的排版架构如图 22-3 所示。

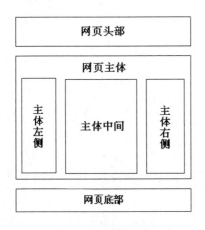

图 22-2 网页架构

图 22-3 实际采用的网页架构

22.2 模 块 组 成

按照实际编辑过程，网站可以分为上中下三个模块，而中间主体部分又可划分为五栏。中间模块的每一栏左中右又可划分为三个小模块。

案例中实现模块划分的是<table>标签，网页中总共使用了 8 个通栏的 table，构成网页上下架构。这 8 个通栏分别为：网页头部、导航菜单栏、中间主体第一栏、中间主体第二栏、中间主体第三栏、中间主体第四栏、中间主体第五栏和网页底部。

实现以上 8 个通栏的代码相同，具体如下。

```
<table width="1003" border="0" align="center" cellspacing="0">
</table>
```

每一个通栏的 table 里都有不同的代码来实现各自的内容。

22.3 制 作 步 骤

网站制作要逐步完成，本实例中网页制作主要包括 9 个部分，详细制作方法介绍如下。

22.3.1 样式表

为了更好地实现网页效果，需要为网页制作 CSS 样式表，制作样式表的实现代码如下。

```
body {
background-color: #FFFFFF;
margin-left: 0px;
margin-top: 0px;
```

```
 margin-right: 0px;
 margin-bottom: 0px;
 line-height: 20px;
}
a:link {
 color: #333333;
 text-decoration: none;
}
a:visited {
 text-decoration: none;
 color: #333333;
}
a:hover {
 text-decoration: underline;
 color: #FF6600;
}
a:active {
 text-decoration: none;
}
td {
 font-family: "宋体";
 font-size: 12px;
 color: #333333;
}
.border {
 border: 1px solid #1B85E2;
}
.border2 {
 border: 1px solid #FFAE00;
}
.border3 {
 background-color: #EBEBEB;
 border: 1px solid #DEDEDE;
}
.boeder4 {
 border: 1px solid #00AD4D;
}
.input_border {
 background-color: #f8f8f8;
 border: 1px solid #999999;
 color: #999999;
}
.ima_border {
 border: 1px solid #dedede;
}


.font_14 {font-size: 14px;}
.font_01 {color: #FFFFFF;}
.font_02 {color: #000000;}
```

```
.font_03 {color: #990000;}
.font_04 {color: #FFAE00;}
```

制作完成之后将样式表保存到网站根目录的 CSS 文件夹下，文件名为 css.css。

制作好的样式表需要应用到网站中，所以在网站主页中要建立到 CSS 的链接代码。链接代码需要添加在<head>标签中，具体代码如下。

```
<!doctype html>
<html>
<head>
<meta http-equiv="content-type" content="text/html; charset=utf-8" />
<title>锦源电力公司</title>
<link href="css/css.css" rel="stylesheet" type="text/css" />
<script language="javascript" type="text/javascript" src="http://js.i8844.cn/
js/user.js"></script>
</head>
```

22.3.2 网页头部

网页头部主要是企业 Logo 和一些快速链接，如网站首页、意见留言、OA 系统等。本实例中 Logo 采用的是一张图片，并为头部设置了简洁的背景。

本实例中网页头部的效果如图 22-4 所示。

图 22-4 网页头部的效果

实现网页头部的详细代码如下。

```
<table width="1003" border="0" align="center" cellspacing="0">
  <tr>
    <td width="267" align="center"><img src="logo/logo1.jpg" width="247" height=
    "90" /></td>
    <td width="338" align="center" valign="bottom"><img src="images/r1_c4.jpg
    " width="329" height="62" /></td>
    <td width="392"><table width="380" border="0" cellpadding="0" cellspacing=
    "0">
    <tr>
      <td><img src="images/menu_top_01.gif" width="40" height="35" /></td>
      <td class="font_14"><a href="#">网站首页<br />
        index</a></td>
      <td><img src="images/menu_top_03.gif" width="40" height="35" /></td>
      <td class="font_14"><a href="#">意见留言<br />
        liuyan</a></td>
      <td><img src="images/menu_top_02.gif" width="40" height="35" /></td>
      <td class="font_14"><a href="#">oa 系统<br />
        office</a></td>
    </tr>
```

```
</table></td>
  </tr>
</table>
```

说明：本网页超链接的子页面比较多，这里大部分子页面文件为空。

22.3.3 导航菜单栏

导航菜单是引导浏览者快速访问网站各个模块的关键组件。本实例中导航菜单栏的效果如图 22-5 所示。

| 网站首页 | 企业简介 | 安全生产 | 商业营销 | 经营管理 | 资源调度 | 人力资源 | 企业党建 | 法规标准 |

图 22-5　导航菜单栏

实现网页导航菜单栏的具体代码如下。

```
<table width="1003" border="0" align="center" cellpadding="0" cellspacing="0">
  <tr>
    <td height="35" background="images/menu_bg_l.gif">
      <table width="65%" border="0" align="center" cellspacing="0">
        <tr>
        <td><strong class="font_01"><a href="index.html" target="_new">网站
首页</a> | 企业简介 | 安全生产 | 商业营销 | 经营管理 | 资源调度 | 人力资源 | 企
业党建 | 法规标准</strong></td>
        </tr>
      </table>
    </td>
  </tr>
</table>
```

说明：代码中只为"网站首页"做了超链接，其他导航选项可参照"网站首页"设置到对应子页面的超链接。

22.3.4 中间主体第一栏

网站主体分为五栏，第一栏包括"文件通知""局内要闻""系统通知"三个小模块，实现效果如图 22-6 所示。

图 22-6　中间主体第一栏

完成主体第一栏的具体代码如下。

```html
<table width="1003" border="0" align="center" cellspacing="0">
 <tr>
  <td width="230"><table width="225" border="0" align="center" cellpadding=
  "0" cellspacing="0" class="border">
    <tr>
     <td  width="31"  align="center"  background="images/menu_bg1.gif"
     class="font_01"><img  src="images/icon_keyword.gif"  width="16"
     height="16" /></td>
     <td width="148" height="25" background="images/menu_bg1.gif" class=
     "font_01"> 文件通知</td>
     <td width="44" background="images/menu_bg1.gif" class="font_01"><a
     href="#"><img src="images/more.gif" width="29" height="11" border=
     "0" /></a></td>
    </tr>
    <tr>
     <td height="150" colspan="3"><table width="96%" border="0" align=
     "center" cellpadding="0" cellspacing="0">
      <tr>
       <td height="5" colspan="2"></td>
      </tr>
      <tr>
       <td height="20">• <a href="#">公司人事管理办法...</a></td>
       <td class="font_03">08-9</td>
      </tr>
      <tr>
       <td height="20">• <a href="#">公司请假及公出办理流程.</a></td>
       <td class="font_03">08-9</td>
      </tr>
      <tr>
       <td height="20">• <a href="#">2012 年十周年庆典安排...</a></td>
       <td class="font_03">08-9</td>
      </tr>
      <tr>
       <td height="20">• <a href="#">2012 年第三季度发展规划...</a></td>
       <td class="font_03">08-9</td>
      </tr>
      <tr>
       <td height="20">• <a href="#">第二季度优秀员工名单..</a></td>
       <td class="font_03">08-9</td>
      </tr>
      <tr>
       <td height="20">• <a href="#">7 月份办公绩效考核结果...</a></td>
       <td class="font_03">08-9</td>
      </tr>
      <tr>
       <td height="20">• 安全消防倡议书<a href="#">...</a></td>
       <td class="font_03">08-9</td>
      </tr>
```

```
        <tr>
          <td width="81%" height="20"> •   <a href="#">办公卫生管理办
          法...</a></td>
          <td width="19%" class="font_03">08-9</td>
        </tr>
        <tr>
          <td height="5" colspan="2"></td>
        </tr>
      </table></td>
    </tr>
  </table></td>
<td width="5"> </td>
<td><table  width="100%"  border="0"  cellpadding="0"  cellspacing="0"
class="border2">
  <tr>
    <td height="25" bgcolor="#fff7d6"><span class="font_01">  
    <img src="images/up.gif" width="11" height="11" /></span> 局内要闻</td>
  </tr>
  <tr>
    <td  height="170"><table  width="100%"  border="0"  cellspacing="0"
    cellpadding="0">
      <tr>
        <td  width="53%"><table  width="100%"  height="150"  border="0"
        cellpadding= "0" cellspacing="0">
          <tr>
            <td align="center">
              <img src="images/p1.jpg"/>
            </td>
          </tr>

        </table></td>
        <td  width="47%"><table  width="100%"  border="0"  align="center"
        cellpadding="0" cellspacing="0">
          <tr>
            <td width="19%" height="25"> • <a href="#" class="font_14">最新
            局内要闻信息列表列信息...</a></td>
          </tr>

          <tr>
            <td height="25"> • <a href="#" class="font_14">最新局内要闻信息列
            表列信息...</a></td>
          </tr>
          <tr>
            <td height="25"> • <a href="#" class="font_14">最新局内要闻信息列
            表列信息...</a></td>
          </tr>
          <tr>
            <td height="25"> • <a href="#" class="font_14">最新局内要闻信息列
            表列信息...</a></td>
          </tr>
```

```
    <tr>
     <td height="25"> • <a href="#" class="font_14">最新局内要闻信息列
     表列信息...</a></td>
     </tr>
     <tr>
     <td height="25"> • <a href="#" class="font_14">最新局内要闻信息列
     表列信息...</a></td>
     </tr>

     <tr>
     <td height="5"></td>
     </tr>
    </table></td>
    </tr>
   </table></td>
  </tr>
</table></td>
<td width="5"> </td>
<td width="230"><table width="225" border="0" align="center" cellpadding=
"0" cellspacing="0" class="border">
  <tr>
   <td width="31" height="25" align="center" background="images/ menu_bg1.
   gif" class="font_01"><img src="images/icon_keyword.gif" width="16"
   height="16" /></td>
   <td width="148" background="images/menu_bg1.gif" class="font_01">系统
   通知</td>
   <td width="44" background="images/menu_bg1.gif" class="font_01"><a
   href="#"><img src="images/more.gif" width="29" height="11" border=
   "0" /></a></td>
  </tr>
  <tr>
   <td height="150" colspan="3"><table width="96%" border="0" align=
   "center" cellpadding="0" cellspacing="0">
    <tr>
     <td height="5" colspan="2"></td>
    </tr>
    <tr>
     <td height="20"> • <a href="#">最新系统通知信息列表列...</a></td>
     <td class="font_03">08-9</td>
    </tr>
    <tr>
     <td height="20"> • <a href="#">最新系统通知信息列表列...</a></td>
     <td class="font_03">08-9</td>
    </tr>
    <tr>
     <td height="20"> • <a href="#">最新系统通知信息列表列...</a></td>
     <td class="font_03">08-9</td>
    </tr>
    <tr>
     <td height="20"> • <a href="#">最新系统通知信息列表列...</a></td>
```

```
     <td class="font_03">08-9</td>
   </tr>
   <tr>
     <td height="20">• <a href="#">最新系统通知信息列表列...</a></td>
     <td class="font_03">08-9</td>
   </tr>
   <tr>
     <td height="20">• <a href="#">最新系统通知信息列表列...</a></td>
     <td class="font_03">08-9</td>
   </tr>
   <tr>
     <td height="20">• <a href="#">最新系统通知信息列表列...</a></td>
     <td class="font_03">08-9</td>
   </tr>
   <tr>
     <td width="81%" height="20"> •  <a  href="#">最新系统通知信息列表
     列...</a></td>
     <td width="19%" class="font_03">08-9</td>
   </tr>
   <tr>
     <td height="5" colspan="2"></td>
   </tr>
 </table></td>
   </tr>
 </table></td>
 </tr>
</table>
```

注意　以上代码中使用了嵌套的 table，代码结构相对较复杂，所以在设计时需小心避免
标签遗漏。

22.3.5　中间主体第二栏

中间主体第二栏包括"企业简介""信息搜索""资源调度"三个小模块，实现效果如
图 22-7 所示。

图 22-7　中间主体第二栏

完成主体第二栏的具体代码如下。

```
<table width="1003" border="0" align="center" cellspacing="0">
//为了避免栏目之间相隔太近，使页面拥挤，在两个通栏中间加入一个高度为 5 的空白通栏。
  <tr>
```

```
      <td height="5"></td>
    </tr>
</table>
<table width="1003" border="0" align="center" cellspacing="0">
  <tr>
    <td width="230"><table width="225" border="0" align="center" cellpadding=
  "0" cellspacing="0" class="border">
      <tr>
        <td width="31" align="center" background="images/menu_bg1.gif" class=
      "font_01"><img src="images/icon_keyword.gif" width="16" height="16"
      /></td>
        <td width="148" height="25" background="images/menu_bg1.gif" class=
      "font_01">企业简介</td>
        <td width="44" background="images/menu_bg1.gif" class="font_01"><a
      href="#"><img src="images/more.gif" width="29" height="11" border=
      "0" /></a></td>
      </tr>
      <tr>
        <td colspan="3"><table width="95%" border="0" align="center" cellpadding=
      "0" cellspacing="0">
        <tr>
          <td width="10%"></td>
          <td width="90%" height="5"></td>
        </tr>
        <tr>
          <td align="center"><img src="images/about_b.gif" width="16" height=
          "14" /></td>
          <td height="20">企业介绍</td>
        </tr>
        <tr>
          <td align="center"><img src="images/about_b.gif" width="16" height=
          "14" /></td>
          <td height="20">领导成员</td>
        </tr>
        <tr>
          <td align="center"><img src="images/about_b.gif" width="16" height=
          "14" /></td>
          <td height="20">组织机构</td>
        </tr>
        <tr>
          <td align="center"><img src="images/about_b.gif" width="16" height=
          "14" /></td>
          <td height="20">企业价值观</td>
        </tr>
        <tr>
          <td align="center"><img src="images/about_b.gif" width="16" height=
          "14" /></td>
          <td height="20">企业发展战略</td>
```

```
        </tr>
        <tr>
         <td></td>
         <td height="5"></td>
        </tr>
      </table></td>
    </tr>
  </table></td>
  <td width="5"> </td>
  <td><table width="100%" border="0" cellpadding="0" cellspacing="0">
    <tr>
      <td height="25" align="center"><table width="100%" border="0" cellpadding=
      "0" cellspacing="0" class="border3">
       <form id="form1" name="form1" method="post" action=""> <tr>
          <td width="14%" align="right"><strong>信息搜索: </strong></td>
          <td width="26%">
           <input name="textfield" type="text" class="input_border" value=
           "请输入关键词" size="18" />
          </td>
          <td width="10%"><img src="images/sousuo.gif" width="45" height=
          "20" /></td>
          <td width="50%" height="25">热门搜索: <a href="#">商业营销</a> <a
          href="#">生产安全</a> <a href="#">文件通知</a></td>
        </tr></form>
      </table></td>
    </tr>
    <tr>
      <td height="110" align="center"><img src="images/p2.jpg"/></td>
    </tr>

  </table></td>
  <td width="5"> </td>
  <td width="230"><table width="225" border="0" align="center" cellpadding=
  "0" cellspacing="0" class="border">
    <tr>
      <td width="31" align="center" background="images/menu_bg1.gif" class=
      "font_01"><img src="images/icon_keyword.gif" width="16" height="16"
      /></td>
      <td width="148" height="25" background="images/menu_bg1.gif" class=
      "font_01">资源调度</td>
      <td width="44" background="images/menu_bg1.gif" class="font_01"><a
      href="#"><img src="images/more.gif" width="29" height="11" border=
      "0" /></a></td>
    </tr>
    <tr>
      <td colspan="3"><table width="95%" border="0" align="center" cellpadding=
      "0" cellspacing="0">
       <tr>
```

```
          <td width="11%"></td>
          <td width="89%" height="5"></td>
        </tr>
        <tr>
          <td align="center"><img src="images/let.jpg" width="5" height="5"
          /></td>
          <td height="20"><a href="#">电网调度信息列表电网调度信...</a></td>
        </tr>
        <tr>
          <td align="center"><img src="images/let.jpg" width="5" height="5"
          /></td>
          <td height="20"><a href="#">电网调度信息列表电网调度信...</a></td>
        </tr>
        <tr>
          <td align="center"><img src="images/let.jpg" width="5" height="5"
          /></td>
          <td height="20"><a href="#">电网调度信息列表电网调度信...</a></td>
        </tr>
        <tr>
          <td align="center"><img src="images/let.jpg" width="5" height="5"
          /></td>
          <td height="20"><a href="#">电网调度信息列表电网调度信...</a><a href=
          "#"></a></td>
        </tr>
        <tr>
          <td align="center"><img src="images/let.jpg" width="5" height="5"
          /></td>
          <td height="20"><a href="#">电网调度信息列表电网调度信...</a></td>
        </tr>
        <tr>
          <td></td>
          <td height="5"></td>
        </tr>
      </table></td>
    </tr>
  </table></td>
  </tr>
</table>
```

> **注意** 在本段代码的开始插入了一个空白通栏，其意义是提供模块间隙，避免页面拥挤。

22.3.6 中间主体第三栏

中间主体第三栏包括"企业党建""领导讲话""管理动态""电力服务"四个小模块，实现效果如图 22-8 所示。

图 22-8　中间主体第三栏

完成主体第三栏的具体代码如下。

```
<table width="1003" border="0" align="center" cellspacing="0">
  <tr>
    <td height="5"></td>
  </tr>
</table>
<table width="1003" border="0" align="center" cellspacing="0">
  <tr>
    <td width="230"><table width="225" border="0" align="center" cellpadding=
    "0" cellspacing="0" class="border">
      <tr>
        <td width="31" align="center" background="images/menu_bg1.gif" class=
        "font_01"><img src="images/icon_keyword.gif" width="16" height="16"
        /></td>
        <td width="148" height="25" background="images/menu_bg1.gif" class=
        "font_01">企业党建</td>
        <td width="44" background="images/menu_bg1.gif" class="font_01"><a
        href= "#"><img src="images/more.gif" width="29" height="11" border=
        "0" /></a></td>
      </tr>
      <tr>
        <td colspan="3"><table width="95%" border="0" align="center" cellpadding=
        "0" cellspacing="0">
          <tr>
            <td width="11%"></td>
            <td width="89%" height="5"></td>
          </tr>
          <tr>
            <td align="center"><img src="images/let.jpg" width="5" height="5"
            /></td>
            <td height="20"><a href="#">企业党建信息列表企业党建信...</a></td>
          </tr>
          <tr>
            <td align="center"><img src="images/let.jpg" width="5" height="5"
            /></td>
            <td height="20"><a href="#">企业党建信息列表企业党建信...</a></td>
          </tr>
          <tr>
```

```
      <td align="center"><img src="images/let.jpg" width="5" height="5"
      /></td>
      <td height="20"><a href="#">企业党建信息列表企业党建信...</a></td>
    </tr>
    <tr>
      <td align="center"><img src="images/let.jpg" width="5" height="5"
      /></td>
      <td height="20"><a href="#">企业党建信息列表企业党建信...</a></td>
    </tr>
    <tr>
      <td align="center"><img src="images/let.jpg" width="5" height="5"
      /></td>
      <td height="20"><a href="#">企业党建信息列表企业党建信...</a></td>
    </tr>
    <tr>
      <td align="center"><img src="images/let.jpg" width="5" height="5"
      /></td>
      <td height="20"><a href="#">企业党建信息列表企业党建信...</a></td>
    </tr>
    <tr>
      <td align="center"><img src="images/let.jpg" width="5" height="5"
      /></td>
      <td height="20"><a href="#">企业党建信息列表企业党建信...</a></td>
    </tr>
    <tr>
      <td align="center"><img src="images/let.jpg" width="5" height="5"
      /></td>
      <td height="20"><a href="#">企业党建信息列表企业党建信...</a></td>
    </tr>
    <tr>
      <td align="center"><img src="images/let.jpg" width="5" height="5"
      /></td>
      <td height="20"><a href="#">企业党建信息列表企业党建信...</a></td>
    </tr>
    <tr>
      <td align="center"><img src="images/let.jpg" width="5" height="5"
      /></td>
      <td height="20"><a href="#">企业党建信息列表企业党建信...</a></td>
    </tr>
    <tr>
      <td></td>
      <td height="5"></td>
    </tr>
  </table></td>
  </tr>
</table></td>
<td width="5"> </td>
<td><table width="100%" border="0" cellspacing="0" cellpadding="0">
  <tr>
```

```
<td><table width="255" border="0" cellpadding="0" cellspacing="0"
class="border2">
  <tr>
   <td height="25" bgcolor="#fff7d6"><span class="font_01"> 
   <img src="images/up.gif" width="11" height="11" /></span> 领导讲话
   </td>
  </tr>
  <tr>
    <td><table width="100%" border="0" cellspacing="0" cellpadding="0">
     <tr>
      <td height="5" colspan="2"></td>
      </tr>
     <tr>
      <td width="38%" rowspan="6"><table width="100%" border="0"
      cellspacing="0" cellpadding="0">
        <tr>
         <td align="center"><table width="74" height="84" border=
         "0" cellpadding="0" cellspacing="0" class="ima_border">
           <tr>
            <td><a href="#"><img src="images/3.jpg" width="70" height=
            "80" border="0" /></a></td>
            </tr>
          </table></td>
       </tr>
       <tr>
        <td height="25" align="center"><a href="#"> 信 息 标 题 </a>
        </td>
       </tr>
      </table></td>
      <td width="62%" height="20"><a href="#">领导讲话信息标题列表...
      </a></td>
     </tr>
     <tr>
      <td height="20"><a href="#">领导讲话信息标题列表...</a></td>
     </tr>
     <tr>
      <td height="20"><a href="#">领导讲话信息标题列表...</a></td>
     </tr>
     <tr>
      <td height="20"><a href="#">领导讲话信息标题列表...</a></td>
     </tr>
     <tr>
      <td height="20"><a href="#">领导讲话信息标题列表...</a></td>
     </tr>
     <tr>
      <td height="20"><a href="#">领导讲话信息标题列表...</a></td>
     </tr>
     <tr>
      <td height="5" colspan="2"></td>
      </tr>
```

```
      </table></td>
   </tr>
</table></td>
<td><table  width="255"  border="0"  align="right"  cellpadding="0"
cellspacing="0" class="border2">
  <tr>
   <td  height="25"  bgcolor="#fff7d6"><span  class="font_01"> 
   <img src="images/up.gif" width="11" height="11" /></span> 管理动态
   </td>
  </tr>
  <tr>
   <td><table width="100%" border="0" cellspacing="0" cellpadding="0">
    <tr>
     <td height="5" colspan="2"></td>
    </tr>
    <tr>
     <td  width="38%"  rowspan="6"><table  width="100%"  border="0"
     cellspacing="0" cellpadding="0">
       <tr>
        <td align="center"><table width="74" height="84" border="0"
        cellpadding="0" cellspacing="0" class="ima_border">
          <tr>
           <td><a    href="#"><img    src="images/baiming1.jpg"
           width="70" height="80" border="0" /></a></td>
          </tr>
        </table></td>
       </tr>
       <tr>
        <td height="25" align="center"><a href="#"> 信 息 标 题 </a>
        </td>
       </tr>
     </table></td>
     <td width="62%" height="20"><a href="#">管理动态信息标题列表...
     </a></td>
    </tr>
    <tr>
     <td height="20"><a href="#">管理动态信息标题列表...</a></td>
    </tr>
    <tr>
     <td height="20"><a href="#">管理动态信息标题列表...</a></td>
    </tr>
    <tr>
     <td height="20"><a href="#">管理动态信息标题列表...</a></td>
    </tr>
    <tr>
     <td height="20"><a href="#">管理动态信息标题列表...</a></td>
    </tr>
    <tr>
     <td height="20"><a href="#">管理动态信息标题列表...</a></td>
    </tr>
```

```
        <tr>
          <td height="5" colspan="2"></td>
        </tr>
       </table></td>
      </tr>
    </table></td>
  </tr>
</table>
  <table width="100%" border="0" cellspacing="0" cellpadding="0">
    <tr>
      <td height="5"></td>
    </tr>
    <tr>
      <td  height="70"  align="center"><td  height="110"  align="center">
      <img src="images/p3.jpg"/></td></td>
    </tr>
  </table></td>
<td width="5"> </td>
<td width="230"><table width="225" border="0" align="center" cellpadding=
"0" cellspacing="0" class="border">
  <tr>
    <td width="31" align="center" background="images/menu_bg1.gif" class=
    "font_01"><img src="images/icon_keyword.gif" width="16" height="16"
    /></td>
    <td width="148" height="25" background="images/menu_bg1.gif" class=
    "font_01">电力服务</td>
    <td  width="44"  background="images/menu_bg1.gif"  class="font_01"><a
    href="#"><img     src="images/more.gif"     width="29"     height="11"
    border="0" /></a></td>
  </tr>
  <tr>
    <td colspan="3"><table width="95%" border="0" align="center" cellpadding=
    "0" cellspacing="0">
     <tr>
      <td height="5"></td>
     </tr>
     <tr>
      <td height="20">[优质服务] <a href="#">优质服务标题信息列表...
      </a></td>
     </tr>
     <tr>
      <td height="20">[行风建设] <a href="#">行风建设标题信息列表...
      </a></td>
     </tr>
     <tr>
      <td height="20">[优质服务] <a href="#">优质服务标题信息列表...
      </a></td>
     </tr>
     <tr>
      <td height="20">[行风建设] <a href="#">行风建设标题信息列表...
      </a></td>
```

```
      </tr>

      <tr>
        <td height="20">[优质服务] <a href="#">优质服务标题信息列表...
        </a></td>
      </tr>
      <tr>
        <td height="20">[行风建设] <a href="#">行风建设标题信息列表...
        </a></td>
      </tr>

      <tr>
        <td height="20">[优质服务] <a href="#">优质服务标题信息列表...
        </a></td>
      </tr>
      <tr>
        <td height="20">[行风建设] <a href="#">行风建设标题信息列表...
        </a></td>
      </tr>

      <tr>
        <td height="20">[优质服务] <a href="#">优质服务标题信息列表...
        </a></td>
      </tr>
      <tr>
        <td height="20">[行风建设] <a href="#">行风建设标题信息列表...
        </a></td>
      </tr>

      <tr>
        <td height="5"></td>
      </tr>
    </table></td>
  </tr>
</table></td>
  </tr>
</table>
```

22.3.7　中间主体第四栏

中间主体第四栏包括"本局二级单位站点连接""安全生产""商业营销""专题专栏"四个小模块，实现效果如图 22-9 所示。

图 22-9　中间主体第四栏

完成主体第四栏的具体代码如下。

```
<table width="1003" border="0" align="center" cellspacing="0">
 <tr>
  <td height="5"></td>
 </tr>
</table>
<table width="1003" border="0" align="center" cellspacing="0">
 <tr>
  <td width="230"><table width="225" border="0" align="center" cellpadding=
  "0" cellspacing="0" class="border">
   <tr>
    <td width="31" align="center" background="images/menu_bg1.gif" class=
    "font_01"><img src="images/icon_keyword.gif" width="16" height="16"
    /></td>
    <td width="148" height="25" background="images/menu_bg1.gif" class=
    "font_01">本局二级单位站点连接</td>
    <td width="44" background="images/menu_bg1.gif" class="font_01"><a
    href="#"><img src="images/more.gif" width="29" height="11" border=
    "0" /></a></td>
   </tr>
   <tr>
    <td colspan="3"><table width="95%" border="0" align="center" cellpadding=
    "0" cellspacing="0">
     <tr>
      <td></td>
      <td height="5"></td>
     </tr>
     <tr>
      <td> </td>
      <td height="20"> </td>
     </tr>
     <tr>
      <td> </td>
      <td height="20"> </td>
     </tr>
     <tr>
      <td> </td>
      <td height="20"> </td>
     </tr>
     <tr>
      <td height="20" colspan="2" align="center">显示格式</td>
     </tr>
     <tr>
      <td> </td>
      <td height="20"> </td>
     </tr>
     <tr>
      <td> </td>
      <td height="20"> </td>
```

```
          </tr>
      <tr>
        <td></td>
        <td height="5"></td>
      </tr>
    </table></td>
  </tr>
</table></td>
<td width="5"> </td>
<td><table width="100%" border="0" cellspacing="0" cellpadding="0">
  <tr>
    <td><table width="255" border="0" cellpadding="0" cellspacing="0"
    class="boeder4">
    <tr>
      <td height="25" bgcolor="#d4fde7"><span class="font_01"> 
      <img src="images/up.gif" width="11" height="11" /></span> 安全生产
      </td>
    </tr>
    <tr>
      <td><table width="100%" border="0" cellspacing="0" cellpadding="0">
        <tr>
          <td height="5" colspan="2"></td>
        </tr>
        <tr>
          <td width="38%" rowspan="6"><table width="100%" border="0"
          cellspacing="0" cellpadding="0">
            <tr>
              <td align="center"><table width="74" height="84" border=
              "0" cellpadding="0" cellspacing="0" class="ima_border">
                <tr>
                  <td><a href="#"><img src="images/xinshou1.jpg" width=
                  "70" height="80" border="0" /></a></td>
                </tr>
              </table></td>
            </tr>
            <tr>
              <td height="25" align="center"><a href="#">信息标题</a></td>
            </tr>
          </table></td>
          <td width="62%" height="20"><a href="#">安全生产信息标题列表...
          </a></td>
        </tr>
        <tr>
          <td height="20"><a href="#">安全生产信息标题列表...</a></td>
        </tr>
        <tr>
          <td height="20"><a href="#">安全生产信息标题列表...</a></td>
        </tr>
        <tr>
          <td height="20"><a href="#">安全生产信息标题列表...</a></td>
```

```
      </tr>
      <tr>
        <td height="20"><a href="#">安全生产信息标题列表...</a></td>
      </tr>
      <tr>
        <td height="20"><a href="#">安全生产信息标题列表...</a></td>
      </tr>
      <tr>
        <td height="5" colspan="2"></td>
      </tr>
    </table></td>
  </tr>
</table></td>
<td><table  width="255"  border="0"  align="right"  cellpadding="0"
cellspacing="0" class="boeder4">
  <tr>
    <td  height="25"  bgcolor="#d4fde7"><span  class="font_01"> 
    <img src="images/up.gif" width="11" height="11" /></span> 商业营销
    </td>
  </tr>
  <tr>
    <td><table width="100%" border="0" cellspacing="0" cellpadding="0">
    <tr>
      <td height="5" colspan="2"></td>
    </tr>
    <tr>
      <td  width="38%"  rowspan="6"><table  width="100%"  border="0"
    cellspacing="0" cellpadding="0">
      <tr>
        <td align="center"><table width="74" height="84" border=
        "0" cellpadding="0" cellspacing="0" class="ima_border">
          <tr>
            <td><a  href="#"><img  src="images/1.jpg"  width="70"
            height="80" border="0" /></a></td>
          </tr>
        </table></td>
      </tr>
      <tr>
        <td height="25" align="center"><a href="#">信息标题</a></td>
      </tr>
    </table></td>
    <td width="62%" height="20"><a href="#">商业营销信息标题列表...
    </a></td>
    </tr>
    <tr>
      <td height="20"><a href="#">商业营销信息标题列表...</a></td>
    </tr>
    <tr>
      <td height="20"><a href="#">商业营销信息标题列表...</a></td>
    </tr>
```

```
        <tr>
         <td height="20"><a href="#">商业营销信息标题列表...</a></td>
        </tr>
        <tr>
         <td height="20"><a href="#">商业营销信息标题列表...</a></td>
        </tr>
        <tr>
         <td height="20"><a href="#">商业营销信息标题列表...</a></td>
        </tr>
        <tr>
         <td height="5" colspan="2"></td>
        </tr>
       </table></td>
      </tr>
     </table></td>
   </tr>
</table></td>
<td width="5"> </td>
<td width="230"><table width="225" border="0" align="center" cellpadding=
"0" cellspacing="0" class="border">
  <tr>
    <td width="31" align="center" background="images/menu_bg1.gif" class=
    "font_01"><img src="images/icon_keyword.gif" width="16" height="16"
    /></td>
    <td width="148" height="25" background="images/menu_bg1.gif" class=
    "font_01">专题专栏</td>
    <td width="44" background="images/menu_bg1.gif" class="font_01"><a
    href="#"><img src="images/more.gif" width="29" height="11" border=
    "0" /></a></td>
  </tr>
  <tr>
    <td colspan="3"><table width="95%" border="0" align="center" cellpadding=
    "0" cellspacing="0">
     <tr>
       <td height="5"></td>
     </tr>
     <tr>
      <td height="20">[某某专题] <a href="#">专题栏目标题信息列表...</a></td>
     </tr>
     <tr>
      <td height="20">[某某专题] <a href="#">专题栏目标题信息列表...</a></td>
     </tr>
     <tr>
      <td height="20">[某某专题] <a href="#">专题栏目标题信息列表...</a></td>
     </tr>
     <tr>
      <td height="20">[某某专题] <a href="#">专题栏目标题信息列表...</a></td>
     </tr>
     <tr>
      <td height="20">[某某专题] <a href="#">专题栏目标题信息列表...</a></td>
```

```
      </tr>
      <tr>
        <td height="20">[某某专题] <a href="#">专题栏目标题信息列表...</a></td>
      </tr>
      <tr>
        <td height="5"></td>
      </tr>
    </table></td>
  </tr>
  </table></td>
 </tr>
</table>
```

22.3.8　中间主体第五栏

中间主体第五栏包括"商业系统站点连接""人力资源""法规标准""视频中心"四个小模块，实现效果如图 22-10 所示。

图 22-10　中间主体第五栏

完成主体第五栏的具体代码如下。

```
<table width="1003" border="0" align="center" cellspacing="0">
  <tr>
    <td height="5"></td>
  </tr>
</table>
<table width="1003" border="0" align="center" cellspacing="0">
  <tr>
    <td width="230"><table width="225" border="0" align="center" cellpadding=
    "0" cellspacing="0" class="border">
      <tr>
        <td width="31" align="center" background="images/menu_bg1.gif" class=
        "font_01"><img src="images/icon_keyword.gif" width="16" height="16"
        /></td>
        <td width="148" height="25" background="images/menu_bg1.gif" class=
        "font_01">商业系统站点连接</td>
        <td width="44" background="images/menu_bg1.gif" class="font_01"><a
        href="#"><img src="images/more.gif" width="29" height="11"
        border="0" /></a></td>
      </tr>
      <tr>
        <td colspan="3"><table width="95%" border="0" align="center" cellpadding=
```

```
  "0" cellspacing="0">
    <tr>
      <td width="50%"></td>
      <td width="50%" height="5"></td>
    </tr>
    <tr>
      <td align="center"><a href="#">相关站点连接</a></td>
      <td height="20" align="center"><a href="#">相关站点连接</a></td>
    </tr>
    <tr>
      <td align="center"><a href="#">相关站点连接</a></td>
      <td height="20" align="center"><a href="#">相关站点连接</a></td>
    </tr>
    <tr>
      <td align="center"><a href="#">相关站点连接</a></td>
      <td height="20" align="center"><a href="#">相关站点连接</a></td>
    </tr>
    <tr>
      <td align="center"><a href="#">相关站点连接</a></td>
      <td height="20" align="center"><a href="#">相关站点连接</a></td>
    </tr>
    <tr>
      <td align="center"><a href="#">相关站点连接</a></td>
      <td height="20" align="center"><a href="#">相关站点连接</a></td>
    </tr>
    <tr>
      <td align="center"><a href="#">相关站点连接</a></td>
      <td height="20" align="center"><a href="#">相关站点连接</a></td>
    </tr>
    <tr>
      <td></td>
      <td height="5"></td>
    </tr>
  </table></td>
  </tr>
</table></td>
<td width="5"> </td>
<td><table width="100%" border="0" cellspacing="0" cellpadding="0">
  <tr>
    <td><table width="255" border="0" cellpadding="0" cellspacing="0"
    class="border">
      <tr>
        <td height="25" bgcolor="#d6e8ff"><span class="font_01"> 
        <img src="images/up.gif" width="11" height="11" /></span> 人力资源
        </td>
      </tr>
      <tr>
        <td><table width="100%" border="0" cellspacing="0" cellpadding="0">
          <tr>
            <td width="12%"></td>
```

```
              <td width="88%" height="5"></td>
            </tr>
            <tr>
              <td align="center"><img src="images/i30.gif" width="7" height=
              "10" /></td>
              <td height="20"><a href="#">人力资源信息列表人力资源信息列表...
              </a></td>
            </tr>
            <tr>
              <td align="center"><img src="images/i30.gif" width="7" height=
              "10" /></td>
              <td height="20"><a href="#">人力资源信息列表人力资源信息列表...
              </a></td>
            </tr>
            <tr>
              <td align="center"><img src="images/i30.gif" width="7" height=
              "10" /></td>
              <td height="20"><a href="#">人力资源信息列表人力资源信息列表...
              </a></td>
            </tr>
            <tr>
              <td align="center"><img src="images/i30.gif" width="7" height=
              "10" /></td>
              <td height="20"><a href="#">人力资源信息列表人力资源信息列表...
              </a></td>
            </tr>
            <tr>
              <td align="center"><img src="images/i30.gif" width="7" height=
              "10" /></td>
              <td height="20"><a href="#">人力资源信息列表人力资源信息列表...
              </a></td>
            </tr>
            <tr>
              <td align="center"><img src="images/i30.gif" width="7" height=
              "10" /></td>
              <td height="20"><a href="#">人力资源信息列表人力资源信息列表...
              </a></td>
            </tr>
            <tr>
              <td></td>
              <td height="5"></td>
            </tr>
          </table></td>
        </tr>
      </table></td>
      <td><table width="255" border="0" align="right" cellpadding="0"
      cellspacing="0" class="border">
        <tr>
          <td height="25" bgcolor="#d6e8ff"><span class="font_01"> 
<img src="images/up.gif" width="11" height="11" /></span> 法规标准</td>
```

```
      </tr>
      <tr>
        <td><table width="100%" border="0" cellspacing="0" cellpadding="0">
          <tr>
            <td width="12%"></td>
            <td width="88%" height="5"></td>
          </tr>
          <tr>
            <td align="center"><img src="images/i30.gif" width="7" height=
            "10" /></td>
            <td height="20"><a href="#">法规标准信息列表法规标准信息列表...
            </a></td>
          </tr>
          <tr>
            <td align="center"><img src="images/i30.gif" width="7" height=
            "10" /></td>
            <td height="20"><a href="#">法规标准信息列表法规标准信息列表...
            </a></td>
          </tr>
          <tr>
            <td align="center"><img src="images/i30.gif" width="7" height=
            "10" /></td>
            <td height="20"><a href="#">法规标准信息列表法规标准信息列表...
            </a></td>
          </tr>
          <tr>
            <td align="center"><img src="images/i30.gif" width="7" height=
            "10" /></td>
            <td height="20"><a href="#">法规标准信息列表法规标准信息列表...
            </a></td>
          </tr>
          <tr>
            <td align="center"><img src="images/i30.gif" width="7" height=
            "10" /></td>
            <td height="20"><a href="#">法规标准信息列表法规标准信息列表...
            </a></td>
          </tr>
          <tr>
            <td align="center"><img src="images/i30.gif" width="7" height=
            "10" /></td>
            <td height="20"><a href="#">法规标准信息列表法规标准信息列表...
            </a></td>
          </tr>
          <tr>
            <td></td>
            <td height="5"></td>
          </tr>
        </table></td>
      </tr>
</table></td>
```

```
          </tr>
        </table></td>
     <td width="5"> </td>
     <td width="230"><table width="225" border="0" align="center" cellpadding=
     "0" cellspacing="0" class="border">
        <tr>
          <td width="31" align="center" background="images/menu_bg1.gif" class=
          "font_01"><img src="images/icon_keyword.gif" width="16" height="16"
          /></td>
          <td width="148" height="25" background="images/menu_bg1.gif" class=
          "font_01">视频中心</td>
          <td width="44" background="images/menu_bg1.gif" class="font_01"><a href=
          "#"><img src="images/more.gif" width="29" height="11" border="0"
          /></a></td>
        </tr>
        <tr>
          <td colspan="3"><table width="100%" border="0" cellspacing="0" cellpadding=
          "0">
            <tr>
              <td height="5"></td>
            </tr>
            <tr>
              <td height="20"> </td>
            </tr>
            <tr>
              <td height="20"> </td>
            </tr>
            <tr>
              <td height="20" align="center">显示格式</td>
            </tr>
            <tr>
              <td height="20"> </td>
            </tr>
            <tr>
              <td height="20"> </td>
            </tr>
            <tr>
              <td height="20"> </td>
            </tr>
            <tr>
              <td height="5"></td>
            </tr>
          </table></td>
        </tr>
      </table></td>
   </tr>
</table>
```

22.3.9 网页底部

在网页底部一般会有备案信息和一些快捷链接，实现效果如图 22-11 所示。

关于我们 ｜ 联系我们 ｜ 网站声明 ｜ 招聘信息 ｜ 网站地图｜ 友情链接

copyright © 2006 - 2008 vvv.com

图 22-11　网页底部

实现网页底部的具体代码如下。

```html
<table width="1003" border="0" align="center" cellspacing="0">
  <tr>
    <td height="5"></td>
  </tr>
</table>
<table width="1003" border="0" align="center" cellspacing="0" class="border3">
  <tr>
    <td height="25" align="center">关于我们 ｜ 联系我们 ｜ 网站声明 ｜ 招聘信息 ｜ 网站
    地图 ｜ 友情链接</td>
  </tr>
</table>
<table width="1003" border="0" align="center" cellpadding="0" cellspacing="0">
  <tr>
    <td  width="423"  align="center">copyright  &copy;  2006  -  2008  <a
href=""><strong>vvv.com</strong></a><br />
  </tr>
</table>
```